细胞
低温保存技术

主审　刘宝林
主编　李维杰
编委　周新丽　李智新　宋立勇
　　　宋　萍　袁　俊

中国科学技术大学出版社

内 容 简 介

本书总结了作者从事细胞保存工作以来的部分研究成果。涉及的细胞包括卵子、精子、肝细胞和肝癌细胞等，涉及的方法包括玻璃化冷冻、程序冷冻、细胞冷冻干燥、超声波诱导成核、纳米粒子控制成核、植冰冷冻等。全书分为5章，首先介绍玻璃化保存卵母细胞效果的影响因素与提高保存效果的方法，以及改变保存液成分、降温速率等因素对精子保存的影响；进而介绍自制的超声植冰平台，并探究超声波植冰提升L-02肝细胞的存活率的最佳工艺；再以肝癌细胞HepG2为研究对象，探究冷冻干燥肝癌细胞的最佳工艺；最后阐述冻干保护剂中添加羟基磷灰石纳米微粒改善HepG2细胞的冷冻干燥效果，为细胞冷冻干燥提供了新思路。

本书适合生物、医学类专业人员阅读使用，也可为入门低温生物医学的学生提供些许引导。

图书在版编目(CIP)数据

细胞低温保存技术 / 李维杰主编. -- 合肥：中国科学技术大学出版社，2025.5. -- ISBN 978-7-312-06220-9

Ⅰ. Q2

中国国家版本馆CIP数据核字第2025070MR3号

细胞低温保存技术
XIBAO DIWEN BAOCUN JISHU

出版	中国科学技术大学出版社 安徽省合肥市金寨路96号，230026 http://press.ustc.edu.cn https://zgkxjsdxcbs.tmall.com
印刷	安徽省瑞隆印务有限公司
发行	中国科学技术大学出版社
开本	787 mm×1092 mm 1/16
印张	14.75
插页	5
字数	386千
版次	2025年5月第1版
印次	2025年5月第1次印刷
定价	58.00元

前　言

细胞低温保存技术是上海理工大学生物系统热科学研究所的主要研究方向之一。本书内容是编者从事细胞保存工作以来的部分研究成果，涉及的细胞包括卵子、精子、肝细胞和肝癌细胞等，涉及的方法包括玻璃化冷冻、程序冷冻、细胞冷冻干燥、超声波诱导成核、纳米粒子控制成核和植冰冷冻等。

本书由李维杰主编，共分为5章。第1章由李维杰、周新丽执笔，主要介绍玻璃化保存卵母细胞效果的影响因素，以及提高保存效果的方法；第2章由李智新执笔，介绍改变保存液成分、降温速率等因素对精子保存的影响；第3章由宋立勇执笔，介绍自制的超声植冰平台，并研究超声波植冰提升 L-02 肝细胞的存活率的最佳工艺；第4章由宋萍执笔，以肝癌细胞 HepG2 为研究对象，研究冷冻干燥肝癌细胞的最佳工艺；第5章由袁俊执笔，介绍冻干保护剂中添加羟基磷灰石纳米微粒改善 HepG2 细胞的冷冻干燥效果，为细胞冷冻干燥提供了一个新思路。

谨以此书献给我们从事的低温生物医学事业，并向上海理工大学生物系统热科学研究所成立40周年献礼，更希望本书能给进入该领域的年轻人一些启迪。犹记得研究所创始人华泽钊先生尽管年事已高，工作繁忙，却依然坚持在教学一线，让我有幸在课堂上了解了低温生物技术；感谢恩师刘宝林教授带我正式步入低温生物医学这一神秘而有趣的领域；感谢周新丽教授，引领我进入玻璃化保存生殖细胞的奇妙世界；感谢研究生李智新，协助我开始精子冷冻研究，令我开启了医工交叉的实践；感谢研究生宋立勇，我们一起开发了第一台超声波植冰设备；感谢我的第一个研究生宋萍，协助我将冷冻干燥技术应用到细胞保存；感谢研究生袁俊，我们一起推进了纳米粒子冷冻细胞的工艺研究；感谢赖慧楠同学，一字一句地帮我整理校对书稿，也希望其把低温生物事业发扬光大。此外，课题组其他成员也对本书给予了大力支持，在此一并致谢。

李维杰

2024 年 11 月

目 录

前言 ·· (i)

第1章 卵母细胞玻璃化保存的冷冻及复温过程研究 ·· (1)
  1.1 绪论 ·· (1)
    1.1.1 研究意义 ··· (1)
    1.1.2 卵母细胞低温保存的研究进展 ··· (2)
    1.1.3 卵母细胞的冷冻方法 ·· (3)
    1.1.4 复温过程对卵母细胞低温保存的影响 ·· (6)
    1.1.5 纳米颗粒在低温生物学中的应用 ·· (7)
    1.1.6 本章研究内容 ··· (8)
  1.2 Cryotop 载体冷冻速率的优化与测量 ··· (9)
    1.2.1 Cryotop 传热性能优化的模拟计算 ··· (9)
    1.2.2 高速测温系统对 Cryotop 冷冻速率的测量 ·· (14)
  1.3 冷冻过程对卵母细胞玻璃化保存效果的影响 ·· (20)
    1.3.1 载体厚度对猪 MⅡ期卵母细胞玻璃化保存效果的影响 ···································· (21)
    1.3.2 浆状氮对猪 MⅡ期卵母细胞玻璃化保存效果的影响 ······································· (23)
    1.3.3 铜 Cryotop 对小鼠 GV 期卵母细胞玻璃化保存效果的影响 ······························ (24)
  1.4 卵母细胞低温保护剂溶液结晶性质研究 ··· (26)
    1.4.1 卵母细胞低温保护剂溶液重结晶的显微研究 ·· (26)
    1.4.2 纳米低温保护剂溶液重结晶的显微研究 ·· (30)
    1.4.3 纳米低温保护剂结晶焓的研究 ·· (34)
  1.5 纳米颗粒在低温保护剂中的稳定性研究 ··· (37)
    1.5.1 材料与方法 ··· (37)
    1.5.2 结果 ·· (38)
  1.6 纳米颗粒对卵母细胞玻璃化保存效果的影响 ··· (42)
    1.6.1 实验设备与材料 ··· (42)
    1.6.2 结果与讨论 ··· (43)
  1.7 结论及展望 ·· (46)
    1.7.1 结论 ·· (46)
    1.7.2 展望 ·· (48)
  参考文献 ·· (48)

第2章 程序操作及诱导成核对精子冷冻保存的影响 ·· (55)
  2.1 绪论 ··· (55)

2.1.1 精子冷冻保存的意义 …………………………………………（55）
2.1.2 精子冷冻保存的方法 …………………………………………（56）
2.1.3 精子低温保存损伤机制及假说 ………………………………（57）
2.1.4 冷冻保存对精子结构和功能的影响 …………………………（59）
2.1.5 影响精子冷冻保存效果的因素 ………………………………（60）
2.1.6 本章研究目的、意义及内容 …………………………………（62）
2.2 冷冻保护液不同成分对精子冷冻保存的影响 ………………………（63）
2.2.1 材料与方法 ……………………………………………………（63）
2.2.2 结果与分析 ……………………………………………………（68）
2.2.3 讨论 ……………………………………………………………（73）
2.3 平衡温度及降温速度对精子冷冻保存的影响 ………………………（75）
2.3.1 材料与方法 ……………………………………………………（76）
2.3.2 结果与分析 ……………………………………………………（79）
2.3.3 讨论 ……………………………………………………………（83）
2.4 诱导成核对精子冷冻保存的影响 ……………………………………（85）
2.4.1 材料与方法 ……………………………………………………（85）
2.4.2 结果与分析 ……………………………………………………（87）
2.4.3 讨论 ……………………………………………………………（91）
2.5 总结、主要创新点与展望 ……………………………………………（93）
2.5.1 总结 ……………………………………………………………（93）
2.5.2 主要创新点 ……………………………………………………（94）
2.5.3 展望 ……………………………………………………………（94）
参考文献 ………………………………………………………………………（95）

第3章 超声植冰低温保存 L-02 肝细胞的实验研究 …………………（101）

3.1 绪论 ……………………………………………………………………（101）
3.1.1 肝细胞低温保存的意义 ………………………………………（101）
3.1.2 植冰技术研究进展 ……………………………………………（101）
3.1.3 超声波诱导冰晶成核 …………………………………………（103）
3.1.4 本章主要研究内容 ……………………………………………（105）
3.2 超声植冰实验台的搭建及参数的确定 ………………………………（105）
3.2.1 材料和方法 ……………………………………………………（106）
3.2.2 结果与讨论 ……………………………………………………（108）
3.3 超声植冰对 L-02 肝细胞低温保存的影响 ……………………………（113）
3.3.1 材料和方法 ……………………………………………………（113）
3.3.2 结果与分析 ……………………………………………………（118）
3.4 海藻糖替代 Me_2SO 超声植冰保存 L-02 肝细胞 ……………………（129）
3.4.1 材料和方法 ……………………………………………………（130）
3.4.2 结果与分析 ……………………………………………………（132）
3.5 超声波诱导成核机理的研究 …………………………………………（137）

     3.5.1　材料和方法 ……………………………………………………………… (138)
     3.5.2　结果与分析 ……………………………………………………………… (140)
     3.5.3　讨论 …………………………………………………………………… (143)
  3.6　总结、主要创新点与展望 ……………………………………………………… (144)
     3.6.1　总结 …………………………………………………………………… (144)
     3.6.2　主要创新点 ………………………………………………………………… (145)
     3.6.3　展望 …………………………………………………………………… (145)
  参考文献 …………………………………………………………………………… (146)

第4章　人肝癌细胞 HepG2 冷冻干燥保存初探 ……………………………………… (151)
  4.1　绪论 ………………………………………………………………………… (151)
     4.1.1　冷冻干燥技术概述 …………………………………………………………… (151)
     4.1.2　细胞冷冻干燥研究现状和存在问题 …………………………………………… (152)
     4.1.3　差示扫描量热法的应用及升华干燥工艺优化研究 ……………………………… (153)
     4.1.4　冻干保护剂的种类及作用机理 ……………………………………………… (155)
     4.1.5　本章研究意义及内容 ……………………………………………………… (157)
  4.2　冻结过程冻干保护剂对肝癌细胞 HepG2 保护机理研究 ………………………… (159)
     4.2.1　材料与设备 ………………………………………………………………… (159)
     4.2.2　实验方法 …………………………………………………………………… (160)
     4.2.3　结果与分析 ………………………………………………………………… (162)
     4.2.4　讨论 …………………………………………………………………… (168)
  4.3　冻干保护剂升华干燥工艺优化研究 ……………………………………………… (169)
     4.3.1　材料与设备 ………………………………………………………………… (170)
     4.3.2　实验方法 …………………………………………………………………… (171)
     4.3.3　结果与讨论 ………………………………………………………………… (172)
  4.4　人肝癌细胞 HepG2 冷冻干燥保存 ……………………………………………… (176)
     4.4.1　材料与设备 ………………………………………………………………… (177)
     4.4.2　实验方法 …………………………………………………………………… (178)
     4.4.3　结果与分析 ………………………………………………………………… (179)
     4.4.4　讨论 …………………………………………………………………… (183)
  4.5　结论、主要创新点与展望 ……………………………………………………… (184)
     4.5.1　结论 …………………………………………………………………… (184)
     4.5.2　主要创新点 ………………………………………………………………… (185)
     4.5.3　展望 …………………………………………………………………… (186)
  参考文献 …………………………………………………………………………… (186)

第5章　羟基磷灰石纳米微粒辅助冷冻干燥人肝癌 HepG2 细胞研究 ……………… (193)
  5.1　概述 ………………………………………………………………………… (193)
     5.1.1　细胞冻干的意义 …………………………………………………………… (193)
     5.1.2　细胞冻干的现状 …………………………………………………………… (193)
     5.1.3　纳米微粒的特性 …………………………………………………………… (194)

5.1.4　纳米微粒在低温生物中的应用及进展 …………………………………… (196)
　　5.1.5　本章研究意义及内容 …………………………………………………… (197)
5.2　羟基磷灰石纳米微粒对冻干保护剂冻结及升华特性的影响 ………………… (198)
　　5.2.1　材料与方法 ………………………………………………………………… (198)
　　5.2.2　结果与讨论 ………………………………………………………………… (200)
5.3　羟基磷灰石纳米微粒对 HepG2 细胞冷冻干燥效果的影响 ………………… (205)
　　5.3.1　材料和方法 ………………………………………………………………… (206)
　　5.3.2　结果与讨论 ………………………………………………………………… (208)
5.4　羟基磷灰石纳米微粒对 HepG2 细胞冷冻干燥后活性和凋亡的影响 ……… (212)
　　5.4.1　材料与方法 ………………………………………………………………… (213)
　　5.4.2　结果与讨论 ………………………………………………………………… (215)
5.5　结论、主要创新点与展望 ……………………………………………………… (221)
　　5.5.1　结论 ………………………………………………………………………… (221)
　　5.5.2　主要创新点 ………………………………………………………………… (222)
　　5.5.3　展望 ………………………………………………………………………… (222)
参考文献 ……………………………………………………………………………… (223)

彩图 …………………………………………………………………………………… (229)

第1章 卵母细胞玻璃化保存的冷冻及复温过程研究

卵母细胞的低温保存是指在低温条件下抑制卵母细胞的新陈代谢活动,并使卵母细胞长期保存而不丧失活性的一种保存技术。该技术对于人类的辅助生殖以及动植物优良品种的保存,具有非常重要的作用。但是,目前卵母细胞玻璃化保存的存活率和发育率依然不高,距离临床应用还有一定的距离。本章对卵母细胞玻璃化保存的冷冻和复温过程进行了深入的研究,紧紧抓住提高冷冻过程的冷冻速率和减少复温过程中的再结晶两条主线开展研究,旨在最大限度地减少低温保存过程中冰晶对细胞的伤害,提高卵母细胞的存活率和发育潜能。

1.1 绪 论

1.1.1 研究意义

卵母细胞是雌性哺乳动物的生殖细胞,它是卵原细胞发育到成熟卵细胞的中间形态。由于其功能是与雄性配子相结合产生胚胎,成为一个完整的生物体,因此其自身含有丰富的遗传物质、生长所必需的酶和其他营养物质。卵母细胞体积十分"巨大",是哺乳动物体内最大的细胞,其直径通常为 80~140 μm(图 1-1,参见彩图)。细胞内有着复杂的细胞器和超微结构,包括细胞核、mRNA、皮质颗粒、透明带、纺锤体、染色体、蛋白颗粒、微管、微丝等。细胞质就是被细胞膜包围的除核区外所有物质的总称,其中 80% 为水,生物体内大部分新陈代谢活动都在细胞质中完成。透明带包裹在细胞膜外,其成分主要是糖蛋白,由卵母细胞分泌,其作用是生物识别、防止异物和其他物种精子进入,一旦卵母细胞与精子结合,透明带结构也会发生相应变化,避免其他精子再次进入,预防多精卵的产生。成熟的卵母细胞和精子结合受精便形成受精卵,即一个新生命的开始。对哺乳动物的繁衍而言,卵母细胞是必不可少的,是产生新生命的母细胞。

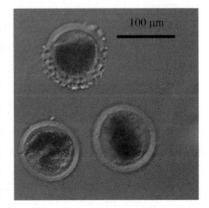

图 1-1 猪卵母细胞形态

低温保存卵母细胞是指在通过低温条件来抑制卵母细胞的新陈代谢活动,并使卵母细胞被长期保存而不丧失其生物活性的一种保存技术。其关键是在降温过程中对细胞不损伤或伤害较小,在升温之后能够恢复和修复细胞机能。[1,2] 该技术对于人类的辅助生殖以及动植物优良品种的保存,具有非常重要的作用[3,4],体现在以下几方面:

(1) 在医学方面,可以让育龄女青年不必担心错过生育年龄卵子退化,从而不急着结婚生子;可以为由于接受某种治疗不得不摘除卵巢或者进行化学疗法的女性患者以及即将从事辐射性工作女性提供前期的卵母细胞保存,为以后的生育提供帮助;一些宗教和国家法律认为胚胎属于生命,而卵子不属于生命,因此将冷冻胚胎视作违法,而冷冻卵母细胞不存在以上问题,该技术避免了伦理道德、法律上的问题。[2]

(2) 冷冻卵母细胞技术的成熟为卵子库的建立提供可能。这样技术可以突破空间限制,让远在澳大利亚的一只优良雌性绵羊的卵子与一只远在非洲的健康公羊的精子在任何地方结合,而它们的后代在一只美洲绵羊的子宫里孕育成长;也可以充分突破时间的限制,通过建立物种基因库,让一只优良的母种马的卵子在一百年后与一只三岁的公种马的精子结合,在百年之后产生优良的后代,这样可以改进繁殖程序[1];不需要连续繁殖动物。更重要的是,卵母细胞低温保存可以保存濒临灭绝的物种。

(3) 依靠卵母细胞的冷冻保存,可以为体外受精和克隆技术等胚胎工程技术提供丰富、方便的卵细胞来源,为生物工程的研发和生产服务。

1.1.2 卵母细胞低温保存的研究进展

哺乳动物的卵母细胞保存历史开始于 1958 年[7],当时证实未受孕的老鼠卵经历冷冻和复温过程可能存活。直到 20 年之后,老鼠卵母细胞的低温生物基础研究开始被系统的开展。1977 年,通过体外受精,胚胎试管培养技术,老鼠卵经历液氮冷冻和低温保存生产了活的后代。[8] 后来,相对成功的低温保存像雨后春笋一样在老鼠和其他物种中实现。其中老鼠效果最好,其次是豚鼠、兔子、猪和母牛。[9-11] 然而,卵母细胞的低温保存效果比胚胎的低温保存效果差。由于 1978 年试管婴儿的出生和 1983 年首例冷冻胚胎生产婴儿获得成功,影响了临床医学界对这一领域的关注,低温保存人卵母细胞的研究被一度搁置。[12] 直到 1986 年,由于冷冻胚胎受到伦理道德的约束,冷冻人类卵母细胞才被应用于临床[13],而此时只经历了少量的动物实验。卵母细胞冷冻保存技术尽管经历了近 40 年的发展,取得了巨大的突破,曾经有过许多健康的婴儿通过冷冻卵母细胞产生,但是临床上的成功率还很低,会产生大量染色体异常的胚胎。[14]

对低温保护剂成分的改进也是一大热点,Fabbri 等使用两倍和三倍剂量蔗糖加入低温保护剂,显著提高了卵母细胞的存活率。[15] 其原因可能是 0.1 mol/L 的蔗糖浓度在降温前不能充分保证卵母细胞脱水,而 0.3 mol/L 蔗糖浓度可以让细胞充分脱水却不会过度脱水化。1993 年,Ali 等开始从原来常用的 Me_2SO(二甲基亚砜)低温保护剂转为使用 EG 低温保护剂,但是经过 VS11 处理的卵母细胞在蔗糖中处理并不能提高卵母细胞存活率。[16] Gook 等尝试使用丙二醇作为低温保护剂来保存鼠和人的卵母细胞,发现只有 4% 的形态存活率,而受精率为 0。[17] 而人卵细胞却得到 53% 的存活率。Rall 报道称使用 1.5 mol/L 丙二醇和 0.3 mol/L 蔗糖处理卵母细胞 15 min,确保卵母细胞在低温保存前充分脱水取得较好保存效果,因为经历了冷冻和复温之后的卵母细胞恢复时间不确定,他们 4 个小时后对卵进行了受精。[3] 这是由于经历了减数分裂的人类卵母细胞的纺锤体要经过 3 个小时以上才能充分恢复。他们得到卵母细胞存活率为71.4%,受精率和卵裂率是80%和100%。

卵母细胞经历低温后自我修复能力比胚胎和精子强,但是,卵母细胞生命周期短,如果不和精子结合,它就很快退化。[15]卵母细胞需要保持自身结构的完整性才能进行受孕和分化,但是它结构的完整性受低温的影响很大,例如透明带、皮质颗粒、纺锤体微丝和染色体在低温下都会受到损伤。[22-27]Wolfe曾经指出完整的细胞膜可以阻止冰晶的形成,完成受精,细胞膜是否完整决定了细胞是否死亡。[18]如果细胞膜对中性溶液和水的渗透性差,可能增加卵母细胞的渗透损伤。Vincent等报道,冷冻会导致卵母细胞皮质的释放,造成透明带的硬化,使得精子无法进入,可以采用胞质内精子注射(ICSI)克服以上缺陷。[19]Kazern等研究发现,ICSI有更高的受精率。[20]Fuku等曾经报道牛卵母细胞经过玻璃化冷冻后,细胞结构和细胞膜完整性均会受到破坏,线粒体基质密度减少,多数线粒体细胞消失。[21]

除了医务工作者、动物学家研究卵母细胞的低温保存,低温物理学工作者也加入到该领域的研究。他们利用自己的专业优势,主要研究卵母细胞在冷冻过程中的冷冻速率,认为冷冻速率越高,越有利于玻璃化保存,坚持寻找提高冷冻速率的方法。Sansinena利用数值模拟的方法比较了各种冷冻方式的冷冻速率,认为Cryoloop法比Cryotop法和OPS的冷冻速率都高,可以达到180 000 ℃/min。[28]Seki则从动力学角度计算升降温速度对结晶化和重结晶化的影响,建立了一个函数用于计算10~10 000 ℃/min的升温速率时的重结晶性质。[29]Stott则通过低温显微镜,发现冰晶前沿穿过细胞内时会造成细胞发黑(flashing phenomenon)。[30]Wang研究了各种冷冻保护剂对牛卵母细胞的渗透性,为卵母细胞冷冻步骤提供了参考。[31]而Wang则主要通过数值模拟的方法研究冷冻保护剂和水之间的化学键的生物活性。[32]

1.1.3 卵母细胞的冷冻方法

1.1.3.1 卵母细胞冷冻方法的分类

细胞冷冻的方式通常分为慢速冷冻和玻璃化冷冻。其中慢速冷冻又叫作平衡冷冻,在慢速冷冻中,卵母细胞浸入高渗透性的冷冻保护剂中,由于细胞膜对水的通过率高于对冷冻保护剂分子,细胞就会失水。当达到平衡点时,细胞重新恢复形态。但是当细胞降低到零下可以引起第二次体积变化,这是由于细胞外的水结冰导致细胞外盐浓度增加[6],使得水由于渗透压离开细胞。为了避免不稳定的过冷状态,防止突然的冰核形成和细胞死亡,要在4~7 ℃进行植冰。为了减少体积变化和盐浓度改变对细胞的伤害,就需要寻找一个最佳的冷冻速率。在-150 ℃以下,细胞的新陈代谢停止了,细胞处于稳定状态可以贮存在液氮中。卵母细胞内部的结构完整性不仅受冰晶影响,而且受细胞脱水时盐浓缩变化的影响(溶剂效应)。冷冻保护剂(CPA)可以降低共晶点温度,保护细胞脱水。CPA处理之后,细胞内溶质变成黏稠液体形成玻璃化固体而不是晶体。在CPA中,二甲基亚砜、丙二醇和乙二醇被广泛应用在卵母细胞低温保存中,但慢速冷冻保存效果整体不佳。许多学者认为玻璃化冷冻比慢速冷冻有优势。[33]正如前文所述,慢速冷冻方式中水以冰的形式凝固,会造成两种类型的损伤:① 胞内冰的形成,当样品降温速度太快的时候,会造成细胞脱水不充分。② 当水被析出成冰,细胞内高浓度溶液本身的毒性对细胞的伤害。最近几十年来,学术界逐渐意识到大部分成功的细胞低温保存,是以玻璃化保存的形式实现的,该保存方法是指溶液以超过晶核形成和长大的速率快速降温,形成一种介于液态和固态之间的、具有高黏度的、透明的、杂乱无章而类似于玻璃一样的非晶态。[5,6]玻璃态的物理性能与晶体时不同,由于冷冻过程中不产生冰晶,所以对细胞及组织的损伤较小,甚至没有损伤,可长期保存细胞和组织。尽管在玻璃化冷冻过程中使用较高的冷冻速率可以快速通过危险温区,减少了对卵母细胞的冷冻伤害。但是,玻璃化冷冻中使用5~7 mol/L CPA,远高于慢速冷冻的浓度(慢速冷冻浓度的4~7倍)。一方面,对于玻璃化来说保证CPA的高浓度非常重要,但另一方面,较低的CPA浓度可以减少渗透压或者化学毒性。因此在玻璃化过程中渗透压平衡非常重要,这样可以使得冷冻速率最大而CPA浓度最小。增加溶液的静压力同样可以促进玻璃化转变,根据这一原理,为了实现玻璃化可以增加溶液在玻璃化过程中的静压力,在随后的储存过程中将溶液的静压力恢复到大气压。为了玻璃化细胞外的溶液,可以在溶液中使用高聚合度的物质(例如聚乙烯吡咯烷酮),由于该类物质不会渗入细胞内部,不会毒害细胞,无形中减少了保护剂的毒性。

1.1.3.2 卵母细胞玻璃化冷冻

通过前文对玻璃化过程的分析,可以知道要实现卵母细胞的玻璃化保存效果,要么提高低温保护剂浓度,要么加快冷冻速率,但是保护剂的毒性与溶液浓度相关,增加溶液浓度会极大地危害细胞的存活率,于是大家把研究重点集中在提高冷冻速率上。其主要机理就是减少溶液体积,降低体系的热阻,提高换热系数,于是不同的提高冷冻速率的方法被研究出来,其中包括:微滴法(microdrops)、开放式拉伸麦管法(open pulled straws,OPS)、显微镜铜网法(electron microscope copper grids,EMCG)、尼龙网法(nylon mesh)、固体表面冷冻法(solid surface vitrification,SSV)、冷冻环法(Cryoloop)、半麦管法(hemi-straw)、石英毛细管法(quartz micro-capillary,QMC)以及Cryotop法等。

微滴法(micro-droplet)是早期的一种玻璃化冷冻方法,由Landa较早用于胚胎保存,它是将卵母细胞悬浮溶液以液滴的形式弹射进入液氮进行冷冻。[34]该方法对胚胎保存有较好的效果,最终有83%~93%的8细胞胚胎发育到桑葚期。由于在实验中形成的液滴体积大,弹射速度慢,且液滴与液氮接触时会产生大量氮气包裹在液滴表面,使细胞与冷源间的热阻很大,以致细胞的冷冻速率不高,得到的玻璃化效果也不好,对卵细胞的保存效果较差。[35]

开放式拉伸麦管法(open pulled straws,OPS)是一种使用较多的卵母细胞玻璃化方冷冻法,从1998年一直使用至今。[36,37]细胞不与液氮直接接触,因此不易被污染。实验时先将普通的粗麦管进行加热拉细,然后在显微镜观察下用麦管吸入细胞悬浮液,最后将麦管连同细胞悬浮液一起插入液氮进行冷冻。该方案的特点是制作简单,细胞溶液用量少,同时还具有毛细效应易于操作。Vajta在1998年使用该方法冷冻了180枚猪卵母细胞,其中25%经过人工受精培养7 d后发育到囊胚期。[38]Kuleshova等报道一位47岁的患者通过OPS法冷冻卵母细胞产下一个健康的女婴。[39]Fernandez等在2012年比较了多种冷冻方式对卵母细胞的影响,发现OPS法在保存猪和羊卵母细胞时冷冻存活率均比麦管法高。[40]这说明OPS法对动物细胞的玻璃化保存相当有效,同毛细管法和电子显微镜铜网法相比,OPS法冷冻、解冻程序更加简化。但由于OPS管的材料为塑料,具有很高的热阻,所以所获得冷冻速率并不是很高。

固体表面冷冻法(solid surface vitrification,SSV)由Dinnyes等于2000年首先提

出[41]，该方法首先将金属块预冷到 -150 ℃以下，然后将含有卵母细胞的小液滴（<1 μL）滴加到金属块表面，液滴被冷却发生玻璃化。由于该方法中样品与冷源直接接触，避免了卵母细胞表面气膜的生成，提高了样品的冷冻速率。Dinnyes 采用该方法进行了冻猪 MⅡ期卵母细胞玻璃化冷，进行体外受精并获得 14% 的卵裂率，同时获得了一枚囊胚（囊胚率为 0.53%）。[30] 2007 年，Gupta 用该方法冷冻猪 GV 期卵母细胞，并获得了 53% 的成熟率。[31] 结果表明固体表面冷冻法是较为有效的玻璃化冷冻方法，但该方法要求操作者有比较高的操作精度。

电子显微镜铜网法（electron microscope copper grids, EMCG）是直接接触法的一个发展[31]，具体操作是：将卵母细胞在预处理液中处理一定时间后，将其和冷冻液一起移动到显微镜铜网格上，然后用夹具夹住铜网浸入液氮进行冷冻。解冻时将铜网浸在一定温度的解冻液中，再进行卵母细胞回收和冷冻保护剂的洗脱。该方法的特点是可以使用过滤膜滤去栅格里多余的溶液，而且铜的导热系数很高，能够增加冷冻和解冻速率。然而留下的溶液还是较多且细胞被其完全包裹，阻碍了细胞与冷源间的传热。

尼龙网（nylon mesh）法由 Matsumoto 首先使用[42]，该方法先将尼龙线圈浸入在冷冻液中，借助溶液的表面张力作用，在线圈上形成一层薄膜，然后将预处理的卵母细胞加载到薄膜上[32]，投入液氮中直接冷冻，该方法处理速度快，可以一次保存 65 个含有卵丘的卵母细胞，而电子显微镜铜网每次只能处理 15 个细胞，对 GV 期间卵母细胞冷冻发现，其存活率比电镜铜网法高，而卵母细胞的受精率和发育率两者之间没有显著性差异。Abe 等利用该装置使用两步法冷冻牛 GV 期卵母细胞，保存效果明显高于一步法，并且生成了一头雌性母牛。[43] 显然该方法较为有效，但卵母细胞在溶液中的丢失比例较大。

冷冻环法（Cryoloop）由 Lane 等首先提出[44]，由于构成 Cryoloop 的尼龙丝十分细软，难以支撑冷冻保护剂液膜，操作十分困难。与 EMCG 法相比，每次处理卵母细胞的数量也十分有限。Begin 等比较了 Cryoloop 法和 SSV 法对山羊卵母细胞以及山羊胚胎玻璃化冷冻存活率的影响，结果发现 Cryoloop 的卵母细胞存活率为 89%，而胚胎存活率为 88%，均显著高于 SSV 的存活率。[45] Reed 报道曾解冻 15 枚使用 Cryoloop 法玻璃化冷冻的胚胎均存活，其中有一枚胚胎被植入子宫后产下一个健康的男婴。[46] 和尼龙网法一样，都具有易受污染、不便保存和易破裂等缺点。

半麦管法（hemi-straw）是由 Vandervorst 等较早提出的[47]，其制作方法是将管径为 0.25 mm 的细管用刀从末端中间切去约 1 cm 长，使其形成一个开口面，将含有卵母细胞的悬浮液加载到末端开口的内表面，用毛细管吸取多余液体，然后将该细管垂直地投入液氮。这之后可以将该管移入液氮中密封保存或者直接解冻。Liebermann[48] 等采用该方法冷冻人卵母细胞，发现卵母细胞解冻后存活率高达 89.7%，高于冷冻环法取得的结果（80.6%）。[40] 在冷冻人类囊胚冷冻实验中，用该方法取得的细胞解冻后存活率为 69%[49]，Zech 等认为不论细胞孵化程度如何，都能取得较好效果。[50] 该方法被认为是 Cryotop 的初始形态，由于该方法中细胞悬浮液与冷源（液氮）直接接触，较大幅度地提高了细胞的冷冻速度，而且该设备方便制作，成本低廉，比冷冻环效果好。

石英毛细管法（quartz micro-capillary, QMC）是在开放式拉伸麦管法基础上发展而来的[51]，所采用的材料为导热性比塑料好的石英。与开放式拉伸麦管法相比，石英毛细管的管直径更小，管壁更薄，所用的溶液体积就比较小。QMC 冷冻卵母细胞的报道较少，对于保存老鼠干细胞取得了较好的效果。虽然获得冷冻速率较 OPS 法有所提高，但细胞与冷源间的热阻还是较大,而进一步减少热阻对 QMC 法而言是比较困难的。

Cryotop 法是 Kuwayama 于 2005 年根据最小化溶液体积原理提出的高速冷冻方法[52],其结构如图 1-2 所示。此法用于卵母细胞的玻璃化保存后取得了较高的存活率和发育率。这种方案的载体是将一个很薄的塑料窄条连接在一个塑料柄上制成的。[53]该操作在体视显微镜下完成,首先用内径略大于细胞直径(~140 μm)的玻璃毛细管加载卵母细胞到塑料载体上,然后使用毛细管利用毛细管原理吸走细胞周围多余的冷冻保护液,使得卵母细胞只被很薄的液膜覆盖(冷冻保护剂实际体积<0.1 μL),然后将 Cryotop 插入液氮,在液氮中长期保存或者浸入复温溶液中快速复温。根据临床医生和各个研究小组提供的实验数据,Cryotop 技术是目前最有效的卵母细胞保存方法。[54,55]Chian 研究发现,使用 Cryotop 法冷冻卵母细胞时,不带卵丘存活率较高。[56]Kuwayama 使用 Cryotop 法玻璃化保存 111 个 MⅡ期人卵母细胞[52],形态存活率为 95%,经卵内精子注射后 91%成功受精,50%在体外发育到胚泡阶段,29 个胚胎移植后怀孕率为 41%,最后有 7 个婴儿成功分娩,另有 3 个即将分娩。

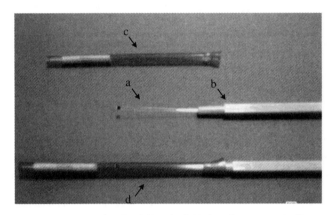

图 1-2　用于卵母细胞低温保存的商品化 Cryotop 细节
a. Cryotop 载体；　b. 操作杆；　c. 保护套；　d. 组合后的结构

1.1.4　复温过程对卵母细胞低温保存的影响

对冷冻过程的研究是当前研究的热点,科研人员通过研究不同的方式来提升玻璃化冷冻后细胞的存活率,诚然冷冻是冷冻过程的第一步,实现玻璃化就能减少对细胞的物理伤害,但是细胞存活率的高低不是单一因素造成的,是每一个环节共同作用的结果。发生了玻璃化转变的卵母细胞,一直保在液氮中,当需要恢复其活性时,必须复温到环境温度,但是在复温过程中却极其容易发生重结晶现象。即使冷冻过程中对细胞的损伤再小,升温过程中的不当处理都可能造成细胞内外的重结晶,因为升温过程是卵母细胞冷冻过程中的另一个必要步骤,重结晶的危害远大于冷冻过程的结晶,但是对复温过程中重结晶的研究却相对较少。

Seki 等认为,不理想的复温过程会造成玻璃化的细胞及其周边冷冻保护液发生再结晶现象,这对细胞的损伤不亚于甚至超越冷冻过程中产生冰晶的危害。[58]减少玻璃化冷冻液复温过程中的再结晶的方法有以下两种:一是提高复温速率,使得玻璃化的冷冻保护液迅速通过容易再结晶的危险温度区直接转化为液态；二是改变冷冻保护液配方,减少复温过程中的再结晶。对于提升冷冻速率对冰晶的影响主要依靠低温显微镜观察,Jondet 使用自制的程序升降温设备对哺乳动物卵母细胞升降温进行研究,发现复温过程会造成细胞的局部脱水。[59] Aman 首先将成熟的牛卵母细胞降温至 4 ℃或者 25 ℃ 30 min,然后复温至 39 ℃,比较染色体分裂,研究发现直接复温和分步复温都会造成染色体分散,但直接复温的危害性更大。[60] Isachenko 等指出快速降温和快速升温是玻璃化保存 GV 期卵母细胞的关键,降低升温速度会造成细胞的大量死亡,但对其中机理没有做过多解释。[61] Seki 将鼠卵母细胞玻璃化冷冻,然后以 140 ℃到 3 300 ℃/min 的速度复温,当升温速率为 140～250 ℃/min 存活率最低(<30%);当升温速度大于 2 200 ℃/min 时存活率较高,为 80%,从而认为影响卵母细胞的最关键因素是升温过程的再结晶现象。[62] 赵中辛对大鼠胰组织进行不同的冷冻和复温组合实验,结果发现慢速冷冻+快速复温组胰组织 ATP 含量及四唑盐还原反应出现蓝色的时间均优于其余三组,认为快速升温具有良好效果。[64]

通过热传导的复温方法对于玻璃化卵母细胞非常不利,因为通过传导模式的热扩散不能充分阻止冰晶的形成和细胞的破坏。为了完成较高的复温速率,适当频率的电磁场或者微波加热可以有所帮助。[65] 胡军祥等将小鼠有核细胞玻璃化冷冻后再微波复温,发现细胞存活率,细胞内 SDH、SOD 的活性均高于水浴复温组,细胞内 H_2O_2 含量明显低于水浴复温组,认为微波复温能够提高复温速率,减少重结晶损伤。[63]

1.1.5 纳米颗粒在低温生物学中的应用

纳米颗粒在低温医学中的应用是多方面的,其中最主要的应用是利用纳米颗粒来增强冷冻损伤,刘静率先提出纳米冷冻外科,利用具有生物相容性,导热率高的纳米颗粒加载到欲冻结区域,明显加快结冰速率和结冰范围,提高靶向性和精确性。[66] Yan 等研究加载纳米颗粒对生物组织低温反应的影响,发现在相同冷冻速率下,加载纳米悬浮液比对照组温度响应快,且不同纳米材料之间存在响应时间的差异,这可能与其热导率不同以及细胞对颗粒的依数性不同有关。[67]

而低温保存是纳米颗粒的另外一个应用,与低温外科恰恰相反,低温保存要求对细胞的损伤最小。这主要利用纳米颗粒加入改变低温保护剂的热物理参数而对细胞产生有益效果。Sun 等研究了猪不同部位脏器和肉在入纳米颗粒之后的冷冻效果,发现不同组织由于其多孔性、含水量、密度、血液灌注、热导率、比热容等生物和物理性质不同,其纳米冷冻过程中温度响应不相同。[68] 其中,猪肉的降温效果最好,为达到一定的冷冻速率所需要的纳米颗粒剂量最低,可见,生物体之间具有差异性,同样剂量的纳米颗粒对不同器官的低温保存效果可能不同。李方方用数值模拟计算了纳米冷冻过程温度场和应力场分布,发现纳米颗粒能强化散热、增强力学性能、减少组织的温度梯度、提高应力承受能力。[69] 通常情况下低温保护剂中加入纳米微粒,可以有效提升保护剂的热导率和黏度。[70] 郝保同指出合适的纳米颗粒甚至还可以保护细胞内的 DNA 等遗传物质,增强细胞和支架材料之间的黏附作用。[71] Hao 等采用 DSC 测量了含有不同浓度纳米颗粒的聚乙烯吡咯烷酮低温保护剂的比热容、玻璃化温度和反玻璃化温度[72],结果表明其均随纳米颗粒的浓度增大而降低,溶液的导温系数($a = k/(c\rho)$)也能升高,玻璃化转变温度却降低 4～7 ℃。常温下,向乙二醇溶液中加入纳米微粒能够提高溶液的导热系数。[73] 但很多学者认为加入的纳米颗粒量十分少,所以不能很大程度地降低导热系数。所以纳米微粒对低温保护剂导热系数的提高并不是很显著，并用热线法测量了添加纳米颗粒的乙二醇溶液在不同温度(0 ℃、−10 ℃和−20 ℃)时导热系数的变化，结果显示导热系数增加的量不超过5%。Han发现添加0.2%(w/w)钻石纳米微粒到乙二醇溶液，冷冻速率提高一倍，而导热系数增加不超过5%，比热和潜热量稍有降低，但成核温度却显著升高。[74]当采取不同的冷冻速率(1 ℃/min,10 ℃/min,50 ℃/min)，会造成含有纳米微粒的多元醇溶液的成核温度降低，冷冻速率越高，降低得越显著。高志新使用差示扫描量热仪(DSC)测量冷冻过程中和复温过程中产生的冰晶量，为改进冷冻保护剂配方提供依据。[77]吕福扣等使用低温显微镜精确测量溶液在冷冻和复温过程中冰晶形态和尺寸大小，通过改变低温保护剂中添加成分的含量来减少冰晶尺寸，以期寻找到冰晶对细胞伤害最小的配比[78,79]，改变溶液的结晶性质可以通过添加纳米粒子来完成。添加纳米颗粒可能是未来低温生物研究的一个重要研究方向，在低温保护剂中添加一定粒径的纳米颗粒可以改变溶液的结晶性质，影响结晶焓变化。[33]

溶液的结晶量对细胞保存的意义非常重要，Prentice通过提高溶液浓度，减少溶液中的结晶量，提高GV期细胞的存活率。[75]Karlsson通过数值模拟的方式研究丙三醇溶液的动力学模型发现，当溶液浓度达到7.5 mol/L时，结晶量恒定，此时玻璃化和冷冻速率无关，可见通过改变溶液自身性质改变玻璃化保存效果。[76]本章希望利用纳米颗粒改变低温保护剂重结晶性质，减少冷冻和复温过程中结晶总量，提高卵母细胞存活率。

1.1.6 本章研究内容

本章对卵母细胞保护化保存的冷冻和复温过程进行了深入的研究，紧紧抓住提高冷冻过程的冷冻速率和减少复温过程中的再结晶两条主线，旨在最大限度地减少低温保存过程中冰晶对细胞膜的物理伤害，提高卵母细胞的存活率和发育潜能。主要开展以下研究工作：

(1) 首先利用数值模拟软件计算Cryotop载体厚度、液滴大小、冷源温度、对流换热系数等因素变化对冷冻速率的影响，找到提高冷冻速率的方法；使用数字示波器和单根线径25 μm的E型热电偶搭建了快速测温系统，实测不同厚度的塑料(PVC)Cryotop载体、铜载体在液氮及过冷氮(66 K)中的冷冻速率。

(2) 为了验证改进冷冻速率对卵母细胞玻璃化保存效果的影响，进行低温保存动物卵母细胞实验。分别使用更薄的Cryotop载体(60 μm和80 μm)低温保存猪MⅡ期卵母细胞，与厚度为100 μm的标准Cryotop存活率比较；使用标准Cryotop载体分别在−201 ℃和−207 ℃的过冷氮条件下冷冻猪MⅡ期卵母细胞，与普通液氮冷冻条件下存活率作比较；使用厚度为100 μm铜质载体保存GV期小鼠卵母细胞，与厚度为100 μm PVC载体的发育率做比较。

(3) 使用低温显微镜，研究部分玻璃化的卵母细胞低温保护剂在不同升温速率(1 ℃/min，10 ℃/min和100 ℃/min)时对冰晶的影响，以及重结晶危险区大小；使用低温显微镜，比较含有不同浓度的60 nm羟基磷灰石(HA)的纳米低温保护剂在复温过程中的重结晶性质，以及纳米粒子浓度和结晶形态以及重结晶危险区大小；使用DSC测量含有不同粒径(20 nm、40 nm、60 nm)HA纳米颗粒的低温保护剂以及不含纳米粒子低温保护剂在−150~20 ℃的升降温区间内的不同结晶焓总量，研究纳米颗粒对低温保护剂结晶焓的影响。

(4) 采用超声波使二氧化硅(SiO_2)、羟基磷灰石(HA)、三氧化二铝(Al_2O_3)、二氧化钛

(TiO_2)纳米颗粒在低温保护剂中分散,利用分光光度计测量分光值,研究影响纳米颗粒分散的影响因素,依次比较纳米粒子在不同超声时间下的分散效果,不同粒子在低温保护剂中的沉降时间,pH对纳米粒子的分散效果影响,以及不同低温保护剂浓度对粒子分散效果的影响。

(5)将纳米低温保护剂用于猪GV期、MⅡ期卵母细胞的玻璃化保存,分析纳米颗粒的毒性以及纳米颗粒的种类、粒径、浓度以及对卵母细胞玻璃化保存的存活率和发育潜能的影响。

1.2 Cryotop载体冷冻速率的优化与测量

冷冻是玻璃化保存的第一步,该过程进行不当,可能会产生大量的冰晶[80],刺破细胞膜,对细胞造成伤害,其效果的优劣直接影响了卵母细胞低温保存的最终效果。一般认为冷冻速率越快,冰晶形态越小,对细胞保存越有利。例如,陶乐仁等在使用自制的低温显微镜研究低温保护剂结晶过程发现,不同成核条件下冰晶形态不同,在高冷却速率下生成的树枝状冰晶有较多而细的分枝,慢速冷却时形成的冰晶其分支则少而粗。[57]现在公认的保存卵母细胞较好的方法为Cryotop法[53],该方法较其他方法冷冻速率快,冰晶少,对细胞保存较好[27,37,53,55,81,82],已经获得了许多成功案例。Li等还曾利用数值模拟对Cryotop和其他方法冷冻速率作比较[83],认为Cryotop法冷冻速率最高,对细胞最为安全,但Cryotop的实际保存效果距离广泛应用还有一定差距,卵母细胞存活率还很低。Diana使用Cryotop法冷冻人卵母细胞时,存活率为22.7%,分化率为16.6%。[4]从传热学基本原理分析,Cryotop载体可以进一步优化,使得冷却速率得到进一步提高:一是塑料膜窄条的导热率较低而且厚度较大,可以选用导热率较高且能够加工成很薄的材料;二是采用直接投入液氮池沸腾冷却,导致样品表面周围液氮强烈的气化,形成的蒸气层热传导性差,阻止了冷却速率的进一步提高,可以采用降低液氮温度到约-207℃,形成固液共存过冷氮的方法减少样品周围液氮的蒸发。本节首先将利用数值模拟依次计算降低载体厚度,减少液滴大小,降低冷源温度,提高换热系数时,Cryotop冷冻速率的变化;再利用高速测温装置,对以上部分结论验证,测量载体厚度降低时,以及换用导热系数更高的铜作为载体后的冷冻速率,为改进Cryotop提供依据。

1.2.1 Cryotop传热性能优化的模拟计算

1.2.1.1 实验方法

1. 所用数值求解软件

本研究采用FLUENT 6.2商业软件,其应用范围非常广泛,可以广泛应用于流体、热传递和化学反应等方面的工业计算,它具有丰富的物理模型、较为先进的数值模拟方法和强大的前后期处理功能,在汽车设计、空调设计、航空航天、生物传热、石油天然气、工业锅炉和涡轮机设计等方面都有着广泛的应用。采用GAMBIT商业软件划分网格。

2. 模型建立

Cryotop 由 Kuwayama 教授在 2005 年首先提出[52],其结构简单,就是将一个狭窄的塑料小片粘贴在硬质塑料操作杆上。在显微镜下卵母细胞通过毛细管被加载到宽度为 400 μm 的塑料片上,然后通过毛细原理用毛细管吸走几乎所有的溶液,这样塑料载体上只有卵母细胞和少量冷冻保护液(体积<0.1 μL)。最后将 Cryotop 连同卵母细胞直接插入液氮中,迅速冷却。该方法中 Cryotop 可以被简化成一个球体加载在一个薄板上,球表面覆盖着冷冻保护液。如图 1-3 所示。

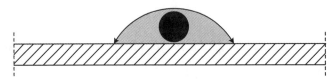

图 1-3 Cryotop 模型示意图

Cryotop 中卵母细胞直径设成 100 μm,Cryotop 表面上冷冻保护液半球的直径设为 120 μm,长度为 3 cm,宽度为 400 μm,厚度为 100 μm。选中所要划分网格的模型,将网格尺寸值设置为 0.01。模拟三维网格如图 1-4 所示,其中细胞和冷冻保护剂的网格被设为四面体,载体被设为六面体。

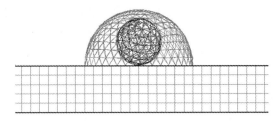

图 1-4 Cryotop 网格划分

3. 热物理参数

为了便于计算,假设四种方案中都避免了冰晶产生,完全实现了玻璃化,这样忽略相变热。卵母细胞被当作均质体,其物性参数按照水的物性参数算。因为实际冷冻过程中常常使用较高浓度的乙二醇作为保护剂,为了便于计算,冷冻保护剂参数按照 40%乙二醇的参数。模拟过程中,由于各种物质没有相变,且各物性参数随温度变化不大,为了便于计算所有热物理参数都取室温下的参数。[84] Cryotop 的材料是 PVC,其热学特性见表 1-1。

表 1-1 模拟中使用的物理参数

材 料	密度 (kg/m³)	比热 (J/(kg·K))	导热系数 (W/(m²·K))
40%乙二醇	1 066.8	3 401	0.395
细胞	998.2	4 182	0.6
PVC[85]	1 200	1 500	0.2

4. 数值分析

模型中没有内热源,不同表面之间使用第三类边界条件。每种组成之间的热传导都为

理想状态,没有热阻。导热偏微分方程如下[86]:

$$\frac{\partial T}{\partial t} = \alpha \nabla \cdot (\nabla T) \quad (1.1)$$

第三类边界条件为

$$\lambda \frac{\partial T}{\partial n} = h(T - T_e) \quad (1.2)$$

此处 $\alpha = \lambda/\rho \cdot c_p$,表示热扩散系数,$\rho$ 表示密度,c_p 代表材料的导热系数,T 是瞬时温度,t 是时间,T_0 是初始温度,T_e 是冷源温度,n 为传热表面的法线方向,h 是总换热系数,λ 是热导率。

初始温度 $T_0 = 298$ K。

计算使用非耦合的隐式算法,为了既减少计算量,又保证实验精度,模拟计算的非稳态时间步长设置为 0.01 s,而每步计算迭代次数为 20 次。

1.2.1.2 载体厚度对 Cryotop 冷冻速率的影响

Cryotop 细胞载体是细胞与冷源间的较大的传热热阻,因此降低细胞载体的热阻会对提高 Cryotop 法卵母细胞的玻璃化冷冻的冷冻速率产生积极的作用。

计算中设定初始温度 T_0 为 298 K,冷源温度 T_e 为 77 K,h 为 2 000 W/($m^2 \cdot$ K),保护剂液滴球缺高度为 120 μm、底面直径为 120 μm,Cryotop 载体的宽度为 400 μm,长为 3 cm,计算用到载体厚度分别为 60 μm、80 μm、100 μm 和 120 μm。

经过模拟计算,在 Cryotop 载体厚度分别为 60 μm、80 μm、100 μm 和 120 μm 时,细胞完成冷冻的时间分别为 0.195 s、0.212 s、0.221 s、0.235 s,相应的细胞冷冻速率分别为 60 900 K/min、56 000 K/min、53 800 K/min 和 50 600 K/min,如图 1-5 所示。

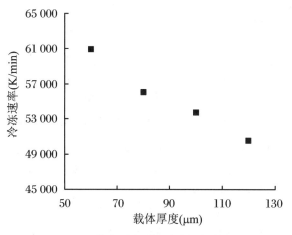

图 1-5 不同载体厚度对细胞冷冻速率的影响

结果表明样品液滴的冷冻速率会随着 Cryotop 细胞载体厚度的减小而增大。以标准 Cryotop 载体厚度(100 μm)为基准,当载体厚度降为 60 μm 时,样品液滴的冷冻速率随之增加 20.4%。随着载体厚度的减小,其热阻也随之降低,这样在载体厚度方向上,细胞与冷源间的传热热阻也会相应降低,因此完成冷冻的时间也会随着减少。然而载体材料强度(硬度、刚度等)是有限的,其厚度不能无限制地降低。一般来说,以聚氯乙烯为材料的薄板可以加工到很薄,但厚度小于60 μm之后,载体的强度不足以支撑细胞,所以,以聚氯乙烯为制作材料的Cryotop,其厚度不宜小于60 μm。

1.2.1.3 冷冻保护液体积对Cryotop冷冻速率的影响

Cryotop冷冻卵母细胞过程中,主要热阻的热阻来自于细胞与冷源间的间隔物:细胞保护液和载体。因此研究细胞冷冻保护液体积的变化对样品液滴冷冻速率的影响也是很有必要的。

根据上一节对Cryotop载体厚度优化所得的结果,计算中确定Cryotop载体尺寸参数:厚度为60 μm,宽度为400 μm,长为3 cm;初始温度T_0为298 K;冷源温度T_e为77 K;h为2000 W/(m²·K)。现保持冷冻保护液模型球缺的高120 μm不变,通过改变球缺的底面半径来改变冷冻保护液的体积。计算涉及的冷冻保护液模型(球缺型)的底面圆半径分别为120 μm、140 μm、160 μm、180 μm、200 μm。

经过模拟计算,在冷冻保护液的底面半径分别为120 μm、140 μm、160 μm、180 μm、200 μm时,样品液滴完成冷冻的时间分别为0.195 s、0.235 s、0.275 s、0.32 s和0.361 s,相应的冷冻速率分别为60 900 K/min、50 600 K/min、43 200 K/min、37 100 K/min和32 900 K/min,冷冻速率变化如图1-6所示。

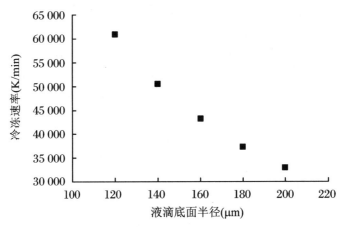

图1-6 不同冷冻保护液体积对细胞冷冻速率的影响

结果表明,随着球缺形的冷冻保护液模型底面半径的增加,样品液滴的冷冻速率是增加的。CPA的体积增加还会增加热容量,限制冷冻速率。当液滴模型球缺底面半径由120 μm增加到200 μm时,相应的体积变由0.03 μL增加到0.07 μL,增加了1.3倍,而随之变化的样品液滴的冷冻速率的减少39.1%。虽然减少细胞冷冻保护剂的用量可以增加细胞的冷冻速率,但冷冻保护剂量的减少是有限度的,同时从物理角度来说,如细胞直径为100 μm,那么细胞悬浮液液滴的体积就不能无限地减少;从渗透压平衡方面来说,细胞外总会有一部分冷冻保护剂存在。

1.2.1.4 冷源温度对Cryotop冷冻速率的影响

根据传热学上的分析,冷源温度的降低会增加样品液滴的冷冻速率。实验中所用冷源介质为液氮,通过抽真空的方式可以使其温度降低,当降低至某一温度范围时,冷源会变成固液共存的过冷氮形态,该状态的液氮温度最低可以达到-207 ℃,约为66 K。

根据前两节模拟计算所得结果,设定Cryotop载体的厚度为60 μm、宽度为400 μm、长度为3 cm;冷冻保护液模型的底面圆半径为120 μm,高为120 μm;T_0为298 K;h为2000 W/(m²·K)。模拟计算的冷源温度值为77 K、71 K、66 K。

在冷源温度分别为77 K、71 K、66 K时,完成细胞冷冻的时间分别为0.195 s、0.182 s和0.171 s,相应的细胞冷冻速率分别为60 900 K/min、65 300 K/min和69 500 K/min,其冷冻速率变化如图1-7所示。

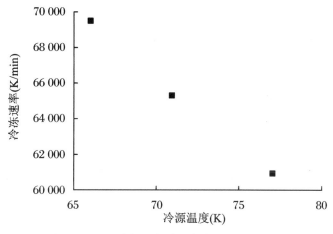

图1-7 不同冷源温度对细胞冷冻速率的影响

根据所得到的结果,当冷源温度T_e由77 K降至66 K时,减少了14.2%,相应的样品液滴冷冻速率提高了14.1%。从这一结果来看,冷源温度变化和降温速率变化幅度相近。前文阐述过,当温度降低至某一温度范围时,冷源会形成浆态(slush nitrogen),过冷氮不光可以降低冷源温度,在实际的使用中可能由于减少了氮气的生成量,避免液氮和CPA之间的氮气膜,提高换热系数,其实际冷冻速率远高于模拟值。本模拟中没有设置对流换热系数的变化,将在下文单独研究。

1.2.1.5 对流换热系数对Cryotop冷冻速率的影响

前文所使用的对流换热系数值为研究者们常用的经验值,至于该值的正确性还有待考证。样品在冷冻过程中的对流换热系数与很多因素有关,但每一种因素的变化对对流换热系数值的具体影响却是不得而知的。本节按某一特定条件下对流换热系数值为研究对象,以探讨对流换热系数的变化对样品液滴冷冻速率的影响。

根据前文优化计算所得的结果,选择Cryotop载体的厚度为60 μm、宽度为400 μm、长度为3 cm;冷冻保护液模型的底面圆半径为120 μm,高为120 μm;T_0为298 K;T_e为66 K。所计算的对流换热系数h为200 W/(m²·K)、2 000 W/(m²·K)、5 000 W/(m²·K)、11 000 W/(m²·K)、15 000 W/(m²·K)。

经过计算,当h分别为200 W/(m²·K)、2 000 W/(m²·K)、5 000 W/(m²·K)、11 000 W/(m²·K)和15 000 W/(m²·K)时,所求得的冷冻时间相应为0.850 s、0.195 s、0.105 s、0.077 s和0.069 s,冷冻速率分别为14 000 K/min、60 900 K/min、113 000 K/min、154 000 K/min和172 000 K/min,如图1-8所示。

对结果进行分析,得出随着换热系数增大冷冻速率增大。换热系数从 200 W/(m²·K) 升高至 15 000 W/(m²·K),降温速率提高了 11.3 倍,由图 1-8 所知,换热系数和冷冻速率曲线随着降温换热系数增加斜率减少,可见,冷冻速率随着换热系数增加的增幅是减少的。单纯提高换热系数到 12 000 W/(m²·K) 以上冷冻速率的增幅就会非常小,而实际上换热系数一般在 10 000 W/(m²·K) 以内(液氮饱和蒸气压下的对流换热系数值)[28],继续提升换热系数值也是不现实的。

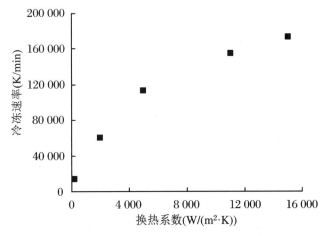

图 1-8　换热系数对细胞冷冻速率的影响

1.2.2　高速测温系统对 Cryotop 冷冻速率的测量

尽管通过数值模拟比较出 Cryotop 法为比较优的降温方法,但是数值模拟也有一定的缺陷性,该方法只是对实际问题的理想化模拟。使用的热物理参数对模拟结果影响很大。其中换热系数一直为学术界争论的焦点。对于小体积降温过程的模拟中,换热系数对于建模过程有重要影响,直接影响了冷冻速率。其他作者各自的模拟中,换热系数的取值千差万别。例如,Jiao 等使用的换热系数从 500 W/(m²·K) 到 20 000 W/(m²·K)。[84]而 He 等使用 10 000 W/(m²·K) 的换热系数。[87] Sansinena 等分别使用了 200 W/(m²·K)、1000 W/(m²·K)和 2 000 W/(m²·K)的换热系数。[28]这样得出的冷冻速率结果差异性很大。为了验证模拟结果的真实性,我们有必要寻找一种有效的测量 Cryotop 冷冻速率的方法,求得其真实值。Kleinhans 介绍了一种使用线直径为 25 μm 和示波器组成的简易测温系统可以检测 Cryotop 法实际冷冻速率。[88]

一般来说,测温方法分为接触式和非接触式。[89]接触式测温设备包括温度计、热电偶两大类。非接触式测温装置主要为以热辐射方式测量温度的设备。在这些设备中,以热电偶和热辐射温度测量设备的响应时间较快,在低温领域,热电偶可以测量到 −200 ℃。根据本文所需要的测量的温度范围(−196~30 ℃),选择测温范围下限能达到 −200 ℃ 的热电偶来进行温度测量。热电偶测温系统除了热电偶,还需要数据采集和读取设备。目前通常使用的测温系统有许多缺陷:热电偶体积大、响应速度慢、数据采集频率低。本节将要测量的样品体积很小(0.5 μL),测量的时间短,几乎瞬时完成,因此需要数据采集设备有较高的采样频率,同时测温探头必须远小于冷冻保护剂液滴,这样热容量足够小,能够保证响应速度足够快。但能达到这一要求的常规的数据采集设备却十分昂贵。因此,搭建一套采样频率高、便宜简单的快速测温系统是十分有意义的。

本节搭建了一套快速测温系统,用于测量样品在 Cryotop 中的冷冻时所能达到的较快的冷冻速率。研究测量了不同厚度的 Cryotop 在液氮和过冷氮中冷却的冷冻速率,以及铜载体的降温速率,辅助优化 Cryotop 载体,同时对模拟结果进行验证。

1.2.2.1 材料与方法

1. 快速测温装置

快速测温系统主要由热电偶、带 USB 端口的数字示波器和计算机三部分组成,由于在玻璃化冷冻过程中使用的冷冻保护液体积很小,在冷冻过程中的降温速率很高,这就要求测温所用的热电偶的尺寸足够小、响应速度足够快,而采集热电偶电压信号的仪器的采集频率应该足够高,能够满足实验所需要的数据量,采样过程中最好能获得 100 个以上的数据。所采集到的数据将转移到计算机上,使数据能够进行处理和分析。快速测温装置如图 1-9 所示。

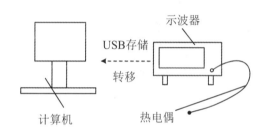

图 1-9 快速测温装置图

根据 F. W. Kleinhans 的分析,热电偶采用灵敏度高、单根线径为 25 μm 的 E 型热电偶(Omega©,美国),热电偶的功能为测量样品在冷冻过程中的温度变化。[60]示波器为带 USB 端口的数字示波器(型号 DS1062CD(RIGOL©,中国)),最大实时采样频率为 400 MSa/s。数字示波器采集热电偶在测温过程中反馈的直流电压信号并进行保存,然后通过 USB 端口将数据传入计算机,利用 MS Excel 进行处理和分析。完成 Cryotop 装置与超快速测温系统的装配搭建。Cryotop 载体伸出操作杆约 5 mm;热电偶结点伸出操作杆约 2.5 mm,且结点紧贴在 Cryotop 载体上,其位置大致处于载体中线上。

在保温罐中加入大约 4 L 的液氮,待其蒸发平稳。放置好测温装置和保温罐的位置。用微量移液器吸取 0.5 μL 的冷冻保护液液滴,置于热电偶结点处。

打开示波器,示波器横坐标设置为每格 200 ms,纵坐标每格设置为 2 mV,波形选择为点显示,信号获取方式为平均,平均值选择为 256,采样方式为实时采样,存储深度选择普通,存储模式为 CSV 存储。

将加载好冷冻保护液液滴的 Cryotop 以很快的速度插入到冷源中(液氮),在冷冻保护液滴温度降低的同时,热电偶的电压变化信号被示波器采集到并显示在示波器面板上。将采集到电压与时间的信号保存到 USB 存储盘上,最后通过 U 盘将采集到信号转移到计算机中进行处理。

冷实验中采用的直径为 25 μm 的 T 型热电偶为无外皮的裸丝,极易折断,所以操作时要格外小心。购买的热电偶都固定在塑料片上,该塑料片可以直接作为我们的操作杆,用镊子小心将热电偶的尖端挑起来,剪掉多余长度的载体,用胶带将 Cryotop 载体固定在操作杆上,铜片与热电偶尖端靠近,但不接触。用胶带将 T 型热电偶接线柱固定于操作杆另一端,接通热电偶两根导线,接线柱的插孔插延长线并接示波器,安装示意图如图 1-10 所示。在热电偶与 Cryotop 载体接触的部位滴加 0.5 μL 的冷冻保护液滴[61],加载过程如图 1-11 所示,加载后的显微照片如图 1-12 所示。

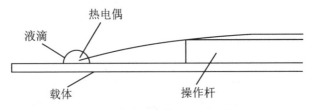

图 1-10　Cryotop 冷冻装置示意图

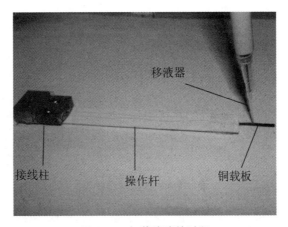

图 1-11　加载液滴的过程

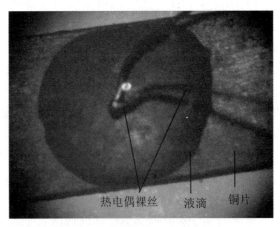

图 1-12　加载液滴后的显微照片

2. 拟合电压温度曲线及其公式

由于实验本身处于简化的目的,对实验精度要求不高,因此没设置参比热电偶,也没有对热电偶进行标定,只是做简单的拟合。根据 Omega 公司提供的 T 型热电偶分度表[90],选

取其中 -200～40 ℃区间作为数据区,使用 MATLAB 拟合该区间内电压和温度的关系曲线,建立 4 次多项式:

$$T = -0.046\,4 \times V^4 - 0.111\,1 \times V^3 - 0.830\,3 \times V^2 + 26.227\,8 \times V + 0.121\,8 \tag{1.3}$$

其中 T 为温度值,单位为℃;V 为热电偶两端电势,单位为 mV。

由于 Omega 公司提供的 T 型热电偶分度表是在 0 ℃测得的,我们实际测量中未使用参比,根据热电偶测温原理[91],我们可以使用数学方法进行适当的校正。将热电偶裸丝插入液氮中,使用示波器记录热电偶的电压变化 1 min。液氮的实际温度约为 -196 ℃,热电偶插入液氮 1 min 之后温度会稳定在液氮温度,求 1 min 后的电势平均值为 -6.72 mV,根据分度表 -196 ℃时,电势为 -5.54 mV,因此实际测得的电势值应该增加一个矫正值 $\Delta V = -5.54\,\text{mV} - (-6.76\,\text{mV}) = 1.22\,\text{mV}$。热电偶的真实值为

$$V = V' + \Delta V \tag{1.4}$$

其中 V' 为测量值,ΔV 为修正值。

3. 冷冻速率的读取

将热电偶测得的电压值换算为真实值,直接代入拟合的公式中,通过 Excel 绘制时间和温度散点图,必要时使用程序滤去噪声。图 1-13 为绘制的降温曲线,将降温部分拟合一条直线,求其斜率即为冷冻速率,单位为 K/s,后文为了便于比较统一换算为 K/min。

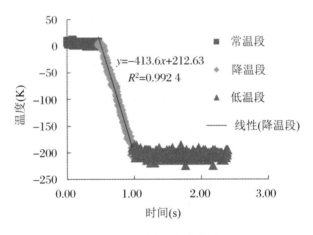

图 1-13 温度时间曲线图

4. 过冷氮的提出背景和制作原理

目前,在所有的以液氮为冷源的卵母细胞玻璃化冷冻中,在与冷源接触的冷冻设备或者样品的面上都会经常出现或多或少的氮蒸气膜。这种氮气膜具有很高的热阻,会严重阻碍冷源与样品间的热传递,对样品(细胞)的冷冻效果也会大打折扣。因此,尽可能地减少或者杜绝在冷冻过程中这种热阻很大的气膜的产生,对细胞的玻璃化冷冻是很有意义的。本章将以过冷氮代替液氮作为冷源,进行 Cryotop 冷冻。所谓过冷氮,是指通过降低液氮表面蒸气压,使其蒸发吸热,实现低于液氮温度的过冷状态。

本实验按照采用抽真空制冷的方法制取过冷氮。具体方法如下:将一定体积的液氮装入过冷氮制备仪(0200-1 型,Vitmaster©,英国,图 1-14)的杜瓦罐中,密封后抽真空制冷。经过长时间的抽真空制冷,液氮温度得以降低,最终达到 -207～-208 ℃(66～65 K)(液氮常

压下温度为-196 ℃)。根据这一温度,可判定液氮里已出现过冷氮,即整个液体可以认为是过冷氮。通过目测,若用玻璃棒搅拌液体时,在光源照射下,溶液里出现反光闪光点和小片区域,则断定过冷氮制成。完成后,打开杜瓦罐密封盖,进行实验。

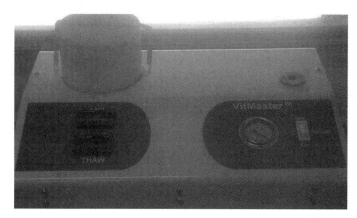

图 1-14　Vitmaster 过冷氮制备仪器

1.2.2.2　Cryotop 在液氮中的冷冻速率

将 0.5 μL 的低温冷冻保护剂(15%乙二醇+15%二甲基亚砜+0.5 mol/L 蔗糖)分别滴加到载体厚度为 60 μm、80 μm、100 μm 和 120 μm 的 Cryotop 装置中。

整个温度测量范围为 298~77 K,本节选取 298~100 K 为样品冷冻速率的计算范围。经过计算,四种载体厚度(60 μm、80 μm、100 μm 和 120 μm)的 Cryotop 样品液滴冷冻速率分别为 16 000±1 100 K/min、14 000±1 100 K/min、12 000±1 500 K/min、11 000±1 400 K/min。可以看出,随着 Cryotop 载体厚度的增加,载体的热阻也随着增加,样品液滴的冷冻速率是降低的(图 1-15)。

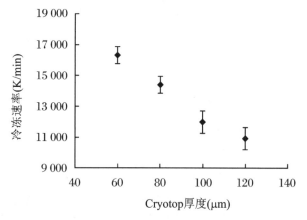

图 1-15　PVC 载体厚度同冷冻速率的关系

1.2.2.3　Cryotop 在过冷氮中的冷冻速率

将 0.5 μL 低温保护剂滴加到厚度为 100 μm 的 Cryotop 载体上,插入过冷氮中,重复 3 次。对 3 次测量结果取平均值,Cryotop 法在过冷氮中实现的样品冷冻速率为 17 000±

1 300 K/min。

将 Cryotop 法在过冷氮中所获得的样品冷冻速率与上一节中相同的 Cryotop 装置在液氮中所获得样品冷冻速率相比较可以看出，样品在过冷氮中所实现的冷冻速率为 17 000 ± 1 300 K/min，相同的 Cryotop 装置中样品在液氮中实现的冷冻速率为 12 000 ± 1 500 K/min，前者比后者高出约 41.7%。

1.2.2.4　商品化 Cryotop 与自制铜 Cryotop 冷冻速率的比较

分别测量 100 μm 标准 Cryotop 载体（聚氯乙烯，PVC）和 100 μm 铜载体在液氮中的冷冻速率。实验发现，采用商品化的 Cryotop 冷冻时，降温速度为 12 000 ± 1 500 K/min，而采用相同厚度的铜片作为载体，其降温速度可达到 13 000 ± 2 000 K/min，比对照提高 8.3%。显然采用铜作为载体材料可以显著提高冷冻过程的冷冻速率。提高冷冻速率的原因是铜的导热系数[8]（387.6 W/(m·K)）明显高于聚氯乙烯的导热系数[9]（0.04 W/(m·K)）。Cryotop 中液滴的降温过程包括热传导和对流换热，液滴与液氮直接接触的表面以对流换热为主，液滴与 Cryotop 载体接触的表面以热传导为主。根据热阻 $R = \delta/(A\lambda)$，其中 δ 为载体的厚度，A 为载体的表面积，λ 为铜的导热系数，铜载体和 PVC 载体相比，厚度和表面积完全一致，两种载体的不同之处在于铜载体有更高的导热系数，因此铜可以加快热传导。但是尽管铜的导热系数是 PVC 导热系数的近万倍，但是冷冻速率却没有极大提高，这是由于在降温过程中起主导作用的仍然是液滴与液氮之间的对流换热，液滴通过铜导热散失的热量相对较小，对整个降温过程影响不大。在对流换热和热传导的共同作用下，同样尺寸的铜制载体和 PVC 载体相比，使用铜的冷冻速率比使用聚氯乙烯载体有显著提高，但只是在同一数量级上增加。

1.2.2.5　不同厚度铜 Cryotop 冷冻速率的比较

分别测量 60 μm、100 μm、120 μm、150 μm、200 μm 厚的铜质 Cryotop 载体插入液氮时的冷冻速率。不同载体厚度的冷冻速率如图 1-16 所示，比较测得的冷冻速率发现，铜载体的冷冻速率随着厚度增加而减少，60 μm 时其冷冻速率最高，可达到 16 000 ± 1 200 K/min。当厚度为 200 μm，冷冻速率最慢，为 9 000 ± 1 400 K/min。这是由于厚度反比于热阻 R，因此，在实际的应用中，在材料强度允许的情况下，应尽量减少材料的厚度，以提高冷冻过程的冷冻速率，提高玻璃化效果。受材料强度的限制，不可能无限制地降低 Cryotop 载体的厚度，当载体厚度低于 60 μm 时，Cryotop 载体易弯折，不能对细胞起到很好的支撑和保护作用。

实验中为了减少误差，使用了相对较大的液滴 0.5 μL，这样所测的商品 Cryotop 的冷冻速率远低于 Kleinhans 等所测的 96 000 K/min 且低于模拟结果 54 000 K/min[8]，此外，由于模拟中使用的换热系数与真实值偏差较大，都会造成实验结果和模拟结果相差较大，以后的研究可以利用模拟和实验相结合来确立真实的换热系数。但冷冻速率随载体厚度、冷源温度、材质的变化趋势不受液滴大小的影响。Cryotop 插入液氮的瞬间，插入角度、深度和速度对于实验结果有一定影响，如果能保证每次实验条件一致，测量结果将更有可比性。尽管实验中使用的热电偶体积非常小，但由于体积效应，仍然对液滴中的温度场有干扰，同时由于热电偶自身的热容量，会造成 0.002 s 的响应时间延后，也会略微影响最终结果的精确性。

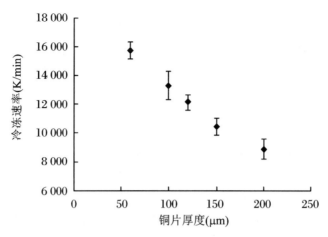

图 1-16 不同厚度的铜质载体在液氮的冷冻速率比较

本 节 小 结

(1) 首先利用数值模拟方法,比较了载体厚度对冷冻速率的影响,结果发现降温速度随着载体厚度减少而增加,当载体厚度为 60 μm 时,降温速度最高,可以达到 60 900 K/min;使用 60 μm 厚的载体时,继续比较玻璃化保存溶液体积对冷冻速率的影响,发现液滴体积越小降温速度越高,液滴底面半径为 120 μm 时,降温速度最高,可以达到 60 900 K/min;使用 60 μm 厚的载体,液滴底面半径为 120 μm,比较冷源温度对冷冻速率的影响,发现冷源温度越低,降温速度越快,当冷源温度为 66 K(过冷氮温度)时,冷冻速率最快,可以达到 69 400 K/min;使用 60 μm 厚的载体,液滴底面半径为 120 μm,冷源温度 66 K 条件,继续研究换热系数对冷冻速率影响,发现换热系数越大,降温速度越快,当换热系数为 15 000 W/(m²·K) 时在模拟范围内降温速度最快,可以达到 172 000 K/min。

(2) 使用数字示波器和单根线径为 25 μm 的 T 型热电偶搭建了快速测温系统,实测了液滴为 0.5 μL 时 PVC 不同载体厚度下的冷冻速率,发现冷冻速率随载体厚度降低而增高,60 μm 时最高,可达 16 000±1 100 K/min;测量了液滴为 0.5 μL 时,100 μm PVC 在过冷氮中(66 K)冷冻速率为 17 000±1 300 K/min,比在普通液氮中高 41.7%。而采用相同厚度的铜片作为载体,其降温速度可达到 13 000±2 000 K/min,比对照提高 8.3%。测量液滴为 0.5 μL 时,不同铜片厚度下冷冻速率,发现冷冻速率同样随厚度降低而升高,60 μm 时最高,可达 16 000±1 200 K/min,较 100 μm PVC 载体提升 33.30%。

1.3 冷冻过程对卵母细胞玻璃化保存效果的影响

在上一节的研究发现通过减少载体厚度,使用更低温度的冷源,使用铜质载体,Cryotop 的冷冻速率可以进一步提高,预计可以提高卵母细胞的玻璃化冷冻效果。但是,提高冷冻速率的方案能否对卵母细胞低温保存有效果需要生物实验进行验证。本节我们将使用改进后的 Cryotop,对猪 MⅡ 期卵母细胞和鼠 GV 期卵母细胞进行玻璃化保存,研究改进后的 Cryotop 对卵母细胞玻璃化保存效果的影响。

1.3.1 载体厚度对猪 MⅡ 期卵母细胞玻璃化保存效果的影响

哺乳动物核成熟的卵母细胞(第二次减数分裂中期的细胞,MⅡ)的卵母细胞的特征是有一个巨大的核,核周围分散着中心粒,由于发育程度较好,低温保存结束之后可以直接用于核移植[92],是低温保存中使用的主要类型。[31,37,54,55]由 1.2 节的计算和模拟发现,降低载体厚度可以降低整个体系的热阻,提升冷冻速率,希望借此改善玻璃化保存的效果。

1.3.1.1 材料与方法

1. 主要仪器和设备

BC-J160S 二氧化碳培养箱(上海博讯实业有限公司,中国),TS100 倒置荧光显微镜(Nikon,日本),YDS-35-20 液氮罐(东亚压力容器,中国),SW-CJ-1CU 超净工作台(松泰净化科技有限公司,中国),Cryotop 载体(KITAZATO©,日本)。

2. 主要试剂

实验中所用的试剂除特别说明外,均来自美国 Sigma 公司。TCM199 培养液,磷酸盐缓冲液(phosphate buffer solution,PBS),胎牛血清(fetal bovine serum,FBS)(Gibco 公司,美国)。

3. 玻璃化冷冻/解冻液

基础液:TCM199 + 20% FBS;预平衡液:基础液 + 8% Me_2SO + 8% 乙二醇(ethylene glycol,EG);玻璃化冷冻液(vitrification solution,VS):基础液 + 15% Me_2SO + 15% EG + 0.5 mol/L 蔗糖;解冻液:分别以基础液 + 0.5 mol/L 蔗糖、基础液 + 0.25 mol/L 蔗糖构成不同蔗糖浓度的解冻液。

4. 猪 MⅡ 卵母细胞的获得

卵巢采集于上海市长宁区复兴屠宰场。在猪屠宰后立即取卵巢组织,将采集的猪卵巢放入含 1 000 μg/mL 双抗生理盐水中(35～37 ℃),2 h 内运回实验室。用 95%酒精对卵巢表面进行喷洒消毒,再用灭菌的生理盐水洗涤 2～3 次。选择直径为 2～8 mm 的卵泡,使用带有大号针头、20 mL 的一次性注射器(注射器中装有少量的 TCM199)将卵母细胞复合体连同卵泡液一起吸出(图 1-17(a))。将抽出的卵泡液置于 50 mm 的培养皿中,在 39 ℃的恒温台上静放 10 min,移除上清液。将 3 层以上卵丘细胞包裹并且胞质均匀的卵丘卵母细胞复合体(图 1-17(b))洗涤 3 次,备用,此时的细胞为 GV 期细胞。

经洗涤后的卵丘卵母细胞复合体放入在培养箱内已平衡 4 h 以上的成熟液(TCM199 + 10% FBS + 10% 猪卵泡液 + 激素)中,用于培养的多孔板如图 1-17(c),成熟培养 42 h,即为 MⅡ 卵母细胞。成熟培养后的卵母细胞浸入透明质酸酶消化以去除卵丘细胞,用 TCM199 洗 3～5 遍备用。冷冻时加载到 Cryotop 上进行实验(图 1-17(d))。

5. Cryotop 冷冻载体的制作

采用材料为聚氯乙烯的薄片制作。Cryotop 细胞载体厚度为 60 μm、80 μm 和 100 μm。载体的宽度均为 2 mm,长度为 3 cm(有效使用长度为 5 mm)。制作完成后,放入 75%酒精中浸泡 3 分钟,之后将 Cryotop 片放在工作台上风干,待用。

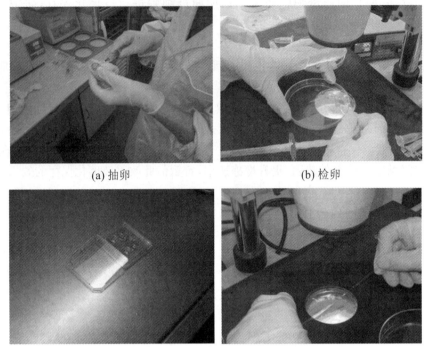

(a) 抽卵　　　　　　　　　　　　(b) 检卵

(c) 多孔板用于细胞培养　　　　　(d) 将卵细胞加载到Cryotop上

图 1-17　卵母细胞冷冻前处理图解

6. 卵母细胞玻璃化冷冻及解冻程序

冷冻:将需要冷冻的卵母细胞移至基础液(HM)中,每 10 枚卵为一组在预平衡液中平衡 3 min 或 4 min,然后移至 50 μL 的玻璃化冷冻液中平衡 2 min 或 3 min。用吸管将细胞悬浮液滴加载到 Cryotop 细胞载体上,再用毛细管移去一部分多余的冷冻保护剂,之后将带有细胞悬浮液的 Cryotop 快速插入液氮中,实施冷冻,时间为 40 s 左右。完成后,不进行保存,直接将 Cryotop 片和冷冻后的细胞悬浮液移出液氮,准备解冻。

解冻:解冻采用三步法解冻。第一步:解冻时迅速将 Cryotop 装置连同细胞一起从液氮中取出,先直接浸入 37 ℃ 的 0.5 mol/L 蔗糖液解冻(含基础液),浸没时间大约 30 s。第二步:将卵母细胞快速移入 37 ℃ 的 0.25 mol/L 蔗糖液解冻(含基础液),浸没时间 30 s。第三步:将卵母细胞快速移入 37 ℃ 的 0 mol/L 蔗糖液解冻(含基础液),浸没时间 30 s。以此三步,逐级脱除冷冻保护剂,实现卵母细胞的完全解冻。

7. 卵母细胞体解冻后存活判断

解冻后的卵母细胞用 FDA 染色 3 min,再用基础液(HM)洗 3~4 遍,在倒置显微镜下观察是否着色。胎质有荧光反应的为活卵,没有荧光反应的为死卵。实验以此为标准计算卵细胞解冻后的存活率(图 1-18,参见彩图)。

1.3.1.2　结果

实验分为三组:60 μm 实验组、80 μm 实验组和 100 μm 实验组。每一组所用卵母细胞个数为 100,每个 Cryotop 片上加载 10 个卵母细胞。每组实验重复 3 次。经过冷冻和解冻实验,通过荧光染色法判断细胞是否存活。所得到的细胞存活率结果如表 1-2 所示。

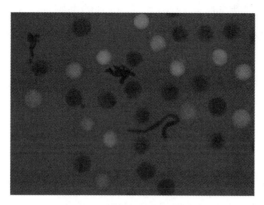

图 1-18 荧光可见光显微照片

表 1-2 Cryotop 载体厚度对猪 MⅡ期卵母细胞玻璃化冷冻后存活率的影响($n = 3$)

实验组	卵母细胞存活率			
	实验批次 1	实验批次 2	实验批次 3	平均值
60 μm 实验组	68%	75%	72%	(71.7±3.5)%
80 μm 实验组	69%	63%	76%	(69.3±6.5)%
100 μm 实验组	65%	74%	73%	(70.7±4.9)%

经过检测和计算,得出三个实验组(60 μm 实验组、80 μm 实验组和 100 μm 实验组)的卵母细胞复温后的存活率分别为(71.7±3.5)%、(69.3±6.5)%、(70.7±4.9)%。三者所得的细胞复温后的存活率没有显著性差异。Cryorop 载体厚度的减少虽然在传热上能够增加细胞的冷冻速率,然而对于本实验所用的冷冻保护剂在该成分和浓度的情况下,实现玻璃化转变所需要的速率并不是很高,在 Cryotop 载体厚度为 100 μm 时,细胞就已能够实现完全玻璃化转变所需要的冷冻速率。但这也并不意味着减少 Cryotop 载体厚度是没有意义的,可以通过降低冷冻保护剂的浓度来进一步提高卵母细胞玻璃化冷冻效果和复温后细胞的存活率。

1.3.2 浆状氮对猪 MⅡ期卵母细胞玻璃化保存效果的影响

由 1.2 节研究发现,当使用温度更低的过冷氮作为冷源时,冷冻速率会得到显著提升,本节利用过冷氮制备仪,生产低于普通液氮温度的低温过冷氮,检测其低温保存 MⅡ期猪卵母细胞的效果。

1.3.2.1 材料和方法

参见 1.3.1.1。

1.3.2.2 结果

实验分为三组:普通液氮对照组、-201 ℃实验组、-207 ℃实验组。每一组所用卵母细胞个数约为 40,每个 Cryotop 片上加载 10 个卵母细胞。每组实验重复 3 次。经过冷冻和解冻实验,通过荧光染色法判断细胞是否存活。所得到的细胞存活率结果如表1-3所示。

表1-3 浆状氮对猪MⅡ期卵母细胞玻璃化冷冻后存活率的影响($n = 3$)

实验组	卵母细胞存活率			
	实验批次1	实验批次2	实验批次3	平均值
普通液氮	65.9%	71.0%	73.8%	(69.2±4.0)%
-201 ℃实验组	65%	78.0%	62.7%	(68.6±8.2)%
-207 ℃实验组	69.2%	68.4%	68.8%	(68.8±2.6)%

经过检测和计算,得出三个实验组(普通液氮对照组、-201 ℃实验组、-207 ℃实验组)的卵母细胞复温后的存活率分别为(69.2±4.0)%、(68.6±8.2)%、(68.8±2.6)%。三者所得的细胞复温后的存活率没有显著性差异。更低温度液氮的使用,起到了降低冷源温度的作用,提高了温差,增加了导热率,减少了升温过程中液氮的气化量,防止在液氮和冷冻载体之间形成气膜,提高了换热系数,有利于玻璃化,但是实际的动物实验却未发现细胞的冷冻存活率有显著提高,可见造成这种现象的主要原因可能是,在现有液氮条件下,Cryotop法已经能够很好地实现玻璃化,再持续降低冷源温度,对改善玻璃化效果意义不大。或者体系中少量的冰晶对于细胞损伤不大,该冰晶量在某一范围内对细胞影响相同,通过提高玻璃化程度,减少冰晶量,对细胞存活率意义不大。也许正如Seki等认为的,对于细胞的损伤主要集中在复温过程中,冷冻过程中对细胞的损伤不大。[58]因此单纯改变冷冻条件不能有效改善冷冻存活率。

1.3.3 铜Cryotop对小鼠GV期卵母细胞玻璃化保存效果的影响

GV期卵母细胞是指未成熟的卵母细胞,该细胞经过42小时左右体外培养可发育至MⅡ期间,由于直接从动物卵巢获得的细胞都属于GV期,操作起来相对简单,也是广大低温生物医学工作者常常用于细胞保存的细胞形态。[31,61,93,94]本小节研究在上海市第九人民医院完成,实验方法略有不同。

1.3.3.1 材料与方法

1. 实验药品

人输卵管液缓冲试剂(1023培养液,Quinn's,美国),人血清白蛋白替代物(SPS,Quinn's,美国),蔗糖(Sigma,美国),培养用矿物油(Sigma,美国),液氮罐(Praxair,美国),人尿促性腺激素(HMG,丽珠化学有限公司,中国),人类绒毛膜促性腺激素(HCG,国药,中国),乙二醇(EG,Sigma,美国),丙二醇(PROH,Sigma,美国),磷酸盐缓冲液(Sigma,美国),3001、3002培养皿(Falcon,美国)。

冷冻预平衡液ES:0.75 mol/L EG + 0.75mol/L PROH + 1023培养液;冷冻保护液VS:含1.5 mol/LEG + 1.5 mol/LPROH + 1023培养液;解冻试剂TM:1.0 mmol/蔗糖 + 1023培养液;DS:含0.5 mmol/L的蔗糖 + 1023培养液;WS1:含0.25 mmol/L的蔗糖 + 1023培养液;WS2:1023培养液。

2. 实验方案

该实验我们使用了鼠GV卵母细胞进行实验,卵母细胞的收集与处理如下:每次取雌性昆明小鼠6只,给每只小鼠腹腔内注射HMG 10 IU,48 h后腹腔内注射HCG 10 IU,此后13~15 h用颈椎脱臼法处死小鼠,剪开腹膜找到输卵管将其剪断放置到3001培养皿中,用1 mL注射器撕开输卵管膨大部位,挑出卵冠丘复合体放入80 IU/mL透明质酸酶处理1 min去除卵丘细胞,将卵母细胞移入1023培养液中,冲洗2~3遍,然后放入1023中,放入温度为37 ℃、CO_2浓度为5%的培养箱内备用,随机将健康的卵分两组,用于对照和实验组。

卵母细胞的冷冻过程:首先将冷冻试剂放置在37 ℃下平衡30 min,将在玻璃化冷冻之前,先置于ES预平衡15 min,之后移入VS中40 s;快速装载到Cryotop载体上,快速插入液氮中。

卵母细胞的解冻过程:解冻之前,TM、WS1液、DS2液均需在37 ℃的培养箱中预热30 min。在3001培养皿中加入1.5 mL TM液,在3002培养皿中加入200 μL其他解冻液,将贮存的小鼠卵母细胞从液氮中取出,快速放入TM中复温,后依次将其转移DS、WS1、WS2中稀释各3.0 min。再将其用1023培养液洗涤数遍,之后移入装有含有细胞成熟液的培养皿中,置于温度为37 ℃、CO_2浓度为5%的培养箱中培养48 h后观察细胞形态,细胞结构破坏的为死卵,完好的为活卵。

1.3.3.2 结果

实验使用100 μm铜制Cryotop作为实验组,100 μm PVC材质Cryotop作为对照组。每一组所用卵母细胞个数为30枚,每个Cryotop片上加载10个卵母细胞。每组实验重复3次。经过冷冻和解冻实验,通过荧光染色法判断细胞是否存活。

表1-4 铜Cryotop对小鼠GV期卵母细胞玻璃化冷冻后存活率的影响($n = 3$)

实验组	卵母细胞存活率			
	实验批次1	实验批次2	实验批次3	平均值
铜质Cryotop	10%	20%	16.7%	(15.6 ± 5.0)%
塑料Cryotop	86.6%	86.3%	80%	(83.3 ± 3.3)%

注:$P<0.05$。

经过检测和计算,得出铜载体组存活率为(15.6 ± 5.0)%,显著低于对照组,塑料Cryotop组(83.3 ± 3.3)%。在上一节采用高速测温装置测量降温速度时已经发现相同厚度的铜Cryotop载体比塑料Cryotop冷冻速率提高了10.9%,根据经验其存活率应该提高,但是不但没有增加反而下降,只有塑料Cryotop组存活率的18.7%。提高卵母细胞玻璃化保存效果是一个复杂的系统工程,其玻璃化冷冻效果远非冷冻速率一个因素控制,还与铜载体表面张力、生物相容性等因素相关,毋庸置疑,铜的生物相容性远远比塑料差,甚至对细胞有毒性,因此细胞存活率远差于对照组。

本 节 小 结

尽管在上一节中我们通过模拟和实验的方法寻找到一些提高冷冻速率的方法,如降低Cryotop载体厚度,使用温度更低的冷源液氮,使用换热系数更大的铜作为载体等。但是在本节对以上方法进行实践验证时发现:

(1) 使用更薄的 Cryotop 载体(60 μm 和 80 μm)载体低温保存猪 MⅡ期卵母细胞时,其存活率分别为(71.7 ± 3.5)%、(69.3 ± 6.5)%,与厚度为 100 μm 的标准 Cryotop(存活率为(70.7 ± 4.9)%)相比差别不大。

(2) 当使用标准 Cryotop 载体分别在 -201 ℃和 -207 ℃的过冷氮条件下冷冻猪 MⅡ期卵母细胞时发现两实验组的存活率分别为(68.6 ± 8.2)%和(68.8 ± 2.6)%,同在普通液氮的冷冻的对照组(实验结果为(69.2 ± 4.0)%)相比,没有显著性差异。

(3) 使用厚度为 100 μm 厚度铜质的载体保存 GV 期小鼠卵母细胞时发现,其发育率仅为(15.6 ± 5.0)%,远低于相同厚度的标准 Cryotop 对照组发育率(83.3 ± 3.3)%,铜载体的使用尽管提高了冷冻速率,但铜的生物相容性远比 PVC 的差,保存效果不理想。

1.4 卵母细胞低温保护剂溶液结晶性质研究

上一节中发现通过提高冷冻速率并没有提高卵母细胞的低温保存效果,我们分析原因可能是目前的冷冻速率已经能够实现冷冻过程的玻璃化,继续提高冷冻速率并没有必要。影响卵母细胞存活率的因素很多,除了冷冻过程中提高冷冻速率形成玻璃化以外,升温过程中的不当处理可能造成细胞内外的重结晶,重结晶的危害远大于冷冻过程的结晶,但是对复温过程中重结晶的研究却相对较少。Isachenko 等指出快速降温和快速升温是玻璃化保存 GV 期卵母细胞的关键,降低升温速度会造成细胞的大量死亡,但对其中机理没有做过多解释。[61]纳米低温保护剂是一种新型的低温保护剂,可能是未来低温保存的一个重要方向,纳米粒子的加入可以改变溶液的结晶焓、比热容、结晶温度、结晶危险区域等一系列热物理参数,提升细胞玻璃化保存效果,但将纳米颗粒应用于卵母细胞低温保存还未见报道。本节试图通过低温显微镜研究卵母细胞低温保护剂在不同升温情况下重结晶的大小,使用低温显微镜比较低温保护剂中添加纳米颗粒后,对低温保护剂重结晶性质的影响,并使用 DSC 测量含有纳米颗粒的低温保护剂的结晶焓,为纳米低温保护剂用于细胞保存寻找依据。

1.4.1 卵母细胞低温保护剂溶液重结晶的显微研究

1.4.1.1 材料与方法

1. 主要试剂

实验中所用的试剂除特别说明外,均来自美国 Sigma 公司。TCM199 培养液,磷酸盐缓冲液(phosphate buffer solution,PBS),胎牛血清(fetal bovine serum,FBS)(Gibco 公司,美国)。

低温保护剂Ⅰ(预处理液):64% TCM199 + 8% Me$_2$SO + 8% EG + 20% FBS;

低温保护剂Ⅱ:45% TCM199 + 17.5% Me$_2$SO + 17.5%(v/v) EG + 20% FBS + 0.6 mol/L 蔗糖。

2. 低温显微系统

实验使用的低温显微镜系统由 BCS196 生物冷冻台、T95 程序温度控制器、Linksys 32

温度控制软件、自动冷却系统(Linkham Scientific Instruments Limited,美国)以及BX51TRF型显微镜(Olympus,日本)组成,如图1-19所示,系统连接如图1-20所示。该系统通过控制样品台的加热和液氮流量调节升降温速度,可以在-196~125 ℃范围内,以0.01~150 ℃/min的速率实现样品的冷冻及复温。BCS 196低温台具有独到的淬冷功能,实验的时候首先将石英坩埚放置在置物台,将升降温台温度降至-193.6 ℃以下(极限温度),然后迅速推动推拉杆带动石英坩埚置于升降温台上,使得石英坩埚上内的液滴迅速降低,产品参数显示该过程冷冻速率可达5 000 ℃/min,BCS 196低温台内部细节如图1-21所示。低温载物台置于显微镜物镜下,通过显微镜系统可以直接观察实验样品在冷冻、复温过程中的冰晶形态变化以及溶液的相变过程,也可以通过系统自带的CCD摄像头采集图像并由计算机实时显示,通过图像处理软件,可以对冷冻、复温过程中结晶和重结晶进行定性及定量研究。

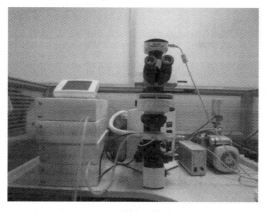

图1-19 低温显微镜实物图

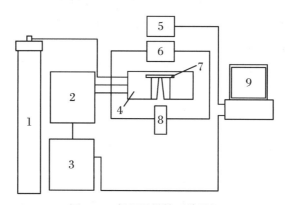

图1-20 低温显微镜系统图解

1. 液氮罐; 2. 液氮泵; 3. 控制器; 4. 低温台; 5. CCD;
6. 物镜; 7. 载玻片; 8. 聚光镜; 9. 计算机。

3. 升降温过程的显微观察

使用微量移液器吸取1 μL液滴到石英坩埚上,将盖玻片压在液滴上,使得液滴被压成一个平面,其厚度可以忽略。以5 000 ℃/min的冷冻速率极速冷冻,然后分别以1 ℃/min、10 ℃/min、100 ℃/min的速率升温至20 ℃。

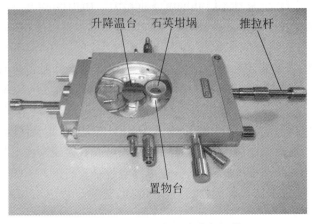

图 1-21　BCS196 低温台内部细节

1.4.1.2　升温速率对低温保护剂溶液再结晶形态的影响

虽然降温过程中产生的冰晶对细胞具有极大的危害,但是升温过程中原本玻璃化或部分玻璃化的冷冻保护剂也可能发生再结晶,Seki 等认为,升温过程的再结晶现象对细胞的威胁更大。[29,58]为了验证以上结论,首先通过高速降温(5000 ℃/min)将玻璃化溶液部分玻璃化,其形态如图 1-22(a)所示,然后对其采取不同的升温速度升温,升温速率为 1 ℃/min、10 ℃/min、100 ℃/min 时,低温保护剂Ⅰ和保护剂Ⅱ的重结晶形态如图 1-22(b)、1-22(c)、1-22(d)所示(参见彩图)。在 1 ℃/min 的低速复温时保护剂Ⅰ冰晶形状为鱼鳞状,而冷冻保护剂Ⅱ为晶粒状,当升温速度为 10 ℃/min 时,保护剂Ⅰ变为粒子状,保护剂Ⅱ同样为粒状,只是比保护剂Ⅰ的冰晶小,对细胞的损伤相对较小,当升温速度达到 100 ℃/min 时,保护剂Ⅰ的冰晶变为波纹状,而保护剂Ⅱ的形状变为皱纹状,从图中可以看出,保护剂Ⅱ的冰晶小于保护剂Ⅰ的冰晶,再结晶过程中形成的冰晶体积越小对细胞伤害越小,这样高速升温时对细胞损害较小。提高升温速率后,冰晶的尺寸在减小,且边缘更为光滑,冰晶对细胞的伤害更小。总体而言,保护剂Ⅱ比保护剂Ⅰ更能抑制冰晶的再结晶,对于升温过程中细胞的保护有积极作用。

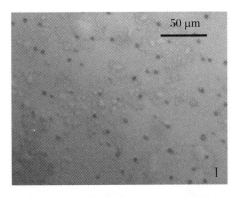
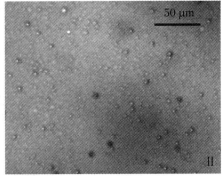

(a) 降温速度为5000 ℃/min时两种低温保护剂的冰晶形态,即升温初始形态

图 1-22　升温过程中重结晶形态

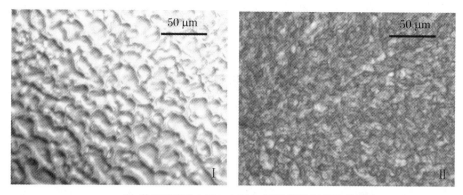

(b) 升温速率为1 ℃/min时，低温保护剂的冰晶形态

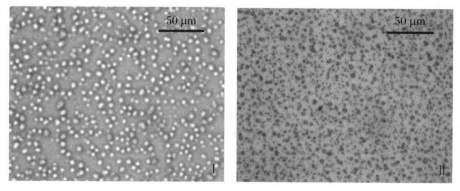

(c) 升温速率为10 ℃/min时，低温保护剂的冰晶形态

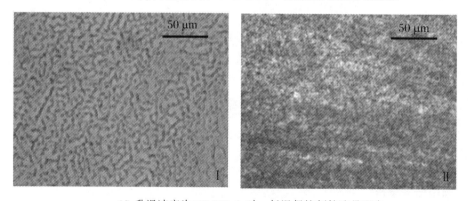

(d) 升温速率为100 ℃/min时，低温保护剂的冰晶形态

图 1-22 （续）

1.4.1.3 升温速率对低温保护剂溶液再结晶时间和危险温度区间的影响

两种低温保护剂在不同升温速率时再结晶温度及其危险温度区间变化如表 1-5 所示。对于同一种低温保护剂，升温速率越快，再结晶初始温度越高，这可能与温度惯性有关。玻璃化或者部分玻璃化的溶液的复温过程是冰晶融化和再结晶同时发生的过程，较小的冰晶的吉布斯自由能高[96]，稳定性差，而较大的冰晶则相反，其自由能低，稳定性高，吉布斯自由能趋向于由高到低。升温过程中，冰晶获得外界的热量，处于亚稳态，部分小冰晶开始融化，未融化的小冰晶具有吸附溶液的趋势，生长成为自由能较低的大冰晶，这个过程就是复温过

程中的再结晶。[29,58]该过程中,既有小冰晶成长的推动作用,又有小冰晶受热融化的趋势,当加快升温速度时,小冰晶融化的趋势占优势,冰晶的长大就不明显,反之,小冰晶成长为大冰晶。

表 1-5 不同低温保护剂在不同升温速率时再结晶温度及其危险温度区间变化

保护剂类型	升温速率(℃/min)	再结晶初始温度(℃)	再结晶融化温度(℃)	危险温度区间(℃)
I	1	−36.7	−11.9	24.8
	10	−27.7	−6.3	21.4
	100	−19.8	−0.7	19.1
II	1	−56.7	−39.3	17.4
	10	−46.0	−31.5	14.5
	100	−43.6	−30.9	12.7

同一升温速度下,低温保护剂浓度越高,其再结晶温度越低。再结晶与溶质分子的作用相关,当溶液升温时,低温保护剂分子获得能量,做自由运动,导致周围溶液吉布斯自由能升高,吉布斯自由能趋向于由高到低,因此处于亚稳态,造成溶剂分子具有很强的成核势能,很容易重新结晶。[58]该过程是成核和融化相互平衡的过程,当溶液浓度高时,溶质含量高,造成局部失去平衡的概率较大,因此会造成高浓度的溶液结晶初始温度较低。[97]

对于玻璃化后的冷冻保护剂升温,快速升温再结晶效果不明显且危险温度区较窄,有利于细胞存活。[78]单纯从冰晶对细胞的物理伤害比较,高浓度低温保护剂在高速升降温情况下有利于细胞的低温保存,当然,影响细胞存活率的因素还包括低温保护剂的毒性等其他因素。

1.4.2 纳米低温保护剂溶液重结晶的显微研究

1.4.2.1 材料与方法

1. 细胞培养设备

BC-J160S CO_2 培养箱(上海博讯实业有限公司,中国),YDS-35-20 液氮罐(东亚压力容器,中国),SW-CJ-1CU 超净工作台(松泰净化科技有限公司,中国)。

2. 主要试剂

实验中所用的试剂除特别说明外,均来自美国 Sigma 公司。TCM199 培养液,磷酸盐缓冲液(phosphate buffer solution,PBS),胎牛血清(fetal bovine serum,FBS)(Gibco 公司,美国),60 nm 羟基磷灰石(HA)纳米颗粒(南京埃普瑞纳米科技有限公司,中国)。

基础液:TCM199+20% FBS;预平衡液:基础液+8% Me_2SO+8%乙二醇(ethylene glycol,EG);玻璃化冷冻液(vitrification solution,VS):基础液+15% Me_2SO+15% EG+0.5 mol/L 蔗糖;0.5% HA 玻璃化冷冻液:VS+0.5% HA;0.05% HA 玻璃化冷冻液:VS+0.05% HA。

3. 猪卵母细胞的采集及MⅡ期卵母细胞的获得

同1.3.1.1节。

4. 不同实验组低温显微镜观察前处理

TCM199组：挑选成熟的且形态完好的MⅡ期卵母细胞加载到TCM199中洗涤3次，备用。

VS组：将成熟且形态完好的MⅡ期卵母细胞在预平衡液中平衡3 min后，移至玻璃化冷冻液中平衡1 min，用玻璃化冷冻液洗涤3次，备用。

VS+0.5% HA组：将成熟且形态完好的MⅡ期卵母细胞在预平衡液中平衡3 min后，移至0.5% HA玻璃化冷冻液中平衡1 min，用0.5% HA玻璃化冷冻液洗涤3次，备用。

VS+0.05% HA组：将成熟且形态完好的MⅡ期卵母细胞在预平衡液中平衡3 min后，移至0.5% HA玻璃化冷冻液中平衡1 min，用0.05% HA玻璃化冷冻液洗涤3次，备用。

5. 升降温过程的显微观察

取10 μL各组的溶液连同3~5枚形态完好的卵母细胞滴加到低温显微镜配套的石英皿上，调整视野，使视野中至少有一枚卵母细胞。采取100 ℃/min的冷冻速率降温至-190 ℃，保持5 min，然后以100 ℃/min的速度升温至25 ℃，记录升降温过程中溶液和细胞的形态变化，以及变化时刻对应的温度。

1.4.2.2　纳米低温保护剂溶液结晶、再结晶、融化的显微图像

图1-23(参见彩图)代表了不同溶液在降温和升温过程中冰晶形态和冰晶对细胞的影响，图1-23(a)为细胞在TCM199降温过程中的结晶形态，由于溶液中不含保护剂成分，溶液结晶严重，由于冰晶方向各异性，造成折光率各不相同，因此透光性差，在显微镜视野中发黑。图1-23(b)代表了升温过程中冰晶长大的情况，由于冰晶分别从多个面开始长大，当两界面相交的时候就形成了裂痕，该裂痕可以撕裂细胞。图1-23(c)代表TCM199溶液融化后细胞形态，可见细胞壁被撕裂了3个裂口(红圈标示部分)，对应图1-23(b)中的三道裂痕，可见不加保护剂是难以保存卵母细胞的。

图1-23(d)为VS组在降温过程中的结晶形态，可以看到因为降温速度快，溶液浓度高，发生了完全玻璃化现象，即使在-190 ℃的温度下也未出现结晶，可见VS组降温在过程中确实对细胞没有损伤。但是升温过程中却出现了再结晶现象，如图1-23(e)所示，结晶从视野的左侧开始，一直向右侧生长，且结晶前沿具有很明显的凌状——棱角分明，如果扎到细胞上会对细胞造成伤害，所幸由于升温速度快，冰在生长到视野一半，接触到细胞表面后迅速融化掉，没有继续生长，通过图像分析软件分析，再结晶区域占视野总面积的57.1%，因此还是有较高概率伤害细胞。图1-23(f)为VS组融化后细胞形态，细胞壁没有明显的伤害。可见VS对于细胞冷冻确实有保护作用，但复温过程中，有一定的概率伤害细胞，提高升温速率可以降低伤害的概率，但是受到实验条件的制约，不能无限制提高升温速率。因此在实际的细胞保存中，卵母细胞的保存效果一直不理想。

对于VS+0.05% HA组，降温过程中，如图1-23(g)出现了少量冰晶，这是由于HA纳米颗粒具有很强的异相成核作用，能加速冰晶成核，但是由于含量少，且VS浓度高，成核推动力不足以将所有溶都成核，最终玻璃化仍然占主导地位，通过图像分析软件分析，视野中冰晶的比例只占总3.9%，且冰晶本身尺寸较小，对细胞伤害小，因此降温过程只有很小的

概率受到冰晶伤害。升温过程如图 1-23(h)所示,并未发现明显的冰晶长大过程。这可能是分散在溶液中的纳米颗粒首先诱发成核,由于溶液中的晶核数量众多且分散均匀,所以冷冻保护液的液滴中均匀出现无数细碎的晶体,但尺寸小不具备刺穿细胞的能力,同时升温速度快,融化速度大于生长速度,未形成对细胞构成威胁的大冰晶就融化了。融化后的细胞形态如图 1-23(i)所示,结构完整,细胞质均匀,可见 VS + 0.05% HA 组有利于卵母细胞低温保存。

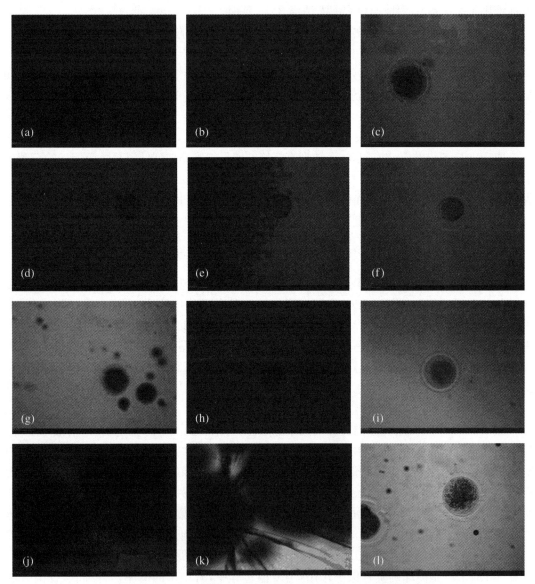

图 1-23　纳米低温保护剂溶液结晶、再结晶、融化的图像

(a)~(c)分别表示细胞在 TCM199 溶液中,结晶、再结晶及最后融化时的图像;(d)~(f)分别表示细胞在 VS 溶液中,玻璃化、再结晶及最后融化时的图像;(g)~(i)分别表示细胞在 VS + 0.05% HA 溶液中,部分玻璃化、再结晶及最后融化时的图像;(j)~(l)分别表示细胞在 VS + 0.5% HA 溶液中,结晶、再结晶及最后融化时的图像。

当纳米颗粒添加量增加到 0.5% 时,降温过程如图 1-23(j)所示,由于添加的纳米颗粒过量,异相成核过程也过于强烈,结晶推动力远大于玻璃化能力,造成了视野中大部分区域被结晶覆盖,显然对细胞有危害。在升温过程中,如图 1-23(k)所示,由于结晶在升温过程中体积会发生变化,变化并不均匀,不同结晶之间存在应力,相互挤压收缩,形成大冰堑,可能对细胞有较大伤害,细胞表面出现许多裂口。融化后,如图 1-23(l)所示,两枚细胞均发生严重变形,细胞膜破裂,细胞质散乱,可见添加过量的纳米颗粒不仅不能保护细胞,还会造成更大伤害。

1.4.2.3 纳米低温保护剂溶液的再结晶温度和再结晶温度

在对不同组进行快速冷冻和复温过程中,同时记录了四种溶液结晶开始温度、再结晶开始温度、冰晶完全消除温度,如表 1-6 所示。TCM199 冰晶出现的温度最高,为 $-20.4℃$,这是由于溶质浓度较低造成的。含有 VS 的组别温度相对较低,VS 组由于玻璃化效果好,降温段未出现明显的冰晶,而添加了 HA 纳米颗粒组由于纳米颗粒的异相成核作用,均出现了冰晶,且纳米颗粒含量越高出现冰晶的温度越高。由于 TCM199 和 VS+0.5% HA 组在降温过程中结晶比较严重,导致溶液折光率变化,且升温过程中再结晶不明显,所以再结晶开始温度无法观察。当 TCM199 达到 5.8℃时,结晶才完全融化,而含有 VS 组都比其低。含有 VS 组中,结晶温度同 HA 含量有关,HA 浓度越高,融化温度越高,这可能是 HA 纳米颗粒可以吸附周围的溶液[98],降低其自由能,从而升高了融化温度。冰晶完全消除温度与再结晶开始温度之差即为再结晶危险区间,由于在该温度区间中原本玻璃化或部分玻璃化的冷冻保护液会再次产生冰晶,造成细胞危害,因此该区域越小,越容易通过快速升温的方法通过该区域。添加了 0.05% HA 的 VS 的再结晶危险区(41.7℃)比 VS 组的再结晶危险区(56.6℃)窄,更有利于细胞保存。

表 1-6 纳米低温保护剂溶液的结晶温度和再结晶温度

实 验 组	冰晶出现（℃）	再结晶开始温度(℃)	冰晶完全消除温度(℃)	再结晶危险区间(℃)
TCM199	-20.4	—	5.8	—
VS	—	-88.0	-31.4	56.6
VS+0.05% HA	-67.2	-66.5	-24.8	41.7
VS+0.5% HA	-56.9		-19.2	—

在 VS 冷冻保护剂中添加 0.05% HA 后,降温过程中尽管不如 VS 保护剂玻璃化程度高,但对卵母细胞损害不大。升温过程中添加 0.05% HA 的玻璃化保护剂再结晶现象不明显,对细胞无损伤,而 VS 组在复温过程中,细胞受伤害的概率很高。VS 中添加 0.05% HA 还有助于缩小再结晶危险区间,有助于通过提高升温速率快速通过该区间,减少对细胞损害。低温保护剂中添加过量的 HA 颗粒在降温和复温过程中均对细胞有伤害。

玻璃化保存是一种有效的细胞保存手段,长期以来,普遍认为只要溶液实现了玻璃化,细胞的保存效果就一定好,但复温过程中再结晶也是一个影响细胞存活率的重要环节,即使冷冻过程中细胞无任何损伤,不恰当的复温过程都可能引起再结晶,导致致命的细胞损伤。本研究只是从纳米颗粒减少胞外玻璃化溶液再结晶的角度,分析了纳米颗粒提高玻璃化保存效果的可能机理,实际上,添加纳米颗粒还可能减少溶液的结晶总量,提高溶液的导热系数,这些都有可能减少细胞损伤,提高存活率,因此纳米低温保存的机理还有待更多的探讨。

1.4.3 纳米低温保护剂结晶焓的研究

将纳米颗粒添加到低温保护剂中是低温生物医学的一个新兴的研究方向,研究者认为,纳米颗粒的加入可以改变溶液的结晶性质,影响溶液中的热物理性质。高志新使用差示扫描量热仪(DSC)测量冷冻过程中和复温过程中产生的冰晶量,为改进冷冻保护剂配方提供依据。[77]本节通过差示扫描量热仪测量纳米低温保护剂的结晶焓,进一步证明纳米低温保护剂在抑制冰晶生长方面的作用。

1.4.3.1 仪器与方法

1. 主要试剂

实验中所用的试剂除特别说明外,均来自美国 Sigma 公司。TCM199 培养液,磷酸盐缓冲液(phosphate buffer solution,PBS),胎牛血清(fetal bovine serum,FBS)(Gibco 公司,美国)。20 nm、40 nm、60 nm HA 纳米颗粒(南京欧瑞纳米科技有限公司,中国)。

2. 差示扫描量热仪

本实验使用的差示扫描量热仪型号为 DSC-Pyris Diamond(Perkin-Elmer 公司,美国),如图 1-24 所示。

图 1-24 Perkin-Elmer 公司差示扫描量热仪

分别取约 10 μg 的冷冻保护液,以及含有 0.1%不同粒径(20 nm、40 nm 和 60 nm)的 HA 纳米颗粒的冷冻保护液加载于 DSC 铝皿中,装入样品池,以 100 ℃/min 的速率降温至 −150 ℃,保持 1 min,然后以 10 ℃/min 的速率升温,测量其升温过程中的热流变化,每一个样品都必须严格按照相同升降温程序进行扫描,为确保实验数据的有效性,减少误差,每种样品重复 3 次。

为获得比较准确的实验数据,一般在进行 DSC 试验之前应首先通过标准物质对 DSC 进行标定。一般包括温度标定和热流标定。本实验使用的为功率补偿型 DSC 试验系统,使用铂金电阻仪作为温度传感器,具有极好的线性度,一般选取 1~2 种标准物质即可。

3. 实验数据处理

采用 DSC 试验系统自带的热分析软件 Pyris-Software 进行数据读取和处理。成核温度选择外推起始温度读取即为沿台阶上升段斜率最大点和基线交点所对应的温度。同时加以说明的是如果相变前后比热变化不大时,用标准基线,变化较大时则使用"S"形基线,熔融温度选择复温曲线熔融峰顶点(peak)温度读取。在本实验中,舍弃每个浓度对应的六组试样数据的最大值与最小值,选取其余四组数据的平均值作为实验分析依据。

1.4.3.2 结果与讨论

当保护剂经历升温过程时,在冷冻过程中和反玻璃化过程中生成的冰晶熔化吸热,就会产生一个向上的吸热峰,该峰的面积与结晶度有关,其大小由结晶焓表征,结晶度和焓变有如下关系 $X_c = \Delta H / \Delta H_{100}$[99,100],其中 ΔH 代表了测试所得试样的熔融焓;ΔH_{100} 代表了 100%结晶度聚合物的熔融焓,通过计算结晶焓变化,来计算在降温和升温过程中冷冻保护液的结晶度,DSC 测得的热流曲线如图 1-25 所示。第一个台阶为样品在升温过程中的反玻璃化转变,而第二个峰即为样品的熔融峰,是样品中的冰晶熔化吸热产生的热流变化造成的,其大小与熔化吸热有关。

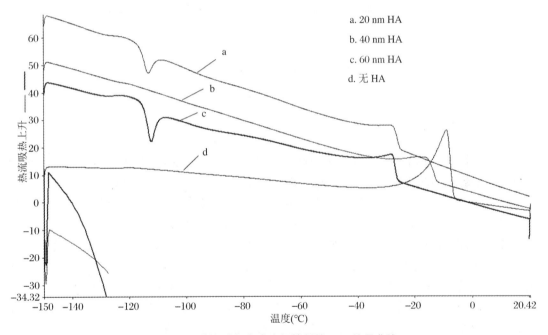

图 1-25 升温过程中冷冻保护剂的 DSC 结晶曲线

经过测量与计算,不添加纳米颗粒的冷冻保护液,以及添加 0.1%不同粒径(20 nm、40 nm、60 nm)的 HA 纳米颗粒的冷冻保护液的结晶焓分别为 145.7 J/g、28.2 J/g、31.5 J/g、36.2 J/g,如图 1-26 所示。结晶度用于表征材料中物质的结晶程度,结晶度越高,在冷冻过程和升温过程中产生的冰晶越多,越不利于细胞保存。

由前文知 $X_c = \Delta H / \Delta H_{100}$,事实上各组实验中使用的基础液相同,所不同的只是个别溶液中添加了 0.1%的 HA 纳米溶液,由于质量分数少,各种冷冻保护剂的主要成分应该认为相同,各实验中的 ΔH_{100} 可以取相同的值,如果要比较添加了不同粒径的纳米颗粒的结晶量可以通过比较该溶液的结晶焓来得到。经过测量,未添加纳米颗粒的冷冻保护液的结晶焓是添加纳米微粒结晶焓的5倍左右,因此本研究认为:添加了纳米颗粒之后,溶液结晶量显著减少,这些结晶可能来自冷冻过程,也可能来自玻璃化物质在升温过程的再结晶。添加纳米微粒的冷冻保护剂的结晶量明显降低的原因是HA纳米颗粒作为极性分子,在低温保护剂中对水有极强的吸附作用,水分子会在纳米微粒表面形成多层水分子层,由于它们之间有很强的氢键连接[101],水分子被极大的束缚,形成不冻水,从而减少了结晶量。[98]氢键的存在可以降低形成冰晶所需要的相变驱动力。[102]华泽钊认为,冷冻过程及其复温过程中细胞内外的冰晶是造成细胞损害的主要因素[6],可能通过减少冰晶的形成,防止了冰晶对细胞的机械伤害,能够较有效地保证细胞的活性。

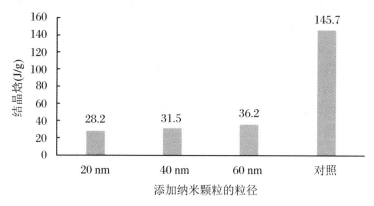

图1-26 添加不同粒径的纳米颗粒后结晶焓的变化

本 节 小 结

(1)对于实现了玻璃化的低温保护剂升温过程的研究发现,升温速率的提高可以减少升温过程中的重结晶现象,同时缩小危险结晶区域,便于快速通过该区域,有利于细胞的低温保存。同时发现,较高浓度的保护剂的结晶形态对于细胞较为安全,但是低温保护剂的浓度不能无限制增加,因为过高浓度的低温保护剂的生理毒性也可能直接造成对细胞的伤害。

(2)将不同浓度的HA纳米颗粒加入低温保护剂中,低温显微研究结果表明:适宜浓度(0.05%)HA纳米颗粒的低温保护剂在复温过程中可以减少冰晶的重结晶,对细胞不构成威胁,而不添加HA纳米颗粒的低温保护剂在复温过程中会造成重结晶,有较高的概率对细胞构成威胁,添加过量的HA(0.5%),在降温过程中就会对细胞造成很大的危害。由此可见适量的HA颗粒可以改善低温保护剂复温过程中的重结晶形态。

(3)使用DSC分别测量含有0.1%的20 nm、40 nm、60 nm HA纳米颗粒的低温保护剂的结晶总量发现,含有纳米颗粒的低温保护剂的结晶量均减少,分别为28.2 J/g、31.5 J/g、36.2 J/g,而不含有纳米颗粒的CPA的结晶量为145.7 J/g。以上结果说明纳米颗粒能够抑制低温保护剂的冰晶生长。

1.5 纳米颗粒在低温保护剂中的稳定性研究

将纳米颗粒添加到低温保护剂,通过改善保护剂的结晶性和导热性,可以减少甚至完全抑制冷冻过程冰晶的形成,实现细胞或器官的玻璃化低温保存,同时有效地抑制冷冻细胞在复温过程中的冰晶形成[77,103],提高细胞和组织的低温存活率,纳米低温保护剂是目前低温生物领域的研究热点,纳米低温保护剂有可能作为新一代低温保护剂被广泛应用。

但是为了便于保存运输,易于使用,市场上销售的纳米颗粒往往经历了干燥脱水工艺,颗粒与颗粒之间具有范德华力等弱作用力,甚至氢键等较强的分子作用力[71],纳米颗粒之间粘连严重,容易发生团聚现象,不仅影响分散性,阻碍其作用的发挥,而且还有可能包覆在细胞表面,造成局部纳米颗粒浓度的增加,影响细胞生物活性。可以通过物理的方法使得分子均匀分散,如使用球磨机将粒子粉碎、使用高速搅拌装置、使用适当频率的超声波为粒子提供较高的能量切断粒子之间的氢键结合[71,104]也可以利用化学的方法,如对粒子表面改性,让粒子之间存在异种电荷,使其保持一种动态的平衡状态,防止粒子团聚[105]。

尽管有文献研究纳米颗粒在水和涂料等体系中的分散性,但是研究纳米颗粒在低温保护剂中的分散性研究未见报道。低温保护剂作为一种有机分子水溶液,成分比较复杂,常常包含海藻糖、蔗糖、二甲基亚砜、乙二醇、牛血清等成分,由于有机成分的加入改变了水溶液的极性和溶解度等条件,不同于无机体系,此外,考虑到纳米颗粒毒性对细胞冷冻的不利影响,纳米颗粒使用的浓度范围也不同于无机体系,因此研究有机低温保护剂中纳米颗粒的分散性显得尤为迫切。

本节采用超声波作为分散方式,以吸光度值高低为分散效果高低的依据,比较二氧化硅(SiO_2)、羟基磷灰石(HA)、三氧化二铝(Al_2O_3)、二氧化钛(TiO_2)四种纳米粒子在常用低温保护剂中的分散性能,旨在为配制浓度适当、稳定性好、毒性低的纳米低温保护剂提供依据。

1.5.1 材料与方法

1.5.1.1 仪器设备

超声波粉碎机,为实验室自制,其组成如图 1-27 所示,添加了纳米颗粒的低温保护液盛放在小烧杯中,小烧杯外侧的水箱中添加冰水混合物,当超声波作用时,低温保护剂温度升高,但会被外侧冰水混合物冷却。超声频率 40 kHz,超声功率 100 W。尤尼柯 7200 紫外可见光分光光度计。

1.5.1.2 药品

乙二醇(EG)、二甲基亚砜(Me_2SO)购自国药集团。20 nm HA 纳米颗粒、20 nm SiO_2 纳米颗粒、20 nm Al_2O_3 纳米颗粒、20 nm TiO_2 纳米颗粒购自南京埃普瑞纳米材料有限公司。

1.5.1.3 低温保护剂的配制

30%乙二醇+30%二甲基亚砜作为冷冻保护剂母液(mother solution,MS),该溶液与

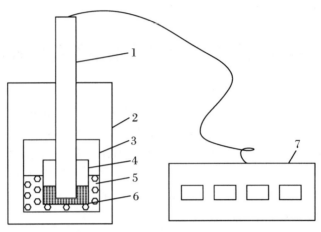

图 1-27 超声波粉碎机示意图

1. 超声波振子；2. 隔音箱；3. 水槽；4. 小烧杯；5. 冰水混合物；
6. 低温保护剂；7. 超声波发生装置。

常用的卵母细胞低温保存液成分相似。测量低温保护剂浓度对纳米颗粒分散性时采用，EG：$Me_2SO=1:1(w/w)$ 混合溶液，添加到水中。在 MS 中分别加 0.1% HA、SiO_2、TiO_2、Al_2O_3 纳米颗粒配制悬浊液，放入超声波粉碎机，按照一定的超声功率和间歇时间，对其超声振动，保证纳米粒子在超声波中的充分分散。由于 0.1% TiO_2 和 Al_2O_3 的吸光值远远超过仪器的阈值，所以用冷冻保护液母液分别对 TiO_2 和 Al_2O_3 稀释 25 倍和 5 倍，使分光光度值处于仪器测量范围内。[106]

1.5.1.4 分散效果评估体系的建立

将分散好的纳米低温保护剂，经过离心沉降或重力沉降等手段作相同的处理后，吸取上部清液，在分光光度计上测定其透过率或吸收率。溶液中的物质对光有吸收效应，当某种单色光照射在溶液上，其能量会被部分吸收，从而减弱，其减弱程度和溶液浓度有关，符合比色原理：

$$A = KCL \tag{1.5}$$

其中，A 为吸光度，K 为吸收系数，C 为溶液的浓度，L 为溶液的光径长度。一般来说，分散性较好的纳米低温保护剂，其上部清液的透过率较低，吸收率较高。超声波粒子分散效果的好坏，与溶液中分散的纳米粒子数量相关，分散得好，溶液中粒子数量增多，其对 360 nm 的紫外线吸收效果强，反之对其吸收差，因此可以根据这一原理比较分散效果。

1.5.2 结果

1.5.2.1 超声时间对不同纳米粒子在低温保护剂中分散效果的影响

图 1-28 为不同纳米粒子在低温保护剂中的吸光度随超声时间的变化。由图 1-28 可知，对纳米粒子施加超声波，纳米粒子在溶液的吸光值快速增大，最初的 5 min 内效果最为明显，以后吸光值随着超声时间的增大反而减少，在 10 min 以后，纳米粒子悬浮液达到动态平衡，不会随着超声时间的增加，吸光度增加，即不会因为超声时间增加，分散效果持续提高。

这是由于超声波为纳米粒子提供了必要的能量之后,纳米粒子的吉布斯自由能升高,可以抗拒粒子之间的范德华力和氢键[106],提高分散效果,当再增加超声时间,粒子能量被提高,其热效应增加,粒子间的相互碰撞加剧,这样会造成分散的粒子重新结合。不同的纳米粒子,其分散效果不同,对于 HA 和 SiO_2,浓度为 0.1%时,其吸光值在分光光度计的阈值之内,HA 的分散性好于 SiO_2。对于 TiO_2 和 Al_2O_3,由于自身分散效果较好,即使在很低浓度(0.004%和 0.02%),吸光度也能处于机器可探测范围之内。在实际使用中,HA 和 SiO_2 使用浓度较高,而 TiO_2 和 Al_2O_3 使用浓度应该较低。

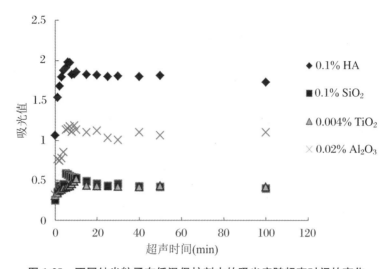

图 1-28 不同纳米粒子在低温保护剂中的吸光度随超声时间的变化

1.5.2.2 不同纳米粒子在低温保护剂中的沉降时间

纳米粒子加入到冷冻保护剂中,由于操作方便性的限制,有时不能实现随制随用,往往在配制好要隔数小时,甚至数天才能使用,这样如果在配制后粒子发生沉降,就会大大影响其对低温保护剂性能的改变,对比不同的纳米粒子沉降时间,能够有效地寻找到较优的粒子。

图 1-29 为不同纳米粒子在低温保护剂中的吸光度随沉降时间的变化。由图 1-29 可知,四种纳米粒子加入低温保护剂中时,随着时间的增加,粒子的沉降加剧,其中 HA 和 Al_2O_3 在悬浊液配制最初的 1 h 内急剧沉降,8 h 后的值减少为初始值的一半,而对于 SiO_2 和 TiO_2 稳定性相对较好,经历了 8 小时的贮存之后,其分光度值分别为初始值的 80%和 60%,因此在实际使用时,如果能做到保护剂随时制备随时使用,可以考虑 HA 和 Al_2O_3,如果贮存时间较长,就只能使用 SiO_2 和 TiO_2。

1.5.2.3 pH 对不同纳米粒子在低温保护剂中分散效果的影响

图 1-30 为不同纳米粒子在溶液中的吸光度随 pH 的变化。由图 1-30 可知 HA 受到 pH 的影响较大,当 pH 减小到 4 以下时,吸光度急剧减少,当 pH 高于 8 时,吸光度急剧增大,这是由于 HA 中含有大量羟基,当 pH 降低,H^+ 离子增加,部分磷灰石电离出钙离子,而钙离子刚好可以结合两个 OH^- 离子,从而使悬浊液中的羟基磷灰石被大量吸附团聚,减少吸光度,如果 pH 继续降低,HA 粒子甚至被溶解。Al_2O_3 作为典型的两性氧化物,在酸性条件下

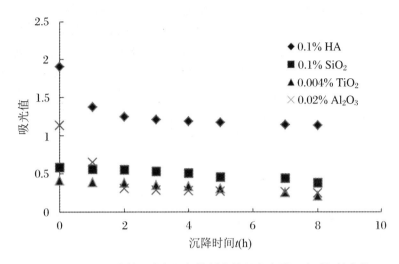

图 1-29　不同纳米粒子在低温保护剂中的吸光度随沉降时间的变化

以 $HAlO_2·H_2O$ 形式存在,而在碱性条件下以 $Al(OH)_3$ 的形式存在,因此中性 pH 条件下颗粒数较多,当 pH 呈酸性或碱性的时候,颗粒会被溶解。TiO_2 与 Al_2O_3 均为两性氧化物,因此表现出相似的性质。SiO_2 性质较为稳定,在强碱作用下才会少量溶解,所以 SiO_2 纳米颗粒因为溶解造成的吸光度变化影响不大,当 pH 低于 6 时,吸光度下降,等电点附近由于颗粒间的双电层斥力较小,颗粒间的范德华力使颗粒相互粘连而聚合,高的 Zeta 电位则使保护剂中的颗粒因斥力而分开。[106]细胞低温保存时使用中通过调节 pH 提高纳米粒子分散效果的做法不太现实,每一种低温保护剂的 pH 范围应该相对固定,只能在小范围内改变,不能无限制地增加和降低 pH。

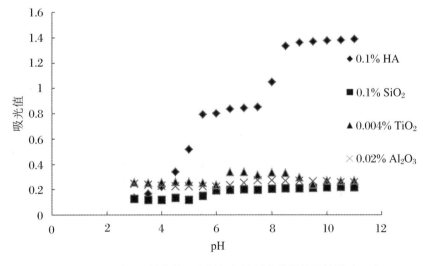

图 1-30　pH 对不同纳米粒子在低温保护剂中分散效果的影响

1.5.2.4　低温保护剂浓度对不同纳米粒子在低温保护剂中分散效果的影响

图 1-31 为不同纳米粒子在低温保护剂中的吸光度随低温保护剂浓度的变化。水分含量对于纳米粒子的分散效果有着极其重要影响,冷冻保护剂是水和有机溶剂的混合溶液,由

于水中含有大量的 H^+ 和 OH^-,具有很强的极性,而 EG 和 Me_2SO 由于极性较小,溶液中含水量之间决定了溶液的极性大小,含水量高,溶液极性高,含水量少,溶液极性小。一方面溶液中的极性集团可以与纳米粒子表面的极性位点结合,提升悬浊液的稳定性,同时由于水分子的存在可以影响纳米粒子之间的化学键,并造成沉降等,含水量对纳米粒子分散性的影响是一个十分复杂的过程。从结果可知,对于 HA 而言,当低温保护剂浓度为 40%的时候其悬浮效果最好。对于 Al_2O_3 而言,当水分含量低的时候,吸光度最高,溶解性能好。HA 和 SiO_2 为极性分子,表面带电荷量相对较多,溶液极性较大时,溶液中的极性键和纳米粒子表面的极性位点相互作用,可以保持悬浊液的相对稳定,当溶液极性降低的时候,HA 之间的羟基互相结合,造成了团聚现象。[107] TiO_2 分散性在低温保护剂浓度为 80%时最强,这同自身表面化学键构成相关,具体机理还有待进一步研究。

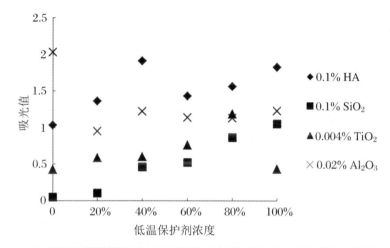

图 1-31 低温保护剂浓度对不同纳米粒子在低温保护剂中分散效果的影响

本 节 小 结

本节采用超声波使二氧化硅(SiO_2)、羟基磷灰石(HA)、三氧化二铝(Al_2O_3)、二氧化钛(TiO_2)纳米颗粒在低温保护剂中分散,分析影响纳米颗粒在低温保护剂中分散效果的影响因素,主要结论如下:

(1) TiO_2 和 Al_2O_3 分散效果较好,使用浓度应该较低,HA 和 SiO_2 分散效果略差,使用浓度较高。

(2) HA 和 Al_2O_3 稳定性较差,只能随制随用,SiO_2 和 TiO_2 稳定性相对较好,适合长期贮存。

(3) HA 分散性随 pH 增大而增大,而 TiO_2 和 Al_2O_3 在中性 pH 条件下分散性最好,SiO_2 分散性受 pH 影响不大。

(4) HA 在低温保护剂浓度为 40%时分散效果最好,SiO_2、Al_2O_3 在低温保护剂浓度高时分散效果好,TiO_2 分散性在低温保护剂浓度为 80%时最强。

1.6 纳米颗粒对卵母细胞玻璃化保存效果的影响

1.4节对纳米低温保护剂的研究发现,纳米低温保护剂可以减少复温过程中对细胞的损伤,减少结晶量,可能成为新一代的低温保护剂,但是纳米颗粒是否存在生物毒性,对玻璃化保存卵母细胞的存活率和发育潜能有何影响,还需要生物实验验证。本节将纳米低温保护剂用于猪GV期、MⅡ期卵母细胞的玻璃化保存,分析纳米颗粒的毒性以及对卵母细胞玻璃化保存的存活率和发育潜能的影响。

1.6.1 实验设备与材料

1.6.1.1 主要仪器和设备

BC-J160S CO_2 培养箱(上海博讯实业有限公司,中国),TS100 倒置荧光显微镜(Nikon,日本),YDS-35-20液氮罐(东亚压力容器,中国),SW-CJ-1CU 超净工作台(松泰净化科技有限公司,中国),Cryotop 载体(KITAZATO©,日本)。

1.6.1.2 主要试剂

除特别说明外,本实验中所用的试剂均购自美国Sigma公司。TCM199培养液,磷酸盐缓冲液(phosphate buffer solution,PBS),胎牛血清(fetal bovine serum,FBS)(Gibco公司,美国)。纳米颗粒(包括20 nm、40 nm、60 nm HA纳米颗粒,20 nm SiO_2 纳米颗粒,20 nm Al_2O_3 纳米颗粒,20 nm TiO_2 纳米颗粒)(南京埃普瑞纳米科技有限公司,中国)。

1.6.1.3 玻璃化冷冻/解冻液

同1.3.1.1节。

1.6.1.4 猪卵母细胞的采集及GV期、MⅡ期卵母细胞的获得

同1.3.1.1节。

1.6.1.5 纳米颗粒毒性判定

分别添加0.05%、0.1%、0.5%、1%的粒径为20 nm的HA、SiO_2、Al_2O_3、TiO_2 四种纳米颗粒到TCM199,将含有纳米粒子的保护剂分别滴加到多孔板中,石蜡油液封,放在培养箱中预热2小时,将GV期的卵母细胞加入含有纳米颗粒的TCM199中,每孔加入卵50枚左右。培养42小时。成熟培养后的卵母细胞净透明质酸酶消化以去除卵丘细胞,用TCM199洗3~5遍备用。卵母细胞用荧光素双醋酸酯(fluorescein diacetate,FDA)染色3 min,再用基础液洗3~4遍,在倒置显微镜下观察是否着色。胚胎有荧光反应的为活卵,没有荧光反应的为死卵。

1.6.1.6 卵母细胞玻璃化冷冻及解冻程序

同 1.3.1.1 节。

1.6.1.7 猪 GV 期卵母细胞解冻后存活率和发育率判断

观察解冻的细胞,对于卵丘覆盖良好,细胞形态完整的细胞可以认为是存活的,反之,则认为细胞死亡,存活细胞数与细胞总数之比为存活率。

经洗涤后的卵丘卵母细胞复合体放入在培养箱内已平衡 4 h 以上的成熟液(TCM199 + 10% FBS + 10%猪卵泡液+激素)中,成熟培养 42 h。成熟培养后的卵母细胞经透明质酸酶消化以去除卵丘细胞,用 TCM199 洗 3～5 遍备用。卵母细胞用 FDA 染色 3 min,再用基础液洗 3～4 遍,使用倒置显微镜下观察其是否着色。有荧光反应的为发育后的卵,没有荧光反应的为死卵。发育到 MⅡ 的存活细胞数与细胞总数之比为发育率。

1.6.1.8 猪 MⅡ 期卵母细胞解冻后存活率判断

同 1.3.1.1 节。

1.6.2 结果与讨论

1.6.2.1 不同纳米颗粒对猪 GV 期卵母细胞的毒性

颗粒直径为 20 nm 的 HA、SiO_2、Al_2O_3、TiO_2 纳米颗粒按照 0.05%、0.1%、0.5%、1%的浓度添加到细胞培养液中,经过 42 h 的培养,细胞存活率见表 1-7。在较低浓度(<0.1%)纳米颗粒中培养的细胞均未死亡,都顺利培养到 MⅡ 期。而当浓度超过 0.5%时,部分纳米颗粒培养液中的细胞培养受到影响,如 SiO_2、Al_2O_3、TiO_2 等,这是由于颗粒本身体积较小,具有表面吸附等小体积效应,可以吸附培养基中的化学成分,改变 pH 和营养组成,造成细胞死亡,同时,由于颗粒较小,在培养过程可能进入细胞内部和细胞器以及染色体相结合,进而影响细胞器的发育。而 HA 由于自身稳定性等原因的影响,毒性相对较低,在 0.5%时未对细胞培养造成影响。当纳米粒子浓度达到 1%,所有的细胞都受到了不同程度的影响,只是 HA 的毒性相对较小,对细胞的影响不大,而其他三种尤其 Al_2O_3 的毒性较大,存活率太低。可以认为,纳米颗粒低浓度时对细胞毒性小,高浓度对细胞毒性大。当纳米粒子浓度高于 0.5%时也会发生很严重的团聚现象,影响培养、冷冻等操作过程,而低浓度时团聚现象不明显,便于操作。此外考虑到纳米颗粒在分子水平对细胞染色体的损伤不能通过 FDA 染色观察到,因此尽量在低浓度区间进行后续实验,同时,为了保证纳米粒子在冷冻过程中的效果,浓度亦不能太低。

表 1-7 不同纳米颗粒对猪 GV 期卵母细胞的毒性

浓度	HA	SiO_2	Al_2O_3	TiO_2
0	100%(50/50)	100%(50/50)	100%(50/50)	100%(50/50)
0.05%	100%(50/50)	100%(50/50)	100%(50/50)	100%(50/50)

续表

浓度	HA	SiO_2	Al_2O_3	TiO_2
0.1%	100%(50/50)	100%(50/50)	100%(49/49)	100%(50/50)
0.5%	100%(50/50)	96%(48/50)	84%(42/50)	76%(38/50)
1%	90.1%(46/51)	86%(43/50)	33.3%(16/48)	38.0%(19/50)

1.6.2.2 不同纳米颗粒对猪GV期卵母细胞冷冻效果的影响

将浓度为0.1%、粒径为20 nm的HA、SiO_2、Al_2O_3、TiO_2的纳米颗粒添加到玻璃化冷冻液中，使用Cryotop法进行冷冻，发现添加纳米颗粒之后低温保存效果差异较大，结果见表1-8。解冻后直接观察发现细胞存活率较高，卵母细胞出现破裂、变形等情况的概率不大，大部分卵形态完整，值得注意的是添加了Al_2O_3纳米颗粒的卵的形态完好性较低，为92%，而未添加和添加其他纳米的组都在98%以上，但是各组差异不显著。对冷冻后的卵培养42 h观察发现，加入HA纳米颗粒的组比不加入纳米颗粒的组发育率有了显著的增加，高达22%，而对照组仅为14%。因此可以初步认为添加HA颗粒可以显著提高GV期卵母细胞发育率，添加SiO_2尽管也有提高GV期卵母细胞发育率，但不显著，而另外两组居然有反作用，导致细胞发育率下降。

表1-8 不同种类纳米颗粒对猪GV期卵母细胞的冷冻效果

方案	存活率	发育率
VS	98%(49/50)	14%(7/50)[a]
VS+0.1% HA	100%(50/50)	22%(11/50)[b]
VS+0.1% SiO_2	98%(49/50)	16%(8/50)[a]
VS+0.1% Al_2O_3	92%(46/50)	2%(1/49)[c]
VS+0.1% TiO_2	98%(49/50)	6%(3/50)[c]

注：每列中上标不同的实验组之间具有显著差异，$P<0.05$。

1.6.2.3 不同粒径的HA纳米颗粒对猪GV期卵母细胞冷冻效果的影响

使用Cryotop法冷冻猪GV期卵母细胞，低温保护剂分别采用有0.1%粒径为20 nm、40 nm和60 nm的HA纳米颗粒的冷冻保护液中，结果见表1-9。添加了纳米颗粒的实验组冷冻后卵的形态完整性较未添加组有所提高，但不显著。当培养42 h后，卵由GV期发育为MⅡ期的比例有所增加，由对照的14.2%显著增加为28.7%，其中60 nm颗粒的效果较好，但是不同纳米颗粒对卵母细胞存活率的影响不显著。这是由于商品化的纳米颗粒并不是都保证为一个尺寸，其尺寸范围为一个很广的区间，标示60 nm的颗粒，其成分中还含有20 nm和40 nm的成分，只是60 nm为主要成分，同理其他粒径的纳米颗粒的粒径分布也很广，因此样本的差异性并不很大，实验结果差异性不大也在所难免。此外，纳米颗粒对冰晶的结晶性质的影响是一个复杂的过程[71]，是多方因素共同作用的结果，纳米颗粒的粒径对于结晶性质只是一个很小的影响因素。

表 1-9 纳米颗粒粒径对猪 GV 期卵母细胞的冷冻效果

方　案	存 活 率	发 育 率
VS	94.3%(100/106)	14.2%(15/106)[a]
VS+20 nm HA	97.0%(98/101)	26.7%(27/101)[b]
VS+40 nm HA	96.0%(97/101)	28.7%(29/101)[b]
VS+60 nm HA	94.4%(102/108)	28.7%(31/108)[b]

注：每列中上标不同的实验组之间具有显著差异，$P<0.05$。

1.6.2.4　HA 浓度对猪 GV 期卵母细胞冷冻效果的影响

将 60 nm 的 HA 以 0.01%、0.02%、0.05%、0.1%、0.5%浓度添加到玻璃化保存液中，进行冷冻、复温、培养，实验重复 3 次，每组 50 个左右，结果见表 6-4。添加了 60 nm HA 颗粒之后，复温后卵细胞形态完整性较未添加有所提高，但不显著。当 42 小时培养后，差异性十分明显，分别添加 0.01%、0.02%、0.05%和 0.1%的组发育率显著提高，但组别之间区别不显著，其中添加 0.05%的组发育率最高，达到 30.4%比对照组的一倍还多。而添加 0.5%的组也有提高，但相对对照差异不显著。

表 1-10 HA 浓度对猪 GV 期卵母细胞的冷冻效果

方　案	存 活 率	发 育 率
VS	93.4%(140/150)	14.7%(22/150)[a]
VS+0.01% HA	98.1%(150/153)	26.8%(41/153)[b]
VS+0.02% HA	97.4%(143/147)	27.2%(40/147)[b]
VS+0.05% HA	99.3%(147/148)	30.4%(45/148)[b]
VS+0.1% HA	97.2%(139/143)	25.9%(37/143)[b]
VS+0.5% HA	96.6%(142/147)	17.7%(26/147)

注：每行中上标不同的实验组之间具有显著差异，$P<0.05$。

1.6.2.5　HA 纳米颗粒对猪 MⅡ期细胞冷冻效果的影响

实验条件没有交待，经过荧光显微照片检测和计算，得出分组猪 MⅡ期卵母细胞玻璃化冷冻后的存活率，如表 1-11 所示。结果表明，20 nm 实验组和 40 nm 实验组所得出的细胞存活率均高于对照试验组所得到的细胞存活率约 10%。由于每次实验的卵母细胞都被充分混匀，每组实验的个体差异性不大，所以可以把同一批次的每组实验都看作同一样本的不同处理，可以将 20 nm 组和 40 nm 组进行配对 t 检验，$P=0.966$，这样可以认为添加不同纳米颗粒对细胞存活率影响没有显著性差异。

表 1-11　纳米颗粒对猪 MⅡ期卵母细胞玻璃化冷冻后存活率的影响($n = 3$)

组别	卵母细胞存活率			
	实验批次 1	实验批次 2	实验批次 3	平均值
对照组	65%	72%	77%	$(71.3±6.0)\%$
20 nm 组	83%	73%	93%	$(83.1±10.0)\%$
40 nm 组	71%	85%	94%	$(83.4±11.8)\%$
60 nm 组	72%	92%	82%	$(82.0±10.0)\%$

本节小结

(1) 不同种类的纳米颗粒对卵母细胞的毒性阈值不同,HA 浓度低于 0.5%时对卵母细胞毒性不显著,而 SiO_2、Al_2O_3、TiO_2 在 0.1%时毒性不显著。在浓度为 1%时四种保护剂毒性由大到小依次为 $Al_2O_3 > TiO_2 > SiO_2 > HA$。

(2) 比较含有浓度为 0.1%,粒径为 20 nm 的 HA、SiO_2、Al_2O_3、TiO_2 的纳米低温保护剂对猪 GV 期卵母细胞玻璃化保存效果的影响发现:当使用 Cryotop 玻璃化保存时,0.1% HA 纳米颗粒能显著促进玻璃化保存,存活率 100%,发育率可以达到 22%。

(3) 比较不同粒径的 HA 纳米颗粒对猪 GV 期卵母细胞玻璃化保存效果的影响发现:20 nm、40 mm、60 nm HA 纳米颗粒可以提高猪 GV 期卵母细胞发育率,分别为 26.7%、28.7%、28.7%,各颗粒之间没有显著差异,而未添加纳米颗粒组仅为 14.2%。

(4) 比较 HA 浓度对猪 GV 期卵母细胞玻璃化保存效果的影响发现:添加 0.01%~0.5% HA 均能提高卵母细胞存活和发育率,其中添加 0.05% HA 玻璃化保存效果最好,存活率为 99.3%,发育率 30.4%,而对照存活率为 93.4%,发育率 14.7%。

(5) 比较 HA 浓度对猪 MⅡ期卵母细胞玻璃化保存效果的影响发现:分别添加 0.1% 20 nm、40 nm、60 nm HA 低温保护剂的实验组猪 MⅡ期卵母细胞存活率均高于 80%,纳米颗粒之间没有显著差异,而对照组存活率仅为 71.3%。

1.7　结论及展望

1.7.1　结论

本章对卵母细胞保护化保存的冷冻和复温过程进行了深入的研究,紧紧抓住提高冷冻过程的冷冻速率和减少复温过程中的再结晶两条主线,旨在最大限度地减少低温保存过程中冰晶对细胞膜的物理伤害,提高卵母细胞的存活率和发育潜能。主要研究结论如下:

(1) 首先利用数值模拟方法,比较了 Cryotop 载体厚度对冷冻速率的影响,结果发现随着载体厚度的降低,液滴体积减小,冷源温度降低,换热系数提高,Cryotop 在冷冻过程中的冷冻速率逐渐增加。当载体厚度为 60 μm 溶液体底面圆半径为 120 μm,冷源温度为 66 K,换热系数为 15 000 W/(m^2·K),降温速度可以达到 170 000 K/min。其次使用数字示波器和单根线径 25 μm 的 T 型热电偶搭建了快速测温系统,实测了液滴为 0.5 μL 时不同厚度塑料(PVC)Cryotop 载体的冷冻速率,发现冷冻速率随载体厚度降低而增高,60 μm 时最高,可达 16 000±1 100 K/min;100 μm PVC 在过冷氮中冷冻速率为 17 000±1 300 K/min,比在普通液氮中高 41.7%,100 μm 铜片载体在普通液氮中可达 16 000±1 200 K/min,较 100 μm PVC 载体提升 33.3%。测量值和模拟值有较大出入,主要是液滴大小和换热系数取值不同造成。

(2) 使用更薄的 Cryotop 载体(60 μm 和 80 μm)低温保存猪 MⅡ期卵母细胞时,其存活率分别为(71.7±3.5)%、(69.3±6.5)%,与厚度为 100 μm 的标准 Cryotop(存活率(70.7±4.9)%相比差别不大。当使用标准 Cryotop 载体分别在 −201 ℃和 −207 ℃的过冷氮条件下冷冻猪 MⅡ期卵母细胞时发现两实验组的存活率分别为(68.6±8.2)%和(68.8±2.6)%,同在普通液氮的冷冻的对照组(实验结果为(69.2±4.0)%)相比,没有显著性差异。使用厚度为 100 μm 的铜质的载体保存 GV 期小鼠卵母细胞时发现,其发育率仅为(15.6±5.0)%,远低于相同厚度的标准 Cryotop 对照组发育率(83.3±3.3)%,铜载体的使用尽管提高了冷冻速率,但铜的生物相容性远比 PVC 差,保存效果不理想。

(3) 对于实现了玻璃化的低温保护剂升温过程的研究发现,升温速率的提高可以减少升温过程中的重结晶现象,同时缩小危险结晶区域,便于快速通过该区域,有利于细胞的低温保存。同时发现,较高浓度的保护剂的结晶形态对于细胞较为安全,但是低温保护剂的浓度不能无限制增加,因为过高浓度的低温保护剂的生理毒性也可能直接造成对细胞的伤害。将纳米颗粒加入到低温保护剂中可以改善卵母细胞在升温过程中的重结晶性质,将不同浓度的 HA 纳米颗粒加入到低温保护剂中,使用低温显微研究纳米颗结果发现:适宜浓度(0.05%)HA 纳米颗粒的低温保护剂在复温过程中可以减少冰晶的重结晶,对细胞不构成威胁,而不添加 HA 颗粒的低温保护复温过程中会造成重结晶,有较高的概率对细胞构成威胁,添加过量的 HA(0.5%),在降温过程中就会对细胞造成很大的危害。可见适量的 HA 颗粒可以改善低温保护剂复温过程中的重结晶形态。使用 DSC 测量含有 HA 纳米颗粒的低温保护剂的结晶量发现,在低温保护剂中加入 0.1% 不同粒径的 HA 颗粒可以使得低温保护剂总结晶量显著降低。

(4) 采用超声波使二氧化硅(SiO_2)、羟基磷灰石(HA)、三氧化二铝(Al_2O_3)、二氧化钛(TiO_2)纳米颗粒在低温保护剂中分散,分析影响纳米颗粒在低温保护剂中分散效果的影响因素。结果发现:HA 的分散性好于 SiO_2。对于 TiO_2 和 Al_2O_3,由于自身分散效果较好,即使在很低浓度(0.004% 和 0.02%),吸光度也能处于机器可探测范围之内。在实际使用中,HA 和 SiO_2 使用浓度较高,而 TiO_2 和 Al_2O_3 使用浓度应该较低;HA 和 Al_2O_3 稳定性较差,只能随制随用,SiO_2 和 TiO_2 稳定性相对较好,适合长期贮存;HA 分散性随 pH 增大而增大,而 TiO_2 和 Al_2O_3 在中性 pH 条件下分散性最好,SiO_2 分散性受 pH 影响不大;HA 在低温保护剂浓度为 40% 时分散效果最好,SiO_2、Al_2O_3 在低温保护剂浓度高时分散效果好,TiO_2 分散性在低温保护剂浓度为 80% 时最强。

(5) 将纳米低温保护剂用于卵母细胞的玻璃化保存,分析纳米颗粒的毒性、以及对猪卵母细胞玻璃化保存的存活率和发育潜能的影响。结果表明不同种类的纳米颗粒对细胞的毒性阈值不同,HA 浓度低于 0.5% 时对细胞没有毒性,而 SiO_2、Al_2O_3、TiO_2 在 0.1% 以下没有毒性。发现 0.1% HA 纳米颗粒能显著促进玻璃化保存，猪 GV 期卵母细胞发育率可以达到 22%。发现 20 nm、40 mm、60 nm 颗粒均可以提高猪 GV 期卵母细胞发育率，分别为 26.7%、28.7%、28.7%，各颗粒之间没有显著差异。发现添加 0.01%～0.5% HA 均能提高猪 GV 期卵母细胞发育率，其中添加 0.05% HA 玻璃化保存效果最好，发育率为 30.4%。发现分别添加 0.1% 20 nm、40 nm、60 nm HA 低温保护剂均能促进猪 MⅡ期卵母细胞存活率，结果均高于 80%，不同纳米颗粒之间差异不显著。

1.7.2 展望

尽管在玻璃化保存卵母细胞的研究中我们获得了些许进步，但距离实际应用还有许多的路要走，还有许多研究工作有待于继续开展。

（1）减少复温过程中重结晶现象可以通过提升冷冻速率来完成，但是现有 Cryotop 操作中载体体积较小，升温速度相对较快，几乎瞬间完成，要将小体积高速升温过程的升温速率继续提高有一定难度，我们没有继续深入研究，未来可以利用电场、超声波、微波等物理手段继续提高 Cryotop 法的升温速率。

（2）在使用纳米低温保护剂提升卵母细胞存活率时，使用的纳米颗粒种类相对较少，浓度范围也不够广泛，希望以后使用更多种类和更多浓度范围的纳米颗粒添加到低温保护剂中进行实验。

（3）对纳米颗粒毒性和低温保存效果研究时，只是对细胞存活率和发育率进行研究，并没有对细胞是否能受精、能否发育为胚胎、能否进行试管婴儿、是否对细胞器以及 DNA 有伤害进行进一步生物实验验证。

（4）影响低温保护剂结晶和重结晶性质的关键因素还与冷冻保护剂配方相关，可以继续筛选毒性低，结晶和重结晶不明显的其他冷冻保护剂用于卵母细胞低温保存。

（5）纳米颗粒对低温保护剂结晶性质的影响是否与纳米颗粒的形态和大小有关并没有明确的研究结论，应该进一步研究纳米颗粒浓度、晶体形态和大小对低温保护剂结晶性质的影响。

（6）纳米颗粒在低温保护剂中处理程序要求操作人员具有熟练的操作技巧，否则实验重复性不好，希望以后能有设备代替人的操作，实现冷冻前处理标准化操作，提高实验重现性。

参 考 文 献

[1] Stachecki J J, Cohen J. An overview of oocyte cryopreservation[J]. Reproductive biomedicine online, 2004, 9(2):152-163.

[2] Gook Debra A. History of oocyte cryopreservation[J]. Reproductive biomedicine online, 2011, 23(3):281-289.

[3] Xu Z, Wang X, Wu Y, et al. Slow-controlled freezing versus speed-cooling for cryopreservation of whole guinea pig ovaries[J]. Theriogenology, 2012, 77(3):483-491.

[4] Valbuena D, Poo M E, Aguilar G C, et al. Comparison of cryotip vs. Cryotop for mouse and human blastomere vitrification[J]. Fertility and Sterility, 2012, 97(1): 209-217.

[5] Seyler R J. Assignment of the glass transition[M]. West Conshohochen: ASTM International, 1994.

[6] 华泽钊, 任禾盛. 低温生物医学技术[M]. 北京: 科学出版社, 1994.

[7] Sherman J K, Lin T P. Survival of unfertilized mouse eggs during freezing and thawing[C]// Proceedings of the Society for Experimental Biology and Medicine. Society for Experimental Biology and Medicine (New York). Royal Society of Medicine, 1958: 902-905.

[8] Whittingham D G. Fertilization in vitro and development to term of unfertilized mouse oocytes previously stored at −196 ℃[J]. Journal of Reproduction and Fertility, 1977, 49(1): 89-94.

[9] Parrish J J, Susko-Parrish J L, Leibfried-Rutledge M L, et al. Bovine in vitro fertilization with frozen-thawed semen[J]. Theriogenology, 1986, 25(4): 591-600.

[10] Parks J E, Ruffing N A. Factors affecting low temperature survival of mammalian oocytes[J]. Theriogenology, 1992, 37(1): 59-73.

[11] Al-Hasani S, Kirsch J, Diedrich K, et al. Successcul embryo transfer of cryopreserved and in-vitro fertilized rabbit oocytes[J]. Human Reproduction, 1989, 4(1): 77-79.

[12] Trounson A, Mohr L. Human pregnancy following cryopreservation, thawing and transfer of an eight-cell embryo[J]. Nature, 1983, 305(5936): 707-709.

[13] Chen C. Pregnancy after human oocyte cryopreservation[J]. The Lancet, 1986, 327(8486): 884-886.

[14] Motohashi H H, Sankai T, Kada H. Live offspring from cryopreserved embryos following in vitro growth, maturation and fertilization of oocytes derived from preantral follicles in mice[J]. The Journal of Reproduction and Development, 2012, 57(6): 715-722.

[15] Fabbri R, Porcu E, Marsella T, et al. Human oocyte cryopreservation: New perspectives regarding oocyte survival[J]. Human Reproduction, 2001, 16(3): 411-416.

[16] Ali J, Shelton J N. Design of vitrification solutions for the cryopreservation of embryos[J]. Journal of Reproduction and Fertility, 1993, 99(2): 471-477.

[17] Gook D A, Osborn S M, Johnston W I. Cryopreservation of mouse and human oocytes using 1, 2-propanediol and the configuration of the meiotic spindle[J]. Human Reproduction (Oxford, England), 1993, 8(7): 1101-1109.

[18] Wolfe J, Bryant G. Cellular cryobiology: Thermodynamic and mechanical effects[J]. International Journal of Refrigeration-Revue Internationale Du Froid, 2001, 24(5): 438-450.

[19] Vincent C, Pickering S J, Johnson M H. The hardening effect of dimethylsulphoxide on the mouse zona pellucida requires the presence of an oocyte and is associated with a reduction in the number of cortical granules present[J]. Journal of Reproduction and Fertility, 1990, 89(1): 253-259.

[20] Kazem R, Thompson L A, Srikantharajah A, et al. Cryopreservation of human oocytes and fertilization by two techniques: In-vitro fertilization and intracytoplasmic sperm injection[J]. Human Reproduction (Oxford, England), 1995, 10(10): 2650-2654.

[21] Fuku E, Xia L, Downey B R. Ultrastructural changes in bovine oocytes cryopreserved by vitrification[J]. Cryobiology, 1995, 32(2): 139-156.

[22] Yan S, Peng H, Hua Z, et al. Effects of pretreatment, quick-freezing and storage on potato slices' cell structure and texture[J]. Shanghai Ligong Daxue Xuebao/Journal of University of Shanghai for Science and Technology, 2000, 22(3): 202-206.

[23] Wanderley L S, Machado L H K, Faustino Luciana R, et al. Ultrastructural features of agouti (dasyprocta aguti) preantral follicles cryopreserved using dimethyl sulfoxide, ethylene glycol and

propanediol[J]. Theriogenology,2012,77(2):260-267.

[24] Smith G D., Motta E E, Serafini P. Theoretical and experimental basis of oocyte vitrification[J]. Reproductive Biomedicine Online,2011,23(3):298-306.

[25] Poddubnaya L G, Kuchta R, Scholz T, et al. Ultrastructure of the ovarian follicles, oviducts and oocytes of gyrocotyle urna (neodermata: Gyrocotylidea)[J]. Folia Parasitologica, 2010, 57(3): 173-184.

[26] Kagawa N, Silber S, Kuwayama M. Successful vitrification of bovine and human ovarian tissue[J]. Reproductive Biomedicine Online,2009,18(4):568-577.

[27] Bonetti A, Cervi M, Tomei F, et al. Ultrastructural evaluation of human metaphase ii oocytes after vitrification: Closed versus open devices[J]. Fertility and Sterility,2011,95(3):928-935.

[28] Sansinenaa M V S, Zaritzky N, Chirifea J. Comparison of heat transfer in liquid and slush nitrogen by numerical simulation of cooling rates for french straws used for sperm cryopreservation[J]. Theriogenology,2012,77(8):1717-1721.

[29] Seki S, Mazur P. Kinetics and activation energy of recrystallization of intracellular ice in mouse oocytes subjected to interrupted rapid cooling[J]. Cryobiology,2008,56(3):171-180.

[30] Stott S, Karlsson J O M. Visualization of intracellular ice formation using high-speed video cryomicroscopy[J]. Cryobiology,2009,58(1):84-95.

[31] Wang X, Al N A, Sun D W, et al. Membrane permeability characteristics of bovine oocytes and development of a step-wise cryoprotectant adding and diluting protocol[J]. Cryobiology,2010,61(1):58-65.

[32] Wang B, Liu B. Life properties of hydrogen bonds of dmso aqueous solution during vitrification[J]. Huagong Xuebao/CIESC Journal,2011,62(6):1492-1501.

[33] Kuleshova L L, Lopata A. Vitrification can be more favorable than slow cooling[J]. Fertility and Sterility,2002,78(3):449-454.

[34] Landa V, Tepla O. Cryopreservation of mouse 8-cell embryos in microdrops[J]. Folia Biologica, 1990,36(3-4):153.

[35] Riesco M F, Martinez-Pastor F, Chereguini O, et al. Evaluation of zebrafish (danio rerio) pgcs viability and DNA damage using different cryopreservation protocols[J]. Theriogenology,2012,77(1):122-130.

[36] Vajta G, Kuwayama M, Booth P J, et al. Open pulled straw (ops) vitrification of cattle oocytes[J]. Theriogenology,1998,49(1):176-176.

[37] Liang Y Y, Srirattana K, Phermthai T, et al. Effects of vitrification cryoprotectant treatment and cooling method on the viability and development of buffalo oocytes after intracytoplasmic sperm injection[J]. Cryobiology,2012,65(2):151-156.

[38] Vajta G, Holm P, Kuwayama M, et al. Open pulled straw (ops) vitrification: A new way to reduce cryoinjuries of bovine ova and embryos[J]. Molecular Reproduction and Development, 1998, 51(1):53-58.

[39] Kuleshova L, Gianaroli L, Magli C, et al. Birth following vitrification of a small number of human oocytes[J]. Human Reproduction,1999,14(12):3077-3079.

[40] Fernandez-Reyez F, Ducolomb Y, Romo S, et al. Viability, maturation and embryo development in vitro of immature porcine and ovine oocytes vitrified in different devices[J]. Cryobiology,2012,64(3):261-266.

[41] Dinnyes A, Dai Y P, Jiang S, et al. High developmental rates of vitrified bovineoocytes following

[41] parthenogenetic activation, in vitro fertilization, and somatic cell nuclear transfer[J]. Biology of Reproduction,2000,63(2):513-518.

[42] Matsumoto H, Jiang J Y, Tanaka T, et al. Vitrification of large quantities of immature bovine oocytes using nylon mesh[J]. Cryobiology,2001,42(2):139-144.

[43] Abe Y, Hara K, Matsumoto H, et al. Feasibility of a nylon-mesh holder for vitrification of bovine germinal vesicle oocytes in subsequent production of viable blastocysts [J]. Biology of Reproduction,2005,72(6):1416-1420.

[44] Lane M, Schoolcraft W B, Gardner D K. Vitrification of mouse and human blastocysts using a novel cryoloop container-less technique[J]. Fertility and Sterility,1999,72(6):1073-1078.

[45] Begin I, Bhatia B, Baldassarre H, et al. Cryopreservation of goat oocytes and in vivo derived 2-to 4-cell embryos using the cryoloop (clv) and solid-surface vitrification (ssv) methods [J]. Theriogenology,2003,59(8):1839-1850.

[46] Reed M L, Lane M, Gardner D K, et al. Vitrification of human blastocysts using the cryoloop method: Successful clinical application and birth of offspring[J]. Journal of Assisted Reproduction and Genetics,2002,19(6):304-306.

[47] Vandervorst M, Vanderzwalmen P, Standaart V, et al. Blastocyst transfer after vitrification in a hemi-straw (hs) system[J]. Human Reproduction,2001,16:153-154.

[48] Liebermann J, Tucker M J. Effect of carrier system on the yield of human oocytes and embryos as assessed by survival and developmental potential after vitrification[J]. Reproduction,2002,124(4):483-489.

[49] Vanderzwalmen P, Bertin G, Debauche C, et al. Vitrification of human blastocysts with the hemi-straw carrier: Application of assisted hatching after thawing[J]. Human Reproduction,2003,18(7):1504-1511.

[50] Zech N H, Lejeune B, Zech H, et al. Vitrification of hatching and hatched human blastocysts: Effect of an opening in the zona pellucida before vitrification[J]. Reproductive Biomedicine Online,2005,11(3):355-361.

[51] He X M, Park E Y H, Fowler A, et al. Vitrification by ultra-fast cooling at a low concentration of cryoprotectants in a quartz micro-capillary: A study using murine embryonic stem cells [J]. Cryobiology,2008,56(3):223-232.

[52] Kuwayama M, Vajta G, Kato O, et al. Highly efficient vitrification method for cryopreservation of human oocytes[J]. Reproductive Biomedicine Online,2005,11(3):300-308.

[53] Kuwayama M. Highly efficient vitrification for cryopreservation of human oocytes and embryos: The cryotop method[J]. Theriogenology,2007,67(1):73-80.

[54] Morato R, Izquierdo D, Paramio M T, et al. Cryotops versus open-pulled straws (ops) as carriers for the cryopreservation of bovine oocytes: Effects on spindle and chromosome configuration and embryo development[J]. Cryobiology,2008,57(2):137-141.

[55] Cobo A, Kuwayama M, Perez S, et al. Comparison of concomitant outcome achieved with fresh and cryopreserved donor oocytes vitrified by the cryotop method[J]. Fertility and Sterility,2008,89(6):1657-1664.

[56] Chian R C, Kuwayama M, Tan L, et al. High survival rate of bovine oocytes matured in vitro following vitrification[J]. Journal of Reproduction and Development,2004,50(6):685-696.

[57] 陶乐仁,华泽钊. 低温保护剂液结晶过程的显微实验研究[J]. 工程热物理学报,2001,22(4):481-484.

[58] Seki S, Mazur P. Effect of warming rate on the survival of vitrified mouse oocytes and on the recrystallization of intracellular ice[J]. Biology of Reproduction,2008,79(4):727-737.

[59] Jondet M, Dominique S, Scholler R. Effects of freezing and thawing on mammalian oocyte[J]. Cryobiology,1984,21(2):192-199.

[60] Aman R R, Parks J E. Effects of cooling and rewarming on the meiotic spindle and chromosomes of in vitro-matured bovine oocytes[J]. Biology of Reproduction,1994,50(1):103-110.

[61] Isachenko V, Alabart J L, Nawroth F, et al. The open pulled straw vitrification of ovine gv-oocytes: Positive effect of rapid cooling or rapid thawing or both?[J]. Cryo-Letters,2001,22(3):157-162.

[62] Seki S, Mazur P. The dominance of warming rate over cooling rate in the survival of mouse oocytes subjected to a vitrification procedure[J]. Cryobiology,2009,59(1):75-82.

[63] 胡军祥,杨琼霞,黄佩龙,等.微波复温对玻璃化冻存小鼠骨髓有核细胞活性的影响[J].制冷学报,2008,29(4):38-41.

[64] 赵中辛,杜竞辉.降温和复温速度对冷冻大鼠胰组织结构及活力的影响[J].南京医学院学报,1989,9(1):41-43.

[65] Ambrosini G, Andrisani A, Porcu E, et al. Oocytes cryopreservation: State of art[J]. Reproductive Toxicology,2006,22(2):250-262.

[66] 刘静.低温生物医学工程学原理[M].北京:科学出版社,2007.

[67] Yan J F, Liu J. Nanocryosurgery and its mechanisms for enhancing freezing efficiency of tumor tissues[J]. Nanomedicine-Nanotechnology Biology and Medicine,2008,4(1):79-87.

[68] Sun Z Q, Yan J F, Rao W, et al. Particularities of tissue types in treatment planning of nano cryosurgery[C]. 2008 3rd IEEE International Conference on Nano/Micro Engineered and Molecular Systems,Sanya,2008:885-889.

[69] 李方方.生物材料纳米冷冻过程的理论与实验研究[D].北京:中国科学院研究生院,2010.

[70] Wang B, Zhou L, Peng X. Viscosity, thermal diffusivity and prandtl number of nanoparticle suspensions[J]. Progress in Natural Science,2004,(10):82-86.

[71] 郝保同,刘宝林.纳米微粒在细胞低温保存中的应用[J].中国组织工程研究与临床康复,2008,(41):8140-8142.

[72] Hao B, Liu B. Thermal properties of pvp cryoprotectants with nanoparticles[J]. Journal of Nanotechnology in Engineering and Medicine,2011,2(2):021015.

[73] Kang H U, Kim S H, Oh J M. Estimation of thermal conductivity of nanofluid using experimental effective particle volume[J]. Experimental Heat Transfer,2006,19(3):181-191.

[74] Han X, Ma H B, Wilson C, et al. Effects of nanoparticles on the nucleation and devitrification temperatures of polyol cryoprotectant solutions[J]. Microfluidics and Nanofluidics,2008,4(4):357-361.

[75] Prentice J R, Anzar M. Cryopreservation of mammalian oocyte for conservation of animal genetics[J]. Veterinary Medicine International,2010,2011:146405.

[76] Karlsson J OM, Cravalho E G, Toner M. A model of diffusion limited ice growth inside biological cells during freezing[J]. Journal of Applied Physics,1994,75(9):4442-4455.

[77] 高志新,郝保同,刘宝林,等.纳米微粒对pvp低温保护剂比热的影响[J].低温物理学报,2011(1):36-39.

[78] 吕福扣,刘宝林,李维杰.HA纳米微粒对PEG-600低温保护剂反玻璃化结晶的影响[J].低温物理学报,2012,34(4):315-320.

[79] Wilmut I. The effect of cooling rate, warming rate, cryoprotective agent and stage of development

on survival of mouse embryos during freezing and thawing[J]. Life sciences. Pt. 2:Biochemistry, General and Molecular Biology,1972,11(22):1071.

[80] 华泽钊.生物材料的低温保存[J].科学,1987,39(1):35-41.

[81] Sahar A-T,Amrollah R,Elham A,et al. Developmental consequences of mouse cryotop-vitrified oocyte and embryo using low concentrated cryoprotectants[J]. Iranian Journal of Reproductive Medicine,2009,7(4):181-188.

[82] Setti A S,Savio F R C,Almeida F B D P,etc. Oocyte morphology does not affect post-warming survival rate in an egg-cryobanking donation program[J]. Journal of Assisted Reproduction and Genetics,2011,28(12):1177-1181.

[83] Li W,Zhou X,Wang H,et al. Numerical analysis to determine the performance of different oocyte vitrification devices for cryopreservation[J]. Cryoletters,2012,33(2):143-149.

[84] Jiao A J,Han X,Critser J K,et al. Numerical investigations of transient heat transfer characteristics and vitrification tendencies in ultra-fast cell cooling processes[J]. Cryobiology, 2006,52(3):386-392.

[85] Wilkes C E,Summers J W,Daniels C A,et al. PVC handbook[M]. Cincinati:Hanser Gardner Publitions,2005.

[86] Holman J P. Heat transfer[M]. 7th ed. London:Mcgraw-hill,1992.

[87] He X,Park E Y H,Fowler A,et al. Vitrification by ultra-fast cooling at a low concentration of cryoprotectants in a quartz micro-capillary: A study using murine embryonic stem cells[J]. Cryobiology,2008,56(3):223-232.

[88] Kleinhans F W,Seki S,Mazur P. Simple,inexpensive attainment and measurement of very high cooling and warming rates[J]. Cryobiology,2010,61(2):231-233.

[89] Yu D,Liu B,Wang B. The effect of ultrasonic waves on the nucleation of pure water and degassed water[J]. Ultrasonics Sonochemistry,2012,19(3):459-463.

[90] Omega Engineering Inc. Stamford,Connecticut,USA. Mv vs. Temperature reference charts[EB/OL]. https://www.omega.com/temperature/Z/pdf/z207.pdf.

[91] 游伯坤.温度测量与仪表:热电偶和热电阻[M].北京:科学技术文献出版社,1990.

[92] Rienzi L,Romano S,Albricci L,et al. Embryo development of fresh 'versus' vitrified metaphase ii oocytes after icsi:A prospective randomized sibling-oocyte study[J]. Human Reproduction,2010, 25(1):66-73.

[93] 武彩红.猪卵母细胞玻璃化冷冻后的超微结构变化[J].南京农业大学学报,2007,30(1):99-104.

[94] 邵华."两步法"体外培养山羊卵母细胞的超微结构观察[J].动物学研究,2006,27(2):209-215.

[95] 伍川,黄培,时钧.KNO_3-H_2O溶液间歇结晶动力学[J].化工学报,2003,54(7):953-958.

[96] Gun'ko V M,Savina I N,Mikhalovsky S V. Cryogels:Morphological,structural and adsorption characterisation[J]. Advances in Colloid and Interface Science,2013,187-188:1-46.

[97] Zhou X L,Al N A,Sun D W,et al. Bovine oocyte vitrification using the cryotop method:Effect of cumulus cells and vitrification protocol on survival and subsequent development[J]. Cryobiology, 2010,61(1):66-72.

[98] 徐海峰,高志新,刘宝林,等.纳米微粒对低温保护剂溶液结晶性质的影响[J].低温与超导,2010, (11):53-57.

[99] 张乾,解云川,范晓东.DSC法测定聚乙烯结晶度的研究[J].中国塑料,2002,16(9):73-76.

[100] 解云川,张乾,范晓东.调制式DSC测定聚乙烯的结晶度[J].高分子材料科学与工程,2004,20(3): 179-182.

[101] 高才,周国燕,胥义华,等.乙二醇和丙三醇水溶液冻结特性的研究[J].物理化学学报,2004,20(2):123-128.
[102] Wu H,Tao Z,Gao P,et al. Ice crystal sizes and their impact on m icrowave assisted freeze drying[J]. Chinese J Chem Eng,12(6):831-835.
[103] 徐海峰,郝保同,刘宝林,等.纳米低温保护剂导热机理分析[J].低温物理学报,2011(3):227-231.
[104] 狄德瑞,何志祝,刘静.生物材料纳米低温保存技术研究进展[J].化工学报,2011(7):1781-1789.
[105] 闫方,田王,柏华,等.氧化锌粉体在水中的分散及稳定性研究[J].北京服装学院学报(自然科学版),2004,24(1):17-19.
[106] 刑颖.纳米二氧化硅水悬浮液的稳定性研究[J].涂料工业,2006,36(8):58-60.
[107] Yu W,France D M,Routbort J L,et al. Review and comparison of nanofluid thermal conductivity and heat transfer enhancements[J]. Heat Transfer Engineering,2008,29(5):432-460.

第 2 章　程序操作及诱导成核对精子冷冻保存的影响

人类精子的冷冻保存对不育症治疗、优生优育以及生殖保险等都有重要意义。冷冻保存过程中精子会发生严重的细胞损伤,因此冷冻保护剂的应用在低温保存过程中起到至关重要的作用。目前,含动物源(卵黄、人血清白蛋白等)的精子冷冻保存液虽然有较好的保护效果,但存在携带病毒、感染疾病的风险;此外,合适的冷冻保存方案也是影响冻融后精子质量的关键因素。针对这些问题,本章以人精子为研究对象,对其低温保护液配方及冷冻方案进行探索,并研究诱导成核对精子冷冻保存的影响,开发一种低毒性、稳定的无动物源成分的新型冷冻保护液,以及寻求最佳的精子低温保存方法。

2.1　绪　　论

2.1.1　精子冷冻保存的意义

在过去的 50 年间,全世界范围内的男性精液质量出现大幅度下跌。一项国内调查研究显示,2008—2018 年间国内健康男性的精液质量随时间变化呈下降趋势。环境污染、辐射源增多、恶性疾病及生活方式等多种因素都有可能加剧精液质量下降,从而直接或间接影响男性的生育力,当前男性不育症已经成为全球问题。[1]据统计,全球范围内有 10%～15% 的育龄人群存在不孕不育问题,其中单纯由男性不育所导致的约占 40%。[2,3]辅助生殖技术的快速发展给予了不育症夫妇实现生育的希望。

精子冷冻保存技术是辅助生殖领域不可或缺的一部分[4],是治疗男性不育症的重要手段,也是人类精子库的核心内容。精子的冷冻保存是指将精子冷却到较低的零下温度(通常是 $-196\,^{\circ}\mathrm{C}$),在低温下精子的新陈代谢和生化反应被抑制,从而实现无期限储存。精子冷冻技术在人类生殖医学中主要用于以下几个方面[5]:

(1) 生育力保存。男性在进行有可能影响生育能力的活动之前,可以对精液进行冷冻保存,以备日后使用,这是最常用、最有效的生殖保险。主要适用的人群包括:① 高危职业人群;② 因工作及事业等原因选择晚婚晚育的男性;③ 因患有恶性肿瘤、自身免疫或生殖系统等疾病,接受细胞毒性化疗、放射治疗和某些手术治疗而导致睾丸功能衰竭、射精功能障碍或损伤其他生精功能的患者[6,7];④ 在男性输精管结扎术前需要保存精子者。

(2) 治疗不育症。可以在诊断睾丸活检或睾丸精子获取术(testicular sperm extraction, TESE)时进行睾丸精子的冷冻保存,供以后辅助生殖技术时使用,避免重复的侵入性手术,

并可确保在取卵当天随时有精子可用。[8,9]

（3）供精保存。建立人类精子库,将志愿者的健康精液冷冻保存后,通过供精人工授精或供精试管婴儿技术提供给有需求的夫妇。

（4）用于精液参数分析的质量控制。冻存的精液样本可作为实验室的室内及室间质控品,评估精子浓度、形态和核 DNA 完整性等。

精子冷冻技术的目的在于保存男性生育能力,为辅助生殖技术服务,这就要求复苏精子具备一定的数量和较高的质量,尤其是在不孕不育成为继癌症和心脑血管疾病外的第三大疾病的今天,高不育率、低合格率以及辅助生殖中正常生育率低的现状,预示着人们对高质量精子的需求与日俱增,因此改善提高精子冻存技术水平对人类精子库及辅助生殖技术来说具有十分重要的意义。

2.1.2 精子冷冻保存的方法

精子冷冻保存的历史可以追溯至 200 多年前,在 1776 年 Spallanzanidi 等首次尝试使用雪来短暂的冷冻精子,但并未引起重视。直至 1949 年,Polge 等发现将甘油加入细胞冷冻保护液中可以保证冻融后精子的存活率和运动能力[10],从此精子冷冻保存的研究迈出了突破性的一步。此后随着低温生物学的发展,对细胞低温保存损伤机理认识的不断深入,对冷冻方案的不断改进和完善,精子冷冻保存技术也逐渐成熟。[11]当前精子冷冻保存方法主要包括四种:程序慢速冷冻法、快速冷冻法、玻璃化冷冻法以及冷冻干燥法。

2.1.2.1 精子的慢速冷冻

程序慢速冷冻法是将冷冻保护剂缓慢加载到精子样本中后,利用可编程的程序冷冻仪使精子以不同的降温速度依次通过不同的温度区间,在样本降温至一定温度后,快速将其转移到液氮（-196 ℃）中进行深低温保存。[12]这种方法的整个过程由仪器完成,自动化程度高,稳定可控,可用于重复冻结样品,通常是精子冷冻保存的第一选择。但是冷冻方案所使用的仪器价格昂贵,消耗液氮量大,保养维修费用高,且冷冻操作繁琐、耗时长。[13]

2.1.2.2 精子的快速冷冻

精子的快速冷冻法又称液氮蒸气冷冻法,是将装有保护剂和精液样本混合物的冻存管悬吊在液氮上方[14],利用液氮蒸气产生的低温进行降温,一段时间后将其浸入液氮中贮存。这种方法相较于慢速冷冻法操作简单,耗时少,成本低,但是存在一些缺陷,例如:再现性差,对温度的控制较为粗糙而影响冷冻效果等。液氮蒸气中的温度梯度取决于以下几个因素:到液氮表面的距离、相对于空气空间的液氮量、容器的尺寸等。快速冷冻法最早是由 Sherman 提出的,以 10%的甘油作为精子冷冻保护剂进行快速冷冻保存。Tongdee 等发现使用程序慢速冷冻法得到复苏后的精子活力高于快速冷冻法的,而对精子形态和 DNA 完整性的影响是无显著性差异的。[15]

2.1.2.3 精子的玻璃化冷冻

相较于常规冷冻方法,玻璃化冷冻使得精子快速通过了危险温度区,避免了胞内外结晶引起的机械损伤和溶质损伤。[16]但是该方法不仅需求较高浓度的冷冻保护剂,同时对冷冻保护剂种类、处理方式、升温速度等都有特殊要求。由于较高浓度的冷冻保护剂很容易使精子出现毒性效应和渗透性休克[17]，同时精子具有体积小，蛋白质成分高，含水量相对较低等特性，因此不含渗透性冷冻保护剂的精子玻璃化冷冻法是一个非常好的替代方案。

玻璃化冷冻最大的挑战之一是无法保存大量精子，仅可用于微量精子。冷冻过程需要使用特制的冷冻载体，如 Cryoloop、开放式麦管、琼脂糖微球等。[18]特制载体具有较大的表面积与体积比，且承载样本量很少，使得精子可以以足够快的降温速度进入玻璃态。[19]当前精子玻璃化冷冻法仍处于探索阶段，尽管已取得了令人鼓舞的结果[20]，但该方法并未得到广泛应用，因为在临床环境中需要熟练的操作人员来防止液滴蒸发，恢复过程和寻找精子的时间延长，存在被污染的风险，并且缺乏关于其有效性的临床数据。[21]

2.1.2.4 精子的冷冻干燥

冷冻干燥是通过冰的升华快速移除材料中的水分来实现干燥的[22]，冻干的样品可以在4℃或室温下储存于密封的安瓿中，比在液氮中储存更便宜，更便于运输。[23]冷冻干燥对精子膜有很大的损害，冻干后精子的活性和活力为零，但是遗传物质的完整性得到了保留，并且这种方法比在液氮中冷冻保存对 DNA 的损伤更少。[24]干燥的精子颗粒可以直接引入培养基中进行再水化，然后用于 IVF 实现受精，主要通过 ICSI，不需要精子预洗。此外冻干可以灭活病毒。迄今为止，已有成功使用老鼠[25]、猪、牛和兔子以及人类[26]的冻干精子头进行 ICSI 后胚胎发育的报道。但是冻干精子的最终受孕率还是很低[27]，还需进一步研究。

2.1.3 精子低温保存损伤机制及假说

冷冻保存是长期保存人类精子的最佳方法，是人类精子库的核心内容。在液氮的长期储存过程中，样本会处于"时间停滞"的休眠状态，其原理即是低温能够抑制生物体内的生化活动，当温度越低，其生化反应速率越低，可用 Arrhenius 公式表达。但在其降温及复苏过程中的多种因素：渗透压的变化、冷冻保护剂毒性、冷冲击、胞内外冰晶的形成以及氧化应激等，均会使精子受到破坏性损伤，降低精液质量。

2.1.3.1 两因素假说

冰晶成核是一种非平衡随机现象，与可用水量及过冷度密切相关，因此冰晶首先在胞外基质中成核[28]，升高溶液浓度。在随后的降温过程中，如果冷却过慢，胞内水分大量渗出，导致细胞过量脱水，细胞器和膜的体积剧烈收缩，并且长期处于高浓度环境，这会影响脂质-蛋白质复合物，使大分子变性，减小未冻结通道的大小，并诱导不可逆的膜融合，从而造成细胞损伤，即"溶液损伤"；如果冷却过快，细胞内的水则没有足够时间渗出膜外，胞内溶液就会过冷结冰，即"胞内冰损伤(IIF 损伤)"。在降温速率主导的两种损伤因素的共同作用下，必然存在某个最适的降温速率[29]，其定义为足够高以最大程度地减少由于溶质/电解质浓度引起的溶质损伤，但足够低以避免形成破坏性细胞内冰，如图 2-1 所示。

冷冻损伤还会发生在复苏过程，事实上，低解冻速率会导致重结晶对精子细胞结构、功能造成影响。[30,31]但如果升温速度过快不足以让多余的冷冻保护剂从细胞中流出时，细胞会受到渗透压力影响，水开始向细胞内扩散并重新水化。由于体积和渗透应力的剧烈变化，质膜可能发生不可逆转的损伤和超微结构变形[32]，如图 2-1 所示。

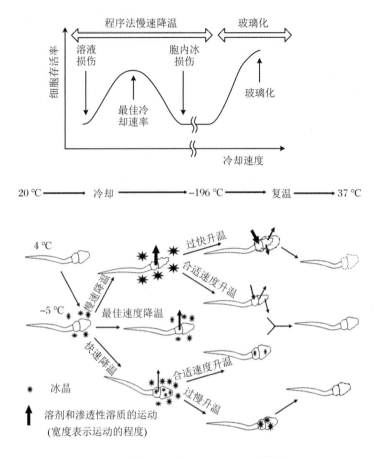

图 2-1　细胞存活率与冷却速率之间的关系

2.1.3.2　冷冲击

当精子以较快速度从体温降至接近冰点时,发生的不可逆的损伤被称为冷冲击,其主要表现在复温后细胞膜选择性的丧失[33,34],特别是顶体细胞膜的损伤。在冷却过程中,脂质会发生物理相的变化(即流体相和凝胶相脂质),由于膜中不同磷脂的特定相变温度导致膜组分重排和脂质相分离,引起膜蛋白不可逆的聚集,使得膜蛋白离子转运、代谢功能受损,这些引起了质膜不稳定并导致其失去选择性渗透性,造成精子发生类似获能的变化,最终导致受孕能力下降。不同物种由于精子质膜的脂质成分差异存在不同程度的低温耐受性[35,36],其中野猪最敏感,兔子、人类和公鸡相对有抵抗力。

2.1.3.3　氧化应激损伤

氧化应激是冷冻过程中精子功能受损的重要因素之一。作为氧化还原的副产物,精子会产生适量 ROS 调节精子的生理功能。[37] 在冷冻保存过程中,富含抗氧化物的精浆被稀释,精子细胞的抗氧化活性降低;同时冷冻造成的精子损伤、死精子和白细胞也会产生过量的过氧化物[38],ROS 的产生与生物系统抗氧化能力之间的平衡被打破,过量的 ROS 会造成氧化应激损伤。如图 2-2 所示,精子质膜含有大量的不饱和脂肪酸,易受 ROS 诱导发生膜脂质过氧化(lipid peroxidation,LPO),使得膜的结构和功能受损,进而导致选择透过性丧失和细胞质基质泄漏等。[39]除质膜损伤外,线粒体作为 ROS 的主要来源和目标更易受到氧化损伤[40],随之而来的是细胞受到代谢抑制、ATP 缺失进而凋亡。同时过量的 ROS 会损伤精子 DNA 双螺旋的完整性。[41]

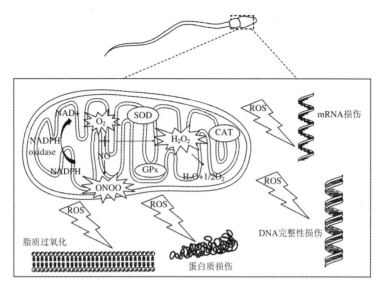

图 2-2　冷冻保存的精子线粒体中过量活性氧(ROS)的产生导致精子质量下降

2.1.4　冷冻保存对精子结构和功能的影响

尽管上述机制是分别讨论的,但对精子的损伤是相互关联的,精子在解冻后的运动性、整体活力、质膜功能、顶体完整性和染色质稳定性通常会明显下降,并导致显著的形态学改变。这种精子质量的损失在精子参数较差的患者中尤其显著,如图 2-3 所示。

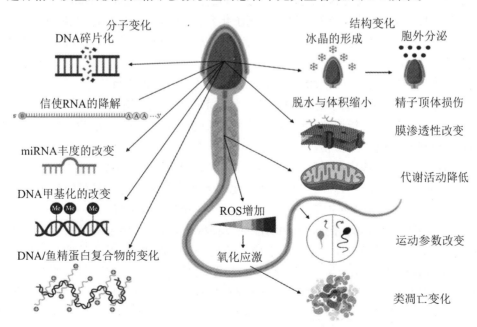

图 2-3　冷冻保存后精子的结构和分子变化

精子运动性是受影响最大的参数[42],Nijs 等表示冷冻保存后,活动精子的百分比从 50.6%下降到 30.3%。[43]然而,迄今为止,运动性降低的机制尚未完全阐明。O'Connell 等提出精子活力下降是由于线粒体损伤和精子尾部的物理变化。[44]线粒体膜的损伤会中断能量产生过程,导致精子中 ATP 的可用性降低。冷冻保存可能会导致鞭毛不可逆转地卷曲,阻碍尾巴的推进运动。精子中 ROS 的产生和较低的抗氧化酶活性会诱导凋亡途径,从而导致精子活力降低。[45]

冷冻保存影响精子核的研究集中在染色质完整性上。精子 DNA 的完整性是自然和辅助生殖方法受精成功的决定因素。[46]冷冻保存很容易改变线粒体膜特性并增加 ROS 的产生,这可能随后导致 DNA 断裂。此外,核蛋白(鱼精蛋白 1,P1 和组蛋白 1,H1)的易位以及 P1 与半胱氨酸自由基之间的二硫键的破坏也是精子核受到的影响。

冷冻保存产生的另一个重要影响与受精过程有关。在受精过程中,精子在卵母细胞内释放信使 RNA(mRNAs)。然而,冷冻保存会影响精子的 mRNA 含量[47],从而损害这些 mRNAs 的功能,这些 mRNAs 已知在胚胎发育的早期阶段具有功能,影响卵母细胞合成蛋白质的翻译过程。[51]因此,值得注意的是,精子是转录上"沉默"的细胞,缺乏替换冷冻保存过程中丢失的 mRNA 的能力。此外,Urrego 等描述了涉及基因表达的表观遗传因素也可能受到冷冻和解冻程序的影响。[47,49]

2.1.5 影响精子冷冻保存效果的因素

2.1.5.1 保护剂种类

冷冻保护剂(cryoprotectant,CPA)对于生物材料的低温保存是不可或缺的,可以有效地保护样本免受冷冻损伤,合理地选择冷冻保护剂对精子的低温保存至关重要。根据能否透过细胞膜进入细胞,将冷冻保护剂分为渗透型和非渗透型。以甘油、DMSO 和乙二醇为代表的渗透性 CPA 通常是小分子的多羟基非离子化合物。可穿过质膜取代细胞中的水,来降低细胞内外冰点。在减少胞内冰形成的同时降低未冻结部分的电解质浓度而缓解"渗透压力",减轻低温下细胞的皱缩程度。[28]渗透性 CPA 还会引起膜脂和蛋白质重排,增加膜流动性和膜透水率,使细胞能够在更大的零下温度范围和浓度范围内进行渗透反应。[50]但是这些物质在高浓度下会产生毒性,同时加载去除冷冻保护剂的过程也会造成渗透性损伤。[51]

非渗透性保护剂主要指糖类、蛋白质以及大的长链聚合物(羟乙基淀粉、麦芽糊精、葡聚糖)等,这类保护剂不能穿过质膜,仅在胞外起作用。蔗糖、海藻糖等通过改变胞外渗透压梯度促进细胞脱水来减少胞内冰的形成,也可以调节冰晶形状并延迟冰晶生长。[52]而大分子聚合物对渗透压的影响较小,倾向于增强玻璃化的形成或稳定细胞膜和蛋白质来提供保护特性。[53]通常联合使用两种保护剂来减轻渗透性保护剂的毒性,并提高保存效果。

精子膜的完整性是影响精子活力和功能的重要因素,因此在精子冻存中常用脱脂牛奶或蛋黄来改善精子质膜稳定性。由于其不确定的成分和动物来源,近期学者在使用低密度脂蛋白(low density lipoprotein,LDL)或环糊精-胆固醇复合物来替代蛋黄,蛋黄的主要保护作用是前者决定的。[54]虽然对 LDL 在冷冻保存过程中的作用机制尚未完全阐明,但目前已提出了几种机制,脂蛋白被结合或黏附到质膜上,恢复那些丢失的脂蛋白,增加细胞膜的稳定性。此外,LDL 在降温过程中解体,从而释放掉甘油三酯和磷脂,蛋白质组分则在精子周围形成凝胶保护精子免受冰晶伤害。[55]最近,有报道称LDL会与引起胆固醇外流的精浆蛋白结合,从而增加细胞膜对低温的抵抗力。[56]

除理化因素外,氧化应激也是导致精子功能损伤的主要因素之一。冷冻保存期间过量的ROS形成会造成解冻后精子的质量和生育能力下降。由于精子和精浆自身的抗氧化系统不足以清除ROS并保护防止细胞损伤,因此学者将抗氧化剂添加到冷冻保护液中,旨在最大限度地减少ROS对冻融精子结构和功能的不利影响,如谷胱甘肽过氧化物酶(GPx)、维生素E(α-生育酚)[40]、己酮可可碱、槲皮素等。除此之外,部分纳米颗粒也被当作抗氧化剂添加在保护液中,例如锌NPs、硒NPs、姜黄素纳米颗粒[56]等。

另外,使用超声震动、电磁场来改变保护液中水溶剂的理化性质是近些年出现的较新颖的方法。电磁场会打破水分子网络的规则结构,以影响形成冰晶团簇的大小,并在随后的冷冻保存过程中改变冰晶的形状和大小分布,同时减少活性氧的产生,改善线粒体膜电位和减缓细胞凋亡。[57]超声震动可以通过形成气泡空化现象,诱导冰晶成核,降低过冷度,提高冷冻复苏率。[58]

2.1.5.2 溶液诱导成核

水和水溶液倾向于在冰核形成之前冷却到明显低于其熔点的温度,即过冷[59],开始出现冰晶的温度与相平衡冻结温度之差,称为过冷度。在实际降温过程中,水或溶液中可能出现较大的过冷度,使得冰晶以快速且不可控的方式生长,从而对溶液中的细胞造成机械损伤。[60]同时溶液将释放大量潜热,导致温度瞬时升高,而周围温度继续下降,冷却速度将快于预期速率,另外温度的短暂升高也可能导致重结晶,加重细胞损伤。当冰晶以极快速度形成时,胞内水不能充分脱出,使得形成胞内冰的概率升高。因此在低温保存中,常采用诱导成核(也称为植冰或置核,seeding)的措施,使溶液在相对较高的零下温度下人为形成冰晶,从而降低整体溶液的过冷度。[61]

除手动诱导成核外,也可以通过物理场在低温保存时控制冰晶成核,如通过电极诱导、振动、超声、磁场等物理方式[62-64],还可以通过添加冰核细菌[65]等生物方法诱导成核或者添加碘化银、结晶胆固醇[66]等化学方式控制冰晶成核。

2.1.5.3 精子自身因素

并非所有个体的精液样本都具有相同经受冻融程序的耐受性,而是在不同个体之间,甚至是同一个体的不同批次之间都存在差异。[67]这可能与每次的精液质量以及精浆的成分(主要是蛋白质和抗氧化剂)不同有关。[68]最近有数据显示冻前精子质量与其冷冻行为之间存在联系:与健康的样本相比,不育患者的精子样本更容易在冻融过程受损。与射出的精子样本相比,附睾和睾丸精子更容易冷冻保存。[69]另外,精子基因及蛋白可能也会影响精子的耐冻性。天然精浆中的化学和激素成分非常复杂,以至于它们大部分生物学功能仍不清楚。在临床和实验中,精浆本身不被认为是精子存活的有利介质。但在冷冻条件下精浆对精子具有一定的保护作用。将高冷冻复苏率的供者精浆置换不育患者精液的精浆后,可以提高后者的精子冷冻复苏效果。[70]精浆中的一些蛋白质能够保护精子免受冷冲击损伤,保持质膜的完整性;精子抗氧化防御系统基本上依赖于精浆中的抗氧化剂[71],据推测,精浆中的抗氧化剂可以保护精子在冷冻保存过程中免受DNA损伤。此外,精浆中胆固醇及Ca^{2+}离子的浓度也将影响精子冷冻复苏率。

2.1.5.4 精子优化处理

在冷冻保存之前通过优化处理进行精子选择可以提高精液冷冻能力,这些积极作用可以通过去除死精子的必要性来解释,因为这些成分对活精子有害。[72] 上游法和密度梯度离心法是最常用的精子选择技术,较新的技术包括磁辅助细胞分选、Zeta 电位和电泳。使用上游法时,将洗涤介质放置在试管中的精液样本上,孵化大约 1 h。在这段时间里,活动能力较强的精子会游进顶层,将其优选出来。密度梯度离心法会将具有最高密度和运动性以及最佳形态的精子与其他精子分开。[72] Donnelly 等通过密度梯度或上游优选精子后进行冷冻复苏的精液样本的精子活力高于直接冷冻的样本。然而,在使用这两种选择技术的样本中,DNA 损伤明显更高。在制备的样本中加入精浆后,DNA 完整性的这种下降会得到改善。[73]

2.1.5.5 精液的预冷处理

冷冻前进行预冷处理,其目的是保证精子有一段适应低温的过程,同时又能使渗透性冷冻保护剂充分渗透到精子细胞内,使得细胞内外浓度建立平衡,此外,预冷处理可能有助于精子膜被具有膜稳定活性的蛋白包裹,减少、甚至避免精子的冷休克损伤,进而起到抗冻保护作用。

2.1.6 本章研究目的、意义及内容

2.1.6.1 研究目的及意义

在精子冷冻保存技术中,人血清白蛋白常作为非渗透性 CPA 和膜稳定剂添加到精子冷冻保护液中。然而,人血清白蛋白是动物源成分,存在携带支原体、疯牛病等病毒的风险,并且不同批次之间存在差异。因此寻找更安全稳定的冷冻替代方案显得越来越重要。冷冻保存过程中一个关键步骤是控制冰核,降低溶液过冷度,这一技术已经广泛应用在胚胎细胞、卵母细胞、干细胞等细胞中,而在精子冷冻保存领域中相关文献报道较少。本章以人精子为研究对象,旨在开发一种基于植物源 rHSA 的低毒性、稳定的无动物源成分的新型冷冻保护液,优化精子冷冻保存的程序操作,同时研究诱导成核对精子低温冻存的影响,寻求最佳的诱导成核温度及成核后的冷冻操作。本研究可为改善人类精子库的样本质量提供参考,为精子库冷冻技术的提高提供坚实可靠的依据。

2.1.6.2 研究内容

本研究成果为优化精子冷冻保存程序和保护剂提供一定的参考作用和理论价值,主要开展以下几方面的研究工作:

(1) 以人精子为研究对象,在基础稀释溶液中分别添加 6%～20% 甘油、0～15 mg/mL 的 rHSA、10 mg/mL 大豆卵磷脂和 100 mg/mL 低密度脂蛋白,通过将含有不同甘油浓度的冷冻保护液添加到精液样品中平衡不同时间,以验证保护剂毒性。利用 DSC 测量保护液的热物性参数,为筛选低温保护剂提供理论参考。后续采用不同保护液进行精子细胞冻存实验,检测复苏后精子存活率和结构完整性,最终筛选出最佳的精子冷冻保护液组合。

(2) 使用(1)中选择出的精子冷冻保存液,对精子进行冷冻保存实验。通过研究精液样本添加保护液后的平衡条件以及后续的降温速度对精子冷冻保存效果的影响,来优化精子冻存方案。在此基础上搭建一种升降式程序降温设备,通过该装置研究不同冷冻方案对精子冻存的影响,并与常规方法冷冻的精液样本进行对比,验证其可行性。

(3) 采用低温显微镜对精液样本在不同温度诱导成核时冰晶的生成情况进行观察和比较,并研究不同诱导成核温度以及成核后不同温度变化对精子冻存的影响。检测复苏后精子的存活率,并采用流式细胞仪检测精子核DNA完整性等。

2.2 冷冻保护液不同成分对精子冷冻保存的影响

精子冷冻是保存男性生殖能力的常用方法,是辅助生殖技术的重要组成部分。人类精子细胞的冷冻保存是一个复杂的过程。为了使细胞在低温保存中存活下来,必须在冷冻复苏过程中加入低温保护剂(CPA)。研究表明,未添加冷冻保护剂的精子在冷冻贮存并复温后,仅有0.1%的精子具有一定程度的运动能力。甘油是迄今为止应用最广泛、最成功的人精子渗透性CPA。它可以降低溶液的冰点,减少细胞内形成的冰晶数量。但这种保护剂本身具有潜在的细胞毒性,会导致膜不稳定以及蛋白质和酶变性,这种毒性与使用的浓度和细胞暴露时间直接相关[74],因此,目前多主张尽量减少甘油的浓度。

蛋黄或血清白蛋白(HSA)常作为非渗透性CPA用于冷冻精子细胞,以减少渗透失衡并降低渗透性CPA造成的毒性和损害。但蛋黄来源于鸡蛋,由卵黄颗粒、磷脂和蛋白等生物活性物质组成,可能携带一些潜在的传染性病原体(细菌、病毒、支原体等),难以通过过滤、高温或其他方法达到完全去除。其中的蛋白质对于人体而言是一种异种蛋白,可能在使用中进入人体引起过敏性反应。[75]因此,HSA在目前的应用中最常被用作大分子CPA,但是HSA的生化成分会因批次和制造商的制备方法而异,可能导致冷冻效果的不稳定。除此之外,它还存在含有各种传染性疾病病原体的潜在危险。[76]因此,使用不含任何潜在生物污染的植物来源的重组白蛋白(rHSA)是种优选,重组白蛋白比从血液中纯化的商业白蛋白试剂纯度更高、更稳定,同时,rHSA的Ⅰ期和Ⅲ期临床研究也证实重组人血清白蛋白具有更高的药效和较低的潜在风险。[77,78]但当前关于rHSA使用的文献有限。

针对以上问题,本节在基础溶液中添加不同浓度的甘油(3%、5%、7.5%、10%)和不同含量的植物源白蛋白(0 mg/mL、3 mg/mL、5 mg/mL、10 mg/mL)作为保护剂,对冷冻复苏后的精子质量进行评估,研究甘油和rHSA对精子冷冻保存效果的影响。其次验证大豆卵磷脂和低密度脂蛋白替代蛋白作为大分子冷冻保护剂的效果,从而筛选出效果最佳的精子冷冻保存液。

2.2.1 材料与方法

2.2.1.1 材料与试剂

本节试验所用材料及试剂来源见表2-1所示。

表 2-1 材料与试剂

试剂名称	型号	纯度	公司
氯化钠	S5886	≥99.0%	美国 Sigma
氯化钾	P5405	≥99.0%	美国 Sigma
七水合硫酸镁	M2773	≥99.0%	美国 Sigma
二水合氯化钙	C7902	≥99.0%	美国 Sigma
磷酸二氢钾	P5655	≥99.0%	美国 Sigma
碳酸氢钠	S5761	≥99.%	美国 Sigma
甘氨酸	G8790	≥98.5%	美国 Sigma
乳酸钠	L7900	60.0%	美国 Sigma
葡萄糖	G6152	≥99.5%	美国 Sigma
硫酸庆大霉素	G1914	—	美国 Sigma
蔗糖	V900116	99.0%	美国 Sigma
N-(2-羟乙基)哌嗪-N′-2-乙烷磺酸(HEPES)	H6147	≥99.5%	美国 Sigma
甘油	G5516	≥99.0%	美国 Sigma
泊洛沙姆 188	P5556	10%	美国 Sigma
大豆卵磷脂	A510030	≥60%	上海生工生物
植物源重组白蛋白	C002201804008	＞99%	ORYZOGEN
精子活体染色试剂盒	无	无	深圳市博锐德生物
精子核完整性染色试剂盒	无	无	浙江星博生物
精子尾部中段染色试剂盒	707003	无	浙江星博生物
2 mL 冻存管	607001	无菌	NEST 耐思

2.2.1.2 仪器与设备

本节所使用的仪器及设备见表 2-2 所示。

表 2-2 仪器与设备

试剂名称	型号	公司
光学显微镜	ECLIPSE C-L	日本尼康
荧光显微镜	TS100	日本尼康
精子自动检测分析仪	SSA-Ⅱ Gold Edition	北京惠加
医用冷藏箱	HYC-310	青岛海尔
流式细胞仪	Accuri_C6	美国 BD
智能多路温度测试仪	BB20071	常州安柏

试 剂 名 称	型 号	公 司
差示扫描量热仪(DSC)	DSC8000	珀金埃尔默仪器(上海)
一次性精子计数池	SA-4	北京惠加
恒温水浴箱	HHS-11-1	上海博迅
冰点渗透压仪	Osmo210	英国 YASN
一次性取精杯	QW-90	北京惠加

2.2.1.3 实验方法

1. 精液样本的收集

精液样本来自长海医院生殖中心门诊。所有研究对象均禁欲 2~7 天,手淫法留取标本于无菌带盖取精杯中,置于室温下液化。待液化后,按照第 5 版《世界卫生组织人类精液检查与处理实验室手册》的要求进行精液处理及分析。分析内容主要包括:精液量、液化时间、外观、pH、黏稠度、精子浓度、精子活动率等指标。

精液的纳入标准:液化时间≤1 h,精液体积 2~5 mL,精子浓度≥50×10^6/mL,精子活动率(前向运动 PR + 非前向运动 NP)≥50%,pH 为 7.2~7.5。

2. 精子活力参数检测

采用北京惠加 SSA-Ⅱ精子自动检测分析系统对待测精子进行检测分析。每次检测至少计数 200 个精子,检测 6 个具有代表性的视野。记录精子的浓度及活力即前向运动(PR):精子主动地呈直线或沿一大圆周运动,不管其速度如何;非前向运动(NP):所有其他非前向运动的形式,如以小圆周泳动,尾部动力几乎不能驱使头部移动,或者只能观察到尾部摆动;精子总的活动率为两者之和。

3. 冷冻保护液的配制

LDL 制备方法:主要参考 Moussa 等的方法[79],将新鲜鸡蛋打碎,小心地吸出蛋黄后,将蛋黄转移到滤纸片上滚动,除去残余蛋清和附着在蛋黄膜上的卵带,用注射器透过蛋黄膜,通过抽吸收集卵黄,取 15 mL 新鲜鸡蛋蛋黄,用氯化钠溶液(9.945 g/L)将卵黄稀释 3 倍,4℃搅拌 1 h 后,在 4℃下 10 000 g 离心 45 min,收集上清与 40%的硫酸铵溶液 2∶1 混合,调整混合液 pH 至 8.7,在 4℃下搅拌 1 h 后,4℃下 10 000 g 离心 45 min,收集上清液置于透析袋中于去离子水透析 24 h,之后将透析液 10 000 g 离心 45 min,上层黏稠状物即为 LDL。

冷冻保护液的基础溶液配制:使用微量电子天平称取氯化钠(NaCl)0.554 g,氯化钾(KCl)0.04 g,七水合硫酸镁($MgSO_4 \cdot 7H_2O$)0.02 g,氯化钙($CaCl_2$)0.025 g,磷酸二氢钾(KH_2PO_4)0.0126 g,碳酸氢钠($NaHCO_3$)0.21 g,甘氨酸 1 g,HEPES 0.4 g,葡萄糖 0.1 g,蔗糖 1.7 g 溶于 70 mL 去离子水中,之后加入 60%乳酸钠 0.37 mL 及 10%泊洛沙姆 18 810 mL,通过磁力搅拌器混匀溶解后备用。

其余成分按照表 2-3 添加,包括甘油(G)、rHSA(R)、大豆卵磷脂(S)、低密度脂蛋白(L),溶液按表 2-3 配制完成后用 0.22 μm 微孔过滤器过滤,并将溶液以 2 mL 分装,于 4℃的冰箱中保存。

表 2-3 冷冻保护剂分组

组　别	$G(v/v)$	R(mg/mL)	S(mg/mL)	LDL(mg/mL)
G6R5S0L0	6%	5	0	0
G10R5S0L0	10%	5	0	0
G15R5S0L0	15%	5	0	0
G20R5S0L0	20%	5	0	0
G10R0S0L0	10%	0	0	0
G10R3S0L0	10%	3	0	0
G10R10S0L0	10%	10	0	0
G10R15S0L0	10%	15	0	0
G10R0S10L0	10%	0	10	0
G10R5S10L0	10%	5	10	0
G10R0S0L100	10%	0	0	100

4．冷冻保护液渗透压测量

使用冰点渗透压仪通过冰点测量来确定冷冻保护液的渗透压。在仪器校准后，取 50 μL 待测样品加入到试样管底部，确保样品中无空隙和气泡后，放置到样品井中进行测试，试验完每一个样品都需清洁探针，每个样品测试 3 次。

5．冷冻保护液热物性测量

为了探究冷冻过程中不同浓度甘油和 rHSA 对胞外结晶量和冰点的影响，运用 DSC 对不同浓度的冷冻保护剂进行热分析。实验所用 DSC 如图 2-4 所示，将上述配制的低温保护剂与精液样本 1∶1 混匀后作为测试样品。先将坩埚和坩埚盖称量并去皮，然后将 10 μL 测试样品加入铝坩埚中，使用压样器密封，制成样品，称量样品质量后转移到样品室内，同时参比侧放置一个空坩埚。将 DSC 程序设定为：30 ℃等温 1 min，以 30 ℃/min 速率降温到 −80 ℃，平衡 1 min，再以 10 ℃/min 的速率升温到 30 ℃。每组保护剂实验重复 3 次，记录数据。采用 DSC 分析软件 PYRIS Manager 分析相变温度。样品发生相变时，会在 DSC 曲线图中出现放热峰和吸热峰，峰的面积代表相变热焓值。在降温过程中，溶液出现的过冷现象会在定量测量中引起较大的偏差。因此，选择熔化过程的热流曲线进行定量分析，冰点为溶液发生相变的起始温度。

6．冷冻保护液的毒性测试

以加载保护液后精子活力作为指标，验证不同浓度甘油保护剂溶液对精子细胞造成的毒性损伤。将完全液化后的精液样本分装入冷冻管中，每管 0.5 mL，在室温环境中按精液∶保护剂＝1∶1 之比，分别缓慢添加 4 种不同的保护剂，保护剂按甘油浓度不同分为 B、C、D、E 四种，与精液混合后甘油最终浓度依次为 3%、5%、7.5% 和 10%，对照组的精液样本不添加保护剂，保持 10 min、30 min、1 h、2 h 后，观察并记录精子的活力。

7．精子的冷冻和复苏方案

精子冷冻保护剂复温至室温，在室温下，以 1∶1 的比例将精子冷冻保护液逐滴加至装有已液化精液的精子冻存管中，边加边混匀，持续 2～5 min，确保完全混匀，旋紧管帽，并在

图 2-4　DSC 实验操作台

PerkinElmer 公司差示扫描量热仪,属于功率补偿型的热分析仪,用于测量温度和热量之间的关系,实现快速可控的程序升降温。其使用温度区间为 -180~750 ℃,精度为 0.01 ℃,升降温扫描速率高达 750 ℃/min,热焓精度高达 99.9999%。实验用铝制坩埚适用温度范围为室温至 600 ℃,热传导性高,结构性能稳定。

各冻存管上标注编号,之后将装有精液和冷冻保护剂的冻存管在室温停留 10 min,将精子冻存管置于支架,悬挂在液氮罐内距液氮面之上 5 cm 处,放置 20 min 后投入液氮中保存。

精液的复苏:将冷冻管迅速从液氮中取出,立即放在 37 ℃ 的水浴锅中不断摇晃直至完全融化,取出样本管后立即进行精液分析,分析指标包括精子浓度及精子活力。

前向运动精子冷冻复苏率(简称为精子冷冻复苏率)的计算:

$$精子冷冻复苏率 = 冻后 PR 精子百分率/冻前 PR 精子百分率$$

8. 精子质膜完整性检测

(1) 在 Eppendorf 管内,分别加入 10 μL 待测精液和 50 μL 伊红-苯胺黑试剂,将两者轻轻混合,室温放置 30 s。

(2) 取约 5 μL 染液-精子混合物于载玻片的边缘后涂片。

(3) 将片子置于空气中干燥。

(4) 干燥后立即检测,明视野显微镜下观察结果。死精子(D)头部被染成红色或暗粉红色,活精子(L)头部为白色或淡粉红色。至少观察 200 个精子,计数并计算质膜完整精子百分率。

9. 精子核 DNA 完整性检测

采用精子核完整性染色试剂盒联合流式细胞仪进行精子染色质结构检测,步骤如下:

(1) 配制染色液:将 48 μL C2 液(含吖啶橙)离心后添加到 8 mL C1 液(柠檬酸,Na_2HPO_4,EDTA,NaCl 混合液)中形成 AO 染色液 C 液。2~8 ℃ 下可保存两星期。

(2) 稀释:取 10 μL 待测精液至 1.5 mL Eppendorf 管中,加入 90 μL 稀释液 A 液(Tris-HCl,NaCl,EDTA 混合物),振荡混匀。

(3) 酸化:加入 200 μL 的酸处理缓冲液(HCl,NaCl,Triton-X100 混合物),精准孵育 30 s。

(4) 染色:加入 600 μL C 液染色液孵育 1 min 后,上机检测。

(5) 检测:开启电源,确认鞘液筒中有八分满的鞘液,通过手动调节减压滚轴排除流液管路和过滤器中的气泡。打开软件,上样检测,收集 FL1、FL3 数据,至少有 5000 个细胞的测定值加以记录和统计。采用 DFIview 软件进行数据分析。

受损精子核中的染色质经酸处理后易变性成单链,与染料吖啶橙结合发红色或橙黄色荧光;正常精子核中染色质能够保持正常的双链结构,与吖啶橙结合发绿色荧光。记录红色精子数/总精子数,即为 DNA 碎片指数(DNA fragmentation index,DFI)。

2.2.1.4 数据分析

数据采用 IBM SPSS Statistics 22.0 软件处理。每个样本重复 3 次,所有数据使用平均数±标准差的形式体现,以 $P<0.05$ 作为差异显著评判标准,有统计学意义。

2.2.2 结果与分析

2.2.2.1 冷冻保护剂渗透压

冷冻保护剂渗透压见表2-4。

表 2-4 保护剂的渗透压参数($\bar{x}\pm s$)

组号	保护剂	渗透压(mOsm)
1	G6R5S0L0	1 472±7.78
2	G10R5S0L0	2 213±2.12
3	G15R5S0L0	3 060±2.83
4	G20R5S0L0	3 266±5.83
5	G10R0S0L0	2 230±0.71
6	G10R3S0L0	2 210±1.41
7	G10R10S0L0	2 199±2.12
8	G10R15S0L0	2 210±1.41

根据组号1~4的数据可知,随着保护剂中甘油浓度的增加,渗透压升高;对比2和5~8组可以发现在溶液中加入不同浓度的蛋白后,渗透压基本没有变化。溶液的渗透压可以反映出细胞内水分脱出情况,因此,蛋白作为一种非渗透性保护剂,对细胞脱水效果很小,它的低温保护效果可能是通过抑制冰的生长并稳定蛋白质和细胞膜实现的。[80]

2.2.2.2 冷冻保护剂热物性结果

低温保护剂可以通过降低溶液冰点以减少细胞冻融过程中的冰晶损伤,8 种保护剂在熔融过程中的熔融焓(ΔH)、冰点以及熔融峰面积见表2-5。

表 2-5 保护剂在熔融过程中的热物性参数

组号	保护剂	ΔH(J/g)	冰点(℃)	终点(℃)	面积(mJ)
1	G6R5S0L0	275.58	-4.99	1.04	2 730.2
2	G10R5S0L0	261.62	-7.28	-0.88	2 341.1
3	G15R5S0L0	221.79	-9.49	-2.64	2 109.6
4	G20R5S0L0	208.89	-10.56	-3.12	1 964.3
5	G10R0S0L0	271.57	-6.85	-1.02	2 225.66
6	G10R3S0L0	267.75	-7.09	-1.06	2 311.24
7	G10R10S0L0	259.30	-7.48	-1.05	2 292.4
8	G10R15S0L0	248.50	-7.63	-1.25	2 316.8

将复温过程中相变起始点作为冰点,面积为热焓值,对比 1~4 组可以发现,溶液的冰点及热焓值随着甘油浓度的增大而降低,且冰点的变化逐渐减缓。热焓值代表了溶液的熔融过程中融化冰晶所需的热量。溶液的冰点和热焓值降低,表示在升降温过程中形成的冰晶量减少,对细胞的损伤减轻。因此,从熔融过程热焓值的角度分析,甘油的浓度越高,低温保存的效果越好。但是考虑到高浓度甘油对精子具有渗透毒性,影响复苏后细胞的活力及功能,因此需要降低甘油的浓度。

根据组号 2、5~7 的数据可知,当甘油浓度为 5% 时,随着 rHSA 添加量的增加,溶液的热焓值和冰点均逐渐降低,说明当甘油浓度不变时,添加 rHSA 也能起到影响冻存效果的作用。

2.2.2.3 冷冻保护液的毒性

室温条件下不同甘油浓度组别及不同时间组别的精子活力,如表 2-6 所示。

表 2-6 室温条件下各甘油组放置不同时间后的精子活力($\bar{x}\pm s$)

组 别	原活力	10 min	30 min	1 h	2 h
A 组(对照组)	(53.2±3.1)%	(52.9±3.7)%	(50.7±2.9)%	(49.6±7.6)%	(41.2±15.9)%
B 组(3%甘油)	(53.2±3.1)%	(52.4±1.8)%	(51.9±2.4)%	(45.3±6.9)%*	(37.3±13.0)%*
C 组(5%甘油)	(53.2±3.1)%	(54.0±4.1)%	(49.8±1.8)%	(44.6±8.0)%*	(35.7±14.9)%*
D 组(7.5%甘油)	(53.2±3.1)%	(50.2±3.4)%	(45.3±4.4)%*	(40.7±6.4)%*	(32.5±14.5)%*
E 组(10%甘油)	(53.2±3.1)%	(48.7±2.6)%*	(42.6±5.1)%*	(37.4±9.7)%*	(28.1±13.2)%*

注:与同时间对照组活力相比,* $P<0.05$。

由表可知,对照组在室温下放置 60 min 内精子活力无显著变化($P>0.05$),加入不同甘油浓度的保护液后精子活力会出现不同程度的下降,且随着甘油浓度增高,精子活力下降增大。在 30 min 内,3%甘油和 5%甘油组的精子活力与对照组相比,无显著性差异($P>0.05$),但随着处理时间增长,精子活力显著下降($P<0.05$)。而 7.5%甘油组处理 30 min 后,精子活力较对照组显著性下降($P<0.05$)。与低浓度的保护剂相比,甘油浓度为 10%的保护液对精子活力的影响显著,添加 10 min 后精子活力就呈现显著性下降($P<0.05$),这可

能与渗透压力有关。

2.2.2.4 不同甘油浓度对精子冷冻保存的影响

运用4种不同甘油浓度的保护液对精液样本进行冷冻保存,样本冻贮24 h后,37 ℃恒温水浴复温后检查精子存活率及其活力,另外进行染色检查精子质膜完整性,使用流式细胞仪检测精子DFI,结果如图2-5所示。各实验组与对照组(新鲜精液)相比,经过冻融处理后精子活率、活力以及质膜完整率均显著降低,其中甘油浓度为5%、7.5%时,解冻后精子活力及质膜完整性显著高于3%组($P<0.05$),甘油浓度为5%、7.5%时的精子冷冻复苏率(($61.9±16.6$)%、($59.6±14.7$)%)显著高于3%实验组的冷冻复苏率(($46.6±17.3$)%),冷冻在5%和7.5%甘油中的精子活力无显著差异($P>0.05$)。相较于对照组,各实验组的精子DFI显著升高,但在各实验组之间没有显著差异。综上所述,此后实验选用浓度为5%甘油进行后续研究。

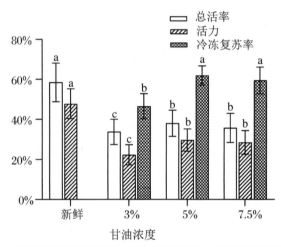

(a) 不同甘油浓度对冷冻/复苏后精子活率、活力和冷冻复苏率的影响

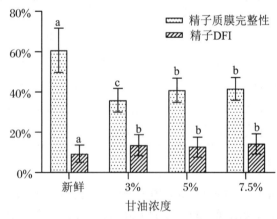

(b) 不同甘油浓度对冷冻/复苏后精子DFI和质膜完整性的影响

图2-5 甘油浓度对精子冷冻效果的影响

同一柱上的标注不同表示不同甘油浓度下的同一检测参数之间存在着显著性差异 $P<0.05$。

2.2.2.5 不同 rHSA 含量对精子冷冻保存的影响

分别使用含 0、3 mg/mL、5 mg/mL 和 10 mg/mL rHSA 的冷冻保护液来冷冻保存精液，解冻复苏后的精子活率、活力、质膜完整性以及精子 DFI 如图 2-6 所示。

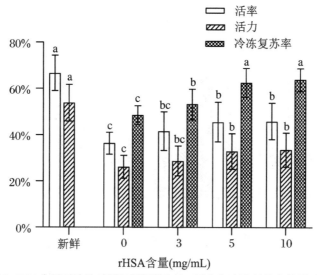

(a) rHSA含量对冷冻/复苏后精子活率、活力和冷冻复苏率的影响

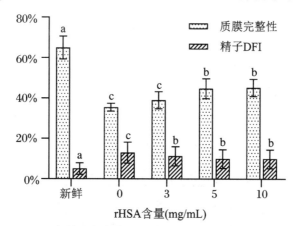

(b) rHSA含量对冷冻/复苏后精子DFI和质膜完整性的影响

图 2-6　不同 rHSA 含量对精子冷冻效果的影响

不同字母代表有显著性差异 $P<0.05$。

由图 2-6 可知，添加 rHSA 会显著提高冷冻保存效果。随着蛋白含量的增加，精子的活力及质膜完整性成升高趋势，当含量达到 5 mg/mL 后，精子活力及质膜完整性达到峰值，之后不再有显著变化，当 rHSA 含量为 5 mg/mL 和 10 mg/mL 时冷冻复苏率（$(62.6±14.1)\%$、$(63.8±15.0)\%$）无显著差异（$P>0.05$）。用 3 mg/mL、5 mg/mL、10 mg/mL rHSA 冷冻复苏精子的 DFI 之间无显著差异（$P>0.05$），但显著低于无添加蛋白组（$P<0.05$）。综合考虑冷冻复苏率、DNA 完整性，5 mg/mL 和 10 mg/mL 对精子冷冻保存效果无显著差异，但考虑到试剂成本 5 mg/mL 是精子冷冻保存中的最佳 rHSA 含量。

2.2.2.6 不同非渗透性保护剂对精子冷冻保存的影响

当保持甘油浓度为5%时,含不同非渗透性CPA的保护液对冷冻复苏精子细胞活率、活力、质膜完整性及DFI的影响如图2-7所示。

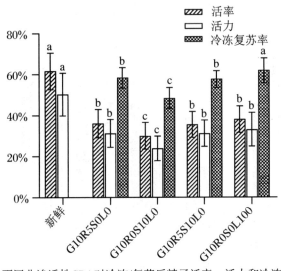

(a) 不同非渗透性CPA对冷冻/复苏后精子活率、活力和冷冻复苏率的影响

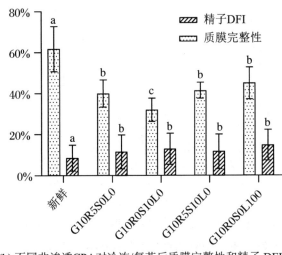

(b) 不同非渗透CPA对冷冻/复苏后质膜完整性和精子DFI的影响

图 2-7 不同非渗透性 CPA 对精子冷冻效果的影响

不同字母代表有显著性差异 $P<0.05$。

由图2-7可知,G10R0S0L100组的精子冷冻复苏率显著高于其他组($P<0.05$),其次是G10R5S0L0组和G10R5S10L0组,而G10R0S10L0组的精子活率、活力、质膜完整性和冷冻复苏率均显著低于其他实验组,说明10 mg/mL的大豆卵磷脂对精子没有低温保护效果。在精子DNA完整性方面,G10R5S0L0组和G10R5S10L0组的DFI低于LDL组和大豆组,说明蛋白对精子DNA完整性有更好的保护作用。

2.2.3 讨论

2.2.3.1 冷冻保护剂的热物性

根据热物性参数分析结果,随着浓度的增加,溶液的相变温度和热焓值不断降低,其原因如下:一是由于添加的保护剂会取代部分纯水份额,二是保护剂分子与部分水分子间会形成相互作用力,随着保护剂浓度增大,其与水分子之间的作用力也增强,更多的自由水将转变为束缚水,溶液扩散系数不断降低,进而冰点降低,熔融焓减小。在表2-5中,3%、5%、7.5%和10%的甘油冰点分别为$-4.99\ ℃$、$-7.28\ ℃$、$-9.49\ ℃$和$-10.56\ ℃$。甘油是一种多羟基的小分子化合物,具有良好的水溶性和脂溶性,极易与水分子形成氢键,且这两者间的作用力强于水分子间氢键的作用力,可以显著弱化结晶过程,降低冰点。当甘油含量为5%时,分别添加0、3 mg/mL、5 mg/mL、10 mg/mL、15 mg/mL 的蛋白,溶液的冰点从$-6.85\ ℃$降至$-7.63\ ℃$。rHSA是一种生物大分子物质,同样会与水分子形成氢键,使得溶液形成结合水的能力增强,从而抑制冰晶生长,降低冰晶对细胞的机械损伤。理论上,DSC测得的热物性参数对于低温保护剂的选择具有一定的参考和指导意义,但实践中还需考虑保护剂溶液的毒性和渗透压,以及细胞、组织的特殊性,最终以实验验证结果为准。

2.2.3.2 冷冻保护剂毒性对精子活力的影响

本节比较研究不同浓度梯度的甘油和平衡时间对精子的毒性作用,有两个意义。其一,含甘油的冷冻保护液是一种高渗溶液,其浓度越高,渗透压越大,在冷冻前高渗保护剂的添加是否会对精子运动产生影响。其二,临床上冷冻精液样本前通常会进行平衡处理,使得保护剂在细胞内外分布均匀,通过研究在不同时长下精子活力的变化为确定平衡时长提供依据。

当甘油由于渗透压力或毒性对精子造成损伤时,首先的表现就是精子活力的降低。活力是精子进行受精最重要的特征之一,也是评价精子质量最直观的指标。对比10 min时的活力可知,只有10%甘油浓度保护液的添加会影响精子活力,这可能与人精子有较好的渗透耐受性以及保护剂的添加方式有关,本实验采用逐滴添加保护剂到精液样本中的方式,来减少甘油加载过程中的渗透压力。该方法对甘油含量相对低的保护液较为有效。根据结果可知,甘油的毒性在添加3%、5%甘油1 h,7.5%甘油30 min以及10%甘油保护剂10 min后会显现,因此平衡时间最好在30 min以内。精子与甘油的接触时间越长,甘油产生的毒性损伤越大,甘油会引起精子超微结构的异常变化,特别是尾部结构的损害,精子的运动形态也会因此而发生改变。[44]

2.2.3.3 不同的甘油浓度对精子冷冻保存的影响

自从引入甘油作为冷冻保护剂保存精子以来,人们已经做了大量的工作来测试最佳的甘油使用浓度,普遍认为,甘油在精液中的浓度为5%~10%时低温保护效果最好。[81]单纯用甘油时,精液中甘油浓度多为10%,用甘油复合液时甘油浓度可以减少。本实验结果表明,在本实验条件下,当精液中甘油最终浓度为7.5%或5%时,复苏后精子活率及精子复苏率均高于其他组。在保证解冻后精子活力的情况下,冷冻精液中甘油的低含量应被视为提高受精能力的一个重要因素。本实验中没有系统的观察10%甘油，主要是由于一些样品在5%甘油中有更好的运动性。这再次表明，个体在承受不同渗透压值的冷冻和低温保护液的能力上的差异非常重要。

精子DNA完整性是维持精子受精潜力和确保胚胎发育的关键内部因素，也是评估男性生育能力的一个关键参数。DNA片段化的增加与胚胎发育异常和流产等其他不良生殖结局有关。有研究表明精子DNA受损率超过30%时，自然受精率将很低。因此进行精子DNA完整性的检测尤为重要。本节采用吖啶橙荧光染色联合流式细胞术进行精子染色质结构检测，实验结果显示，冷冻复苏后精子的DNA完整性受到严重损伤，改变甘油浓度不会显著改善精子DNA稳定性，说明甘油对精子双链结构的保护效果较差。综合考虑，本实验推荐精液中甘油最终浓度为5%，至于与以往的研究结果不同的原因，可能与冷冻程序（冷平衡、降温速度）或保护剂中其他成分（乳酸钠、蔗糖、泊洛沙姆188等）有关。

2.2.3.4　不同非渗透性保护剂对精子冷冻保存的影响

重组人血白蛋白和血源人血白蛋白，保持了一致的结构特征和氨基酸组成，能够对细胞发挥和血源人血白蛋白一致的功能作用[82]，因此rHSA被认为是辅助生殖领域中HSA的一种非常理想的替代品，使用植物源的rHSA作为唯一的蛋白质来源可提供出色的批次间一致性和生物稳定性，并最大限度地减少病毒和朊病毒污染。在本研究中，当rHSA添加量为5 mg/mL以上时，精子活力和质膜完整性得到最佳改善，也减弱了精子冷冻引起的DNA片段化增加。这可能是由于rHSA作为一种膜稳定剂可在冷冻保存过程中保护细胞膜，并减少溶液中可见的冰量，这与DSC的结果一致。同时rHSA还具有一定抗氧化性，可以限制活性氧和活性氮等自由基的形成[83]，从而保护精子的双链结构。AGCA等证明，虽然rHSA的添加不会改变渗透压，但是会改变膜的生理通透性，同时促进溶液玻璃化。[80]

蛋黄的有益作用主要归因于低密度脂蛋白（LDL）的存在，它能够与质膜结合并形成稳定脂质双层的保护膜，因此许多学者认为用LDL代替整个蛋黄可以提高一些哺乳动物的精子冷冻效果。[84]为检验LDL对人精子冷冻保存效果，本研究使用了10%的LDL对人精子进行冷冻保存。图2-7显示，添加10%的LDL改善了精子冻融后的一些精子参数，发挥了一定的冷冻保护作用，尤其是提高了精子冷冻复苏率，但是对精子DNA完整性的保护效果没有rHSA保护效果好，这可能是因为低密度脂蛋白是通过硫酸铵沉淀、透析和离心相结合的方式提取的，耗时较长，可能会导致其中存在的抗氧化剂在该过程中被去除/变性。

据研究，大豆卵磷脂具有与LDL类似的冷冻保护作用，非动物性来源，是一种降低微生物感染危险，以及提高精子质量的较佳选择，近年来成了众多学者眼中的新星。因此在本实验中添加了10 mg/mL的大豆卵磷脂作为精子冷冻保护剂。而实验结果表明，添加10 mg/mL SL的精子在冻融后的活力、活率及质膜完整性均显著低于其他实验组，且含有10 mg/mL SL和5 mg/mL rHSA的实验组与只含5 mg/mL rHSA实验组的精子冷冻效果一致，甚至会偏低，这表明SL以10 mg/mL的含量添加时，对精子冷冻没有明显的保护效果。这与Sicchieri等的研究结果差异较大，其原因可能是所用的大豆卵磷脂来源及处理方式不同。[85,86]本实验所用的SL纯度较低，含有的杂质较多，将其溶解到保护液中，虽然看起来完全溶解，但是在显微镜下观察时会发现，保护液中有大量未溶解的磷脂小颗粒，堆积在一起涌动，影响精子运动并阻碍观察。该小颗粒对精液冷冻而言也是不利的因素，因为这种不规则颗粒在冷冻过程中易形成不规则冰晶，加剧冰晶对精子细胞的机械性损伤。总体而言,大豆卵磷脂作为非渗透性保护剂替换卵黄,目前还处于研究起步阶段,没有统一大豆卵磷脂的来源、处理方式及添加浓度,需要通过更多的试验来探寻大豆卵磷脂的添加标准。

本 节 小 结

本节以人精子为研究对象,在基础稀释溶液中分别添加6%～20%甘油、0～15 mg/mL的rHSA、10 mg/mL大豆卵磷脂和100 mg/mL低密度脂蛋白,研究不同保护剂对精子冷冻保存效果的影响。通过保护液热物性测试、保护液毒性验证、冷冻保存复苏后精子存活率和结构完整性测试,得出以下结论:

(1) DSC结果显示,在rHSA含量一定时,随着甘油浓度的上升,溶液的热焓值、冰点、熔融峰面积均下降。该结果说明提高保护剂中甘油的浓度,能减缓冰晶生长,减小降温过程中冰晶对细胞的损伤。在甘油体积分数为5%时,增大rHSA含量同样会降低溶液的热焓值、冰点、熔融峰面积,但是变化幅度较小。

(2) 随着平衡时间的延长以及甘油浓度的增加,保护液逐渐表现出对精子的毒性作用,在添加甘油终浓度为3%和5%的冷冻保护液1 h、7.5%的冷冻保护液30 min以及10%甘油保护剂10 min后会显著降低精子活力。

(3) 当rHSA浓度一定时,精子复苏率在甘油终浓度为7.5%和5%时最高,在不同实验组之间的精子DFI无显著区别,但相较于冷冻前显著增高。

(4) 当甘油体积分数为5%时,当rHSA含量为5 mg/mL和10 mg/mL时,冷冻复苏后精子活力最高,与无添加rHSA组相比精子DFI显著降低。

(5) 未观察到10 mg/mL大豆卵磷脂对人精子的冷冻保护效果,而100 mg/mL LDL可显著提高复苏后的精子活力,但对精子DNA的保护效果较弱。

结合毒性验证、精子冷冻保存效果以及保护剂成本等因素,应选择在基础稀释溶液中添加10%(v/v)甘油+5 mg/mL rHSA作为最佳的精子冷冻保护液组合。

2.3 平衡温度及降温速度对精子冷冻保存的影响

精子冷冻保存的成功一方面受到冷冻保护剂的影响,另一方面受到冷冻技术的影响。液氮熏蒸法因为具有操作简单快捷,节省液氮消耗,且不需要昂贵的仪器等优点,被大多数精子库所采用。该方法是通过将冷冻管悬浮在液氮上方蒸气中来冻结样本,可以通过调整与液氮表面之间的距离和冷却时间来控制冷却速度。但在实际操作中会因降温冷冻所用的设备、方法不同,造成精液样本降温速率及冷冻效果出现较大差异,因此需要进一步优化冷冻条件,以提高精子细胞的冷冻复苏率。

在大多数的冷冻方案中,通常会将精液样本从室温缓慢降到4℃,之后再进行降温冻贮,该操作是为了保证渗透性冷冻保护剂能够充分渗透到精子细胞内发挥作用,同时让精子有一段适应低温的过程。如果选择将样本溶液降低到4℃与溶液冰点之间的温度是否可以进一步提高精子的冷冻保存效果。因此本节将结合上节结论,选取5%甘油+5 mg/mL rHSA作为精子冷冻保护剂,通过比较不同的平衡温度(室温、4℃和-5℃)以及不同的始冻温度对精子冷冻保存的影响,来优化用无卵黄精子冷冻液冷冻人精子的方法,同时介绍并评估用自制的升降式精子冷冻仪冻存精子的可行性。本实验以精子活率、活力、DNA完整性和质膜完整性作为评价冷冻/解冻精子的功能指标。

2.3.1 材料与方法

2.3.1.1 材料与试剂

本节所使用的材料及试剂同2.2.1.1。

2.3.1.2 仪器与设备

本节所使用的仪器及设备见表2-7,其他实验器材同2.2.1.2。

表2-7 仪器与设备

试剂名称	型号	公司
低温恒温槽	DC-0506	宁波天恒
智能多路温度测试仪	BB20071	常州安柏
不锈钢保温桶	直形2.9L	茂盛年华

2.3.1.3 升降式精子冷冻仪的搭建

本节使用了自主研制的升降式精子冷冻仪,首先对其设计思路、系统组成及性能特点作了详细的介绍。

升降式精子冷冻仪利用液氮的自然蒸发在容器内部所形成的温度梯度(从0℃以上温度直至-196℃),使用步进电机精确地控制生物样本在此温度区内的上下移动,用热电偶记录了对照冻存管内部和外部环境的温度,该信息用于控制样品的温度和降温速率。当要求样本材料的降温速率大时,加快步进电机的转速,增加材料的线性位移,提高冻存管内外温度差;反之,可减少生物材料的位移,降低样本与附近环境的温度差;也可令步进电机停转,使生物材料停留在容器内的某一高度,达到恒温的目的。

此种冷冻仪如图2-8所示。

(1) 液氮容器为特质不锈钢桶(直径为9.2 cm;高为28 cm),每次操作时添加的液氮高度在容器总高的五分之一处,使得气相区具有良好稳定的温度分布并允许完全插入冻存管,便于冷冻操作。需降温的材料放置在铝制载体上,载体通过支架与步进电机相连,并在液氮容器中按照编程速度在液氮蒸气中上下移动。

(2) 步进电机是依靠其定子的各相绕组顺序通电而旋转的,具有调节精度高,可控性好的特点,受计算机程序驱动。

(3) 测温元件为T型热电偶,它在生物材料的控温范围内具有良好的热电性关系与温度分辨率。热电偶使用前可采用液氮(-196℃)、冰水混合物(0℃)、37℃水浴进行校准,热电偶的测温点应位于材料中心以及载体外围,并随之上下移动,系统程序通过响应这些信

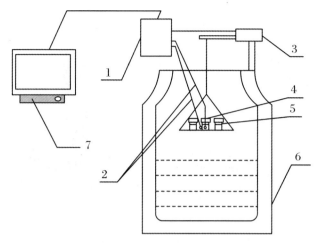

图 2-8 升降式精子冷冻仪概念图

1. 信号处理及温度记录系统；2. 热电偶；3. 步进电机；4. 参比管；
5. 样品管；6. 液氮容器；7. 用于运行冷却方案的计算机。

息来控制步进电机。同时可以手动控制步进电机,提供了一种在需要时独立于计算机移动冻存管的方法。

(4) 计算机系统可以实时的监控样本温度、环境温度、时间参数、降温程序等,并实时将数据显示于 IPS 触摸屏上,通过控制系统 PID 运算将实测值与设定值进行比对后计算相应反馈余量来进行驱动控制。同时,为方便数据读取分析,还可以将数据保存于 SD 卡中。

同液氮喷射式降温仪相比,升降式降温仪具有以下特点:

① 液氮消耗量少,仅略大于液氮容器的自然蒸发量。

② 操作方便,一步完成,生物材料用升降式降温仪降至 -80 ℃后,无需取出,即可直接进入液氮保存,从而避免温度回升,影响低温保存效果。

③ 运行可靠,极少发生故障,即使故障,修理成本也低廉。而液氮喷射式降温仪由于使用了液氮输送管路和低温电磁阀,在使用过程中易引起液氮阻塞和泄漏,且后续修理保养成本高昂。

④ 便于进行"诱导成核"(seeding)等操作,提高低温保存样本的存活率。

⑤ 温度可视化,便于实时调整降温程序,为研究和优化细胞冷冻存活提供了基础。

⑥ 便携性,使用非加压容器,例如运输杜瓦瓶,以及绝缘和密封良好的容器,液氮可以运输到偏远地区,这对于液氮喷射式降温仪来说几乎是不可能的,因为它们通常需要加压液氮罐和注入氮气来控制冷却曲线。

本实验使用的升降式精子冷冻仪,实物如图 2-9 所示。此降温仪适合用于较小的样品或试验中,可以实现的降温范围为 1~25 ℃/min,满足本试验的要求。

2.3.1.4 实验方法

1. 精液样本的收集

本节实验采用的精液样本来自长海医院生殖中心的患者,年龄在 22~45 岁,所有标本均禁欲 2~7 d,手淫法取精,室温下至少液化 20 min。精液量≥2 mL,精子浓度≥50×10^6/mL,前向运动精子(PR)百分率≥40%。

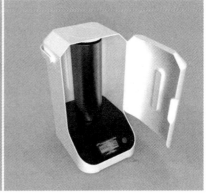

图 2-9 升降式精子冷冻仪实物图

2. 精子活力参数检测

待精液完全液化后,采用计数板联合 CASA 法评估精子活力,方法同 2.2.1.3 小节。

3. 冷冻保护液的配制

冷冻保护液配制完成后放入 4 ℃ 的冰箱内保存,冷冻保护液均在配制后的 1 个月之内使用。冷冻保护剂按 100 mL 体积的配制方法如下:

(1) 使用微量电子天平称取氯化钠(NaCl)0.554 g,氯化钾(KCl)0.04 g,七水合硫酸镁($MgSO_4 \cdot 7H_2O$)0.02 g,氯化钙($CaCl_2$)0.025 g,磷酸二氢钾(KH_2PO_4)0.0126 g,碳酸氢钠($NaHCO_3$)0.21 g,甘氨酸 1 g,HEPES 0.4 g,葡萄糖 0.1 g,蔗糖 1.7 g 溶于 70 mL 去离子水中,之后加入 60% 的乳酸钠 0.37 mL 及 10% 泊洛沙姆 18 810 mL,通过磁力搅拌器混匀溶解。

(2) 加入 10 mL 甘油完全混匀,定容至 100 mL,调整 pH 在 7.2~7.4 范围内待用。

(3) 称取植物源重组蛋白(rHSA)50 mg,溶于 10 mL 的上述溶液,保证最终溶液的蛋白含量为 5 mg/mL。

(4) 待 rHSA 完全溶解后用 0.22 μm 微孔过滤器过滤,并将溶液以 2 mL 分装,置于 4 ℃ 的冰箱中保存。

4. 精子冷冻复苏率

复苏后立即进行精液分析,分析指标包括精子浓度及精子活力。精子冷冻复苏率 = 冻后 PR 精子百分率/冻前 PR 精子百分率。

5. 精子质膜完整性检测

采用伊红苯胺黑染色法,分析质膜完整性,方法同 2.2.1.3 小节相应内容。

6. 精子核 DNA 完整性检测

采用吖啶橙荧光染色联合流式细胞术检测精子核 DNA 完整性(DFI),方法同 2.2.1.3 小节相应内容。

7. 液氮容器内温度分布

液氮容器为 304 不锈钢保温桶(高 17 cm × 直径 16.5 cm),使用时,将液氮填充到约 4 cm 的深度,深度是通过将尺子缓慢插入底部、取出并观察冷凝物来确定的。一般来说,每次冷冻运行将液氮水平降低 5~10 mm 不会影响内部温度分布。液氮温度分布:使用 T 型热电偶和一个多通道温度数据记录器记录绝缘箱内的温度曲线。待容器内部温度稳定后,将热电偶放置在液氮表面上方 5 mm 处开始测量,待度数稳定后记录,之后以 1 cm 为间距逐步测量。重复测量 3 次取平均值。

8. 不同平衡温度对精子冷保存的影响

将收集的每份精液样本,待液化后在室温下按 1∶1 的比例将冷冻保护剂逐滴缓慢的加入到精液样本中,边加边混匀,之后按预冷温度不同将样品分为 3 组装入冻存管中,每组 1 mL。甲组:对照组,混匀后直接进行降温。乙组:室温下平衡 10 min。丙组:将冷冻管放入 4 ℃ 的医用冰箱内,预冷 20 min。丁组:将冷冻管转移到 −5 ℃ 的乙二醇载冷剂中平衡 10 min。待各组的预冷完成后,将精液样本转移到液氮蒸气上冷冻 20 min,然后将所有冻存管投入液氮进行冷冻保存。保存超过 24 h 后取出,立即放在 37 ℃ 的水浴锅中不断摇晃直至完全融化。

9. 不同降温速率对精子冷冻保存的影响

精液样本液化后,在室温下等量逐滴添加冷冻保护剂,边加边混匀,之后等量分装入冻存管中。按照起始冷冻温度的不同,将样本分为 8 组。第 1~7 组首先放入医用冰箱中预冷 20 min 后,再悬挂在液氮蒸气上方不同高度,使其分别用不同的始冻温度降温冷冻 20 min(液氮需要事先平衡,保证液氮面上无液氮蒸气)。第 9 组样本直接投入 −196 ℃ 液氮中进行冷冻。最终将所有冻存管投入液氮中冷冻保存 24 h 后进行精子复苏。

10. 不同温差对精子冷冻保存的影响

在使用一致的样品体积和相似的液氮量的情况下,测试不同参比管/环境温差对升降式精子冷冻仪中样本冷冻效果的影响,以此验证该仪器冷冻保存人精子的可行性。将添加好冻保护液的样品装入冻存管中,每组 1 mL,A 组为对照组,使用液氮蒸气熏蒸法冻存样品,B~D 组为实验组,使用自制的升降式精子冷冻仪冷冻保存样品,冷冻程序为:以 10 ℃ 的温差从室温降至 4 ℃ 后,分别以 30 ℃、60 ℃、80 ℃ 的温差降温到液氮中,保存 24 h 后进行精子复温。

11. 降温速度的测量

将 1 mL 的精液与保护剂的混合物装入冷冻管中,然后将 T 型热电偶的测温点插入样品中心,之后将冷冻管分别悬挂在液氮上方气相中的不同温度下 20 min,使用多路温度测试仪收集每秒钟的温度变化,每个温度至少 3 次重复测量,使用 Microsoft Excel 根据平均值计算冷却速率。

2.3.1.5 数据分析

所有数据以"算术平均值 + 标准差"表示,使用 SPSS 软件(21.0 版本)进行单显著性统计分析,以 $P<0.05$ 作为差异显著评判标准。根据实验结果,使用 GraphPad Prism 8.02 软件绘制图表。

2.3.2 结果与分析

2.3.2.1 液氮容器的温度曲线

在热稳定后记录液氮表面上方特定高度的静态温度。测量的最高温度范围为 −176 ℃(1 cm)至 −40 ℃(10 cm)(图 2-10)。所有容器都保持在液氮上方 <10 cm 处进行冷冻。

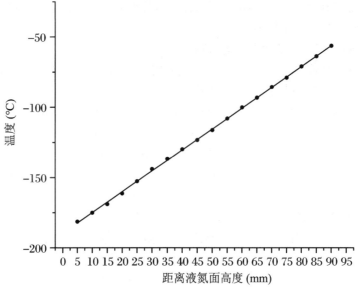

图 2-10 不锈钢桶中液氮上方气相的温度分布

2.3.2.2 不同平衡温度对精子冷冻保存的影响

对照组是在精液样本中加入冷冻保护液后立即进行降温处理。由图 2-11 可以看出,室温平衡组的精子冷冻复苏率((60.6±20.3)%)明显高于对照组((57.4±10.6)%),差异显著($P<0.05$),但精子活力无显著差异($P>0.05$);当平衡温度为 4 ℃时,其冷冻/解冻后精子的冷冻复苏率((65.1±18.7)%)显著高于其他实验组。而这三组的精子质膜完整性及精子 DFI 无明显差异。当平衡温度为 -5 ℃时,其冷冻/解冻后精子的总活率、活力、质膜完整性和冷冻复苏率均为最低的,并且显著低于对照组($P<0.05$)。

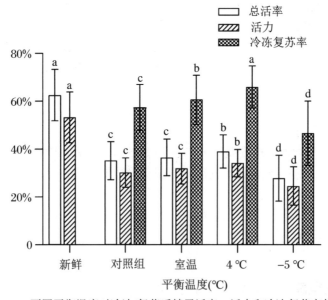

(a) 不同平衡温度对冷冻/复苏后精子活率、活力和冷冻复苏率的影响

图 2-11 不同平衡温度对精子冷冻保存效果的影响

不同字母代表有显著性差异,$P<0.05$。

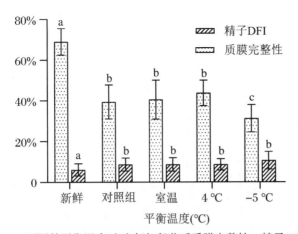

(b) 不同的平衡温度对对冷冻/复苏后质膜完整性、精子 DFI 的影响

图 2-11 不同平衡温度对精子冷冻保存效果的影响(续)

不同字母代表有显著性差异,$P<0.05$。

2.3.2.3 不同降温速度对精子冷冻保存的影响

将冻存管放置于液氮上方不同温度处,其降温趋势如图 2-12 所示。当冻存管的始冻温度分别为 $-70\ ℃$、$-80\ ℃$、$-110\ ℃$、$-125\ ℃$、$-150\ ℃$、$-175\ ℃$ 时,其温度从 $4\ ℃$ 降温至 $-60\ ℃$ 的平均降温速度分别为 $-8.6\ ℃/min$、$-10.4\ ℃/min$、$-13.1\ ℃/min$、$-25.2\ ℃/min$、$-35.5\ ℃/min$,始冻温度为 $-50\ ℃$ 时,其温度从 $4\ ℃$ 降温至 $-40\ ℃$ 的平均降温速度为 $6.4\ ℃/min$。始冻温度对精子冷冻/复苏后活率、活力、冷冻复苏率和精子核 DNA 完整性的影响如图 2-13 所示,当始冻温度在 $-80 \sim -150\ ℃$ 之间时,其精子冷冻复苏率 $((57.9\pm14.5)\%$、$(60.7\pm13.6)\%$、$(61.9\pm16.9)\%$、$(58.2\pm19.5)\%)$ 没有显著差异 $(P>0.05)$,但显著高于其他实验组。当始冻温度为 $-196\ ℃$(液氮中)时,精子冷冻复苏率 $((13.4\pm3.7)\%)$ 最低,与其他组有极显著差异 $(P<0.01)$。除直接进入液氮外,各实验组精子冷冻复苏后精子 DFI 无显著差异 $(P>0.05)$。

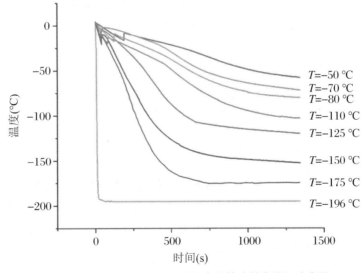

图 2-12 液氮面上方不同温度处冷冻精液样本降温速率图

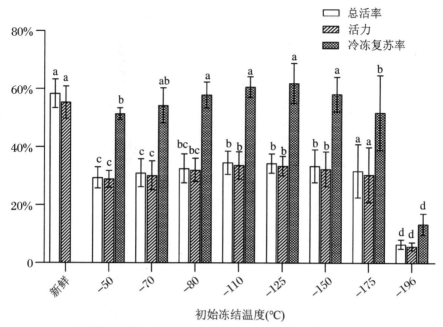

(a) 不同始冻温度对冷冻/复苏后精子活率、活力和冷冻复苏率的影响

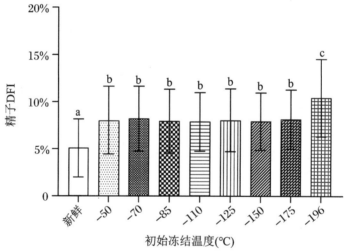

(b) 不同始冻温度对冷冻/复苏后精子核DNA完整性的影响

图 2-13 不同始冻温度对精子冷冻保存效果的影响
不同字母代表有显著性差异 $P<0.05$。

2.3.2.4 不同温差对冷却速率的影响

本实验使用自制的升降式精子冷冻仪来冷冻精液样本,以参比管/环境温差作为变量来控制降温速度和精液冻存效果。由图 2-14 可知,当温差为 30 ℃时,其精子活率((31.7 ± 18.5)%)、活力((27.9 ± 9.7)%)以及冷冻复苏率((47.1 ± 11.5)%)等均显著低于其他实验组。当温差为 60 ℃和 80 ℃时,其精子活率、活力、复苏率以及核DNA完整性均与对照组无显著差异。

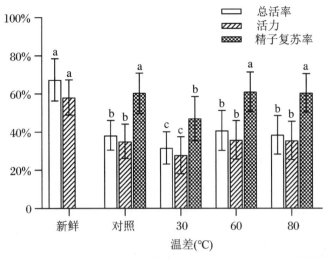

(a) 不同温差对冷冻/复苏后精子活率、活力和冷冻复苏率的影响

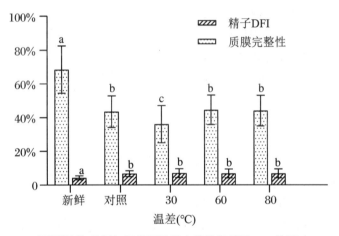

(b) 不同温差对冷冻/复苏后质膜完整性和精子 DFI 的影响

图 2-14　不同温差对精子冷冻保存效果的影响
不同字母代表有显著性差异 $P<0.05$。

2.3.3　讨论

2.3.3.1　平衡温度对保存效果的影响

众所周知,许多哺乳动物的精子在从室温快速冷却到 0 ℃ 或冰点时[33],会表现出一种称为冷冲击的现象,特别是降到 12 ℃ 以下时,精子受低温打击比 22 ℃ 以上时更为敏感。损伤的机理是由于膜脂肪相的变化,改变了膜的渗透率。本实验中,使精子有最大存活率的最佳预冷温度为 4 ℃,在该情况下降温速率为 0.5～1 ℃/min,而在液氮蒸气中样本从室温降到 4 ℃ 的降温速率为 20～25 ℃/min,这种冷却速度会降低精液质量。Mahadevan 等的研究同样指出对于人类精子存活率而言,慢速降温(从室温到 5 ℃)优于快速降温。[87] Sherman 曾指出,室温下甘油与精子接触 25 s 即足以发挥它对精子的保护作用,但在室温下平衡 10 min 的样本相较于直接降温冷冻的样本,精子复苏率显著高,这可能是因为精液中有复杂的离子环境,同时冷冻保护剂中含有多种渗透活性物质及大分子物质,这些可能需要时间平衡和相互作用。缓慢降温至 4 ℃会使精子处于不完全的假死状态,容易耐受冷却时的渗透变化,使其达到渗透活性物质的平衡,同时也使精子对温度变化有一个适应过程。当预冷环境为 -5 ℃的载冷剂时,虽然冷却速率为 17~20 ℃/min,但在这种预冷方式下精子复苏后质量最差,可能是由于当精子处于零下温度时,精子质膜会变得越来越不稳定,在随后的冷冻和复温过程中更易受到损伤。因此在精子冷冻前最好将其缓慢降温至 4 ℃左右,但不要低于 0 ℃。

2.3.3.2 降温速度对冷冻保存的影响

在精子冷冻保存过程中,精液的降温速率影响着细胞内外渗透压和 pH 的平衡,是影响精子存活率的关键性因素。由于各机构中所用的冷冻方法不同,如液氮容器的尺寸、液氮的深度或样品冷冻时高于液氮的高度等,这些因素会影响液氮上方的气相温度梯度[88],使得精液起始冷冻温度相差甚大,而造成精液样本降温速度及冷冻效果各异。根据 2.1.3.1 小节的理论,过慢或过快的冷冻速率均不利于精子的存活,因此,应该寻找一个理想状态的平衡点,来最大程度地减少冷冻损伤,在本实验中,通过改变始冻温度来改变样本的降温速率,这种方式具有更好的重复性。当始冻温度为 -80~-150 ℃ 之间时,精子的冷冻效果最好,当始冻温度为 -175 ℃时所获得的精子复苏率会略有降低;而将样本直接放入液氮中冷冻,会使得精子降温过快(183 ℃/min),导致绝大多数精子的死亡,精子复苏率极大降低。当使用自制的升降式精子冷冻仪冻存精液样本时,在温差为 30 ℃(3.2 ℃/min)时的精子冷冻复苏率,显著低于温差为 60 ℃和 80 ℃(10.3 ℃/min 和 -15.48 ℃/min)时的冷冻复苏率。这些试验结果表明人精子支持 Mazur 的双因素假设,即细胞复苏率先随着冷冻速度的增加而增加到最大值,然后降低,会呈现为一个倒 U 形,最佳的降温速度在 10~20 ℃之间。尽管精子因为具有体积小、比表面积大,蛋白含量高、对水和保护剂的渗透性高等细胞特性[89],让其表现出一些非典型行为和耐冻性,但其依旧符合两因素假说。同时也证明使用自制的精子冷冻仪冻存精液样本具有可行性,使用时无需在冰箱中进行预冷平衡,减少移动操作,可避免温度回升,保证冷冻保存效果,具有很好的稳定性。

本 节 小 结

本节对精子细胞的液氮蒸气熏蒸法进行了研究,探究了最佳的样本平衡温度,并探究了降温速度对精子低温保存的影响。具体结果如下:

(1) 对于精液样本而言,慢速降温(从室温到 5 ℃)优于快速降温,当样本以 0.5~1 ℃/min 的降温速率从室温缓慢冷却至 4 ℃时的精子冷冻复苏率为(65.1±18.7)%,显著高于在液氮蒸气中以 20~25 ℃/min 的速率快速冷却的精子复苏率(60.6±20.3)%。

(2) 精液样本在室温下与保护剂混合并平衡一段时间会提高精子冷冻保存效果,但当平衡温度为 -5 ℃时会影响精子的冻存效果,降低精子冷冻复苏率。

(3) 通过改变初始冻结温度来调整样本的降温速率,在 -80~-150 ℃这个温度范围内的精子冷冻复苏率以及精子 DFI 无显著差异,但明显高于其他实验组;而将样本平衡后直接放入液氮,使样本降温过快导致绝大多数精子的死亡。这表明精子细胞同样符合两因素假说,在实际冻存过程中,-80~-150 ℃均可作为精液的始冻温度。

此外本节还自制了一个升降式精子冷冻仪来满足在标准化条件下冷冻精液的所有要求,可以通过调整参比管/环境温差、载体移动速度来控制降温速度,易于进行"诱导成核"等操作来控制结晶,同时连续监测和记录温度,记忆功能可以实现精子冷冻保存的一键化操作,简化医护人员的操作。在后续实际冻存精液样本时,用该仪器和使用常规方法冷冻的精液样本在复苏后的精子活力没有显著差异。

2.4 诱导成核对精子冷冻保存的影响

冷冻保存胚胎和卵母细胞用于体外受精的一个关键步骤是控制冰核。[90]较大的过冷度会导致溶液在释放潜热后出现很高的冷却速率,同时释放的热量会导致温度的暂时升高,可能会出现重结晶现象,而加剧冰晶损伤。因此,需要对细胞进行诱导成核操作来降低过冷的破坏作用。诱导成核时要求将细胞溶液缓慢降温到冰点以下,然后向冷冻保护液中提供晶核,让细胞溶液迅速成核,之后再根据细胞类型选择最佳的降温速率,将其降温至-80℃以下,然后放入液氮中实现无限期保存。

传统的诱导成核方法是利用事先在液氮中预冷的镊子或金属针触碰冻存管管壁[91],在冻存管外侧局部形成较大的过冷度,来诱导晶核产生,提高成核温度。关于诱导成核的研究,大多限制在胚胎细胞、卵母细胞、干细胞等大细胞[66,92,93],而在精子冷冻保存领域的相关文献报道较少。

本节选择人精子细胞为研究对象,在零下不同温度下对精液样本进行诱导成核,使用低温显微镜分析诱导成核后冰晶形成及生长状况,并以精子冷冻复温后的精子活力及精子冷冻复苏率为指标,探究诱导成核温度和诱导成核后处理程序对精子冷冻保存的影响。

2.4.1 材料与方法

2.4.1.1 材料与试剂

本节实验使用的试剂与材料同2.2.1.1小节。

2.4.1.2 仪器与设备

本节所使用的仪器及设备见表2-8,其他实验器材同2.2.1.2小节。

表2-8 仪器与设备

试 剂 名 称	型 号	公 司
低温恒温槽	DC-0506	宁波天恒
智能多路温度测试仪	BB20071	常州安柏
不锈钢保温桶	直形2.9L	茂盛年华
低温显微镜	BSC196Biological Cyro-Stage	英国LinKam

2.4.1.3 实验方法

1. 精液样本的收集

本节实验采用的精液样本来自长海医院生殖中心的患者,年龄在 22~45 岁,所有标本均禁欲 2~7 d,手淫法取精,室温下至少液化 20 min。精液量≥2 mL,精子浓度≥50×10^6/mL,前向运动精子(PR)百分率≥40%。

2. 精子活力参数检测

采用 CASA 法评估精子活力,方法同 2.2.1.3 小节相应内容。

3. 冷冻保护液的配制

冷冻保护液配制完成后放入 4 ℃的冰箱内保存,冷冻保护液均在配制后的 1 个月之内使用。配制方法同 2.3.1.4 小节相应内容。

4. 精子冷冻复苏率

复苏后立即进行精液分析,分析指标包括精子浓度及精子活力。精子冷冻复苏率=冻后 PR 精子百分率/冻前 PR 精子百分率。

5. 精子质膜完整性检测

采用伊红苯胺黑染色法,分析质膜完整性,方法同 2.2.1.3 小节相应内容。

6. 精子核 DNA 完整性检测

采用吖啶橙荧光染色联合流式细胞术检测精子核 DNA 完整性(DFI),方法同 2.2.1.3 小节相应内容。

7. 冰晶的低温显微观察

为了探究不同诱导成核温度对精子冷冻保存结果造成影响的机理,运用低温显微镜观察冻存过程中在不同温度下诱导成核形成的冰晶形态。低温显微镜由制冷系统及成像系统两部分组成,各组件如图 2-15 所示。

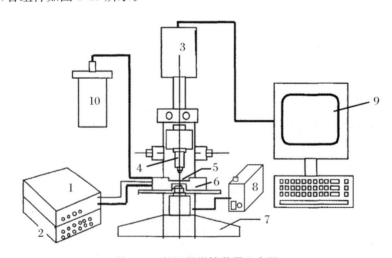

图 2-15 低温显微镜装置示意图

1. 液氮泵; 2. 温度控制器; 3. 摄像机; 4. 物镜; 5. 载物片; 6. 低温冷台;
7. 显微镜; 8. 光源调节器; 9. 电脑与软件; 10. 液氮罐。

首先将精子冷冻保护液缓慢的添加到精液样本中,精液与冷冻液比例为 1:1,在室温下放置 10 min 后在低温显微镜下观察。每组实验取 5 μL 样本溶液滴加于 1 mm 厚的载玻片上,为了避免气体对溶液的影响,在液体上盖上直径为 9 mm 的玻璃盖薄片,从而获取清晰图像。将载玻片放在低温冷台之中,通过低温氮气冷却样本,并通过改变低温氮气的流量来控制样本的冷却速率。将样品以 10 ℃/min 的降温速率分别冷却至 −7 ℃、−8 ℃、−9 ℃、−10 ℃、−11 ℃后,旋下冷台上盖,用液氮预冷的铁丝触碰载玻片外围诱导成核,随后立即旋紧冷台上盖,观察形成冰晶形态及生长速度,通过摄像机和图像处理软件进行图像采集。对照组则未进行诱导成核操作,让溶液实现均相成核,随后观察形成的冰晶形态。

8. 精液样本的冷冻保存

诱导成核冷冻程序如下:提前准备载冷剂倒入低温恒温槽,该液体为 38.5%(v/v)的乙二醇,温度最低可降到 −20 ℃。开启低温恒槽的制冷循环系统,使用热电偶实时监测温度,使其温度达到设定温度并保持恒温状态。将收集的每份精液样本,待液化后在室温下按 1∶1 的比例将冷冻保护剂逐滴缓慢地加入精液样本中,边加边混匀后,各取 1 mL 装到 2 mL 的冻存管中,另取冻存管作为对照冻存管,对照冻存管中添加等量的样品溶液。诱导成核时将对照管和试验管同时放入载冷剂中,通过消毒后的热电偶实时监测冻存管内部温度,当对照管温度达到指定温度后,将实验管取出,利用事先在液氮中预冷的镊子或金属针触碰管壁进行诱导成核,之后重新放回载冷剂中平衡 5 min 使冰晶生长完全,待平衡结束后,将精液样本转移到液氮蒸气上冷冻 20 min,然后将所有冻存管投入液氮进行冷冻保存。

9. 不同诱导成核温度对精子冷冻效果的影响

调整载冷剂温度,分别在 −8 ℃、−9 ℃、−10 ℃下对精液样本进行诱导成核操作,溶液成核后,在载冷剂中平衡 5 min,再使用液氮熏蒸法冻存样本。液氮储存 12 h 后复苏,评价精子质量。

10. 诱导成核后不同温度变化对精子冷冻效果的影响

将样本分为 4 组,同时在 −8 ℃下进行诱导成核操作,G1 组在手动诱导成核后,立即放入液氮蒸气中进行降温;G2 组和 G3 组在手动诱导成核后,放回载冷剂中平衡 5 min,再分别在不同的始冻温度下进行降温;G4 组手动诱导成核并平衡 5 min 后,直接进入液氮中保存;对照组为未进行诱导成核操作的冷冻样品。液氮储存 12 h 后复苏,评价精子质量。

2.4.1.4 数据分析

所有数据以"算术平均值 + 标准差"表示,使用 SPSS 软件(21.0 版本)进行单显著性统计分析,以 $P<0.05$ 作为差异显著评判标准。根据实验结果,使用 GraphPad Prism 8.02 软件绘制图表。

2.4.2 结果与分析

2.4.2.1 诱导成核后的冰晶形态

分别在不同温度下用预冷的铁丝触碰载玻片外围来诱导成核,运用低温显微镜观察在不同诱导成核温度下所得冰晶形态及生长状况,结果如图 2-16 所示(参见彩图),从图中可以看出,在不同温度下诱导成核,初始观察到的冰晶纹路不尽相同,在 −7 ℃时呈鱼鳞状,而在 −9 ℃时呈树枝状展开,随着诱导成核温度的降低,冰晶越来越致密,而纹路越来越不清晰。在不同温度诱导成核后分别维持 3 min 观察冰晶生长状况,当保持 30 s 后,不同温度下的溶液冰晶都有聚集成块的趋势,当保持1 min后,在-7～-9℃下诱导成核的样品溶液冰晶依旧保持着聚集成块的趋势,3 min后冰晶聚集成较大冰晶,冰晶间距较宽;但随着诱导成核温度的降低,冰晶形状逐渐缩小,冰晶间浓缩溶液的分支也逐渐变窄,在图中用白色虚线标出,在-10℃下维持3 min后观察的冰晶形态与1 min时相比变化较小,此时形成的冰晶体积小且相对致密。而在-11℃下诱导成核,维持1 min后,冰晶聚集趋势消失,3 min时未观察到明显冰晶形态变化,此时的冰晶致密、体积小且形状不规则。

当样本溶液没有进行诱导成核操作时,直到溶液降至-23±3℃时才实现均相成核,一旦成核,其生长过程非常快,形成的冰晶十分细小致密,并且瞬间布满整个样品。

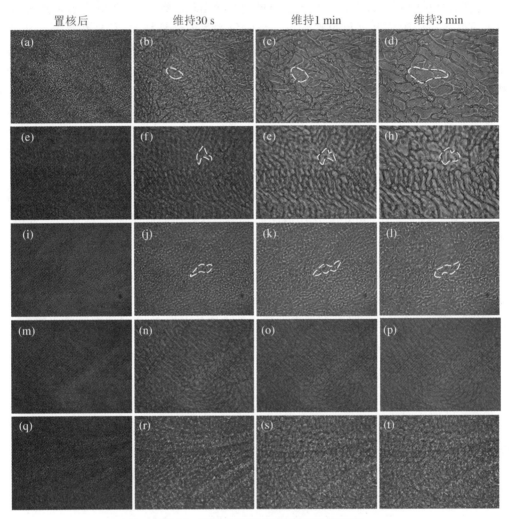

图 2-16 不同温度下诱导成核的冰晶形态

(a~d) -7℃下诱导成核的冰晶图片;(e)~(h) -8℃下诱导成核的冰晶图片;(i)~(l) -9℃下诱导成核的冰晶图片;(m)~(p) -10℃下诱导成核的冰晶图片;(q)~(t) -11℃下诱导成核的冰晶图片。

2.4.2.2 诱导成核温度对精子冷冻保存的影响

对照组是使用常规液氮蒸气熏蒸法冷冻保存的样本,从图2-17中可以看出当诱导成核的温度为-8 ℃和-9 ℃时,复苏后的精子冷冻复苏率((69.6±14.8)%、(68.9±21.5)%)显著高于无诱导成核操作组((62.6±16.1)%),诱导成核温度为-8 ℃、-9 ℃时的精子质膜完整性显著高于对照组和其他实验组($P<0.05$)。而当诱导成核温度为-10 ℃时,并未提高精子的冷冻复苏率((60.5±19.3)%)。这可能是由于该诱导成核温度与冷冻过程中自然结晶的温度十分接近,具有相似的过冷度。不同实验组复苏后的精子DFI都比对照组的要高,但是没有显著差异($P>0.05$)。

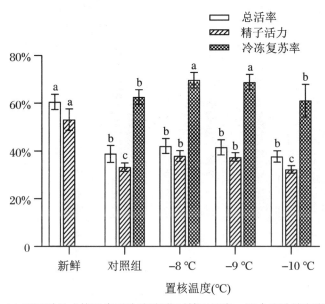

(a) 不同诱导成核温度对冷冻/复苏后精子活率、活力和冷冻复苏率的影响

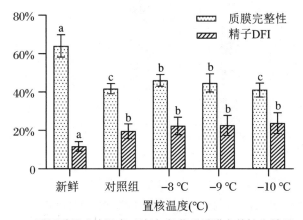

(b) 不同诱导成核温度对冷冻/复苏后质膜完整性和精子DFI的影响

图 2-17 不同诱导成核温度对精子冷冻保存效果的影响
不同字母代表有显著性差异,$P<0.05$。

2.4.2.3 诱导成核后不同温度变化对精子冷冻保存的影响

对照组(G0)是使用常规液氮蒸气熏蒸法冷冻保存的样本。当精子细胞在-8 ℃诱导成核后不进行冷平衡,而立即放置在液氮蒸气中进行快速降温(G1)的精子冷冻复苏率((57.8±17.4)%)与对照组((59.4±14.9)%)相似。而诱导成核后冷平衡5 min再进行降温处理的实验组(G2、G3)与对照组相比,精子冷冻复苏率((67.1±15.6)%、(68.9±19.1)%)会显著提高,且不受始冻温度的影响,在－150 ℃和－125 ℃之间无显著差异。将诱导成核平衡后的精子细胞直接浸入液氮中会严重降低复苏后的精子活力((8.5±1.3)%)。各实验组的精子DFI与对照组相比都略有升高,但差异并不显著。结果显示,样本诱导成核后冷平衡5 min再进行快速降温冷冻,冷冻效果最好。

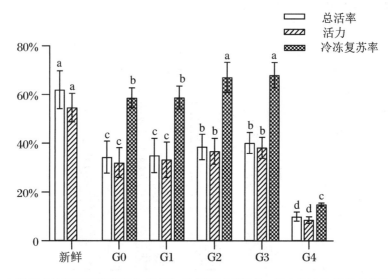

(a) 诱导成核后不同温度变化对冷冻/复苏后精子活率、活力和冷冻复苏率的影响

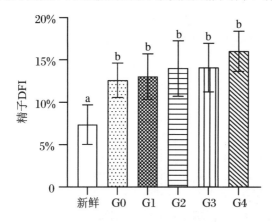

(b) 诱导成核后不同温度变化对冷冻/复苏后精子DFI的影响

图2-18　诱导成核后不同温度变化对精子冷冻保存效果的影响

注:G0是对照组,G1是诱导成核后立即进行快速降温组,G2是诱导成核后在该温度下平衡5 min后在始冻温度为－125 ℃下进行降温组,G3是诱导成核后在平衡5 min后在－110 ℃下进行降温组,G4是诱导成核平衡后直接放入液氮中降温。不同字母代表有显著性差异,$P<0.05$。

2.4.3 讨论

2.4.3.1 诱导成核后的冰晶形态

当溶液过冷时,系统就具有结晶的趋向。欲使溶液均相成核,系统需较大过冷度,结晶的相变驱动力 ΔG(固液态的吉布斯自由能之差)大于成核势垒 ΔG^*,形成冰晶晶核,结冰自发进行。观察发现,溶液过冷到较大程度,溶液才会自发结晶形成细小的冰晶,成核后冰晶瞬间布满整个样品,其生长速率非常快。通过诱导成核实现溶液的异相成核时,系统的过冷度相对而言小很多。因为当异相成核时,晶核将依附于已有的界面上形成,高能量的晶核与液体界面被低能量的晶核与成核基体界面所取代,这种形式会使得成核势垒 ΔG^* 降低。如图 2-16 所示,过冷度较小时形成的晶核少、体积大,过冷度较大时则形成的晶核体积小且密集。

冰晶的生长是水分子扩散到晶核表面并有序聚集的过程,影响冰晶生长和大小的主要因素包括:过冷度、冷却速度以及溶液的性质。在本实验中,使用相同的样本溶液,研究其在不同温度下诱导成核后的冰晶变化。溶液诱导成核之后,开始析出晶体的溶液是不稳定的。冰晶是由杂乱运动的核胚(微冰晶)形成的,核胚的大小、形状各不相同。有些冰晶逐渐长大,也有些逐渐消失。这种冰晶的生长过程受到过冷度的重要影响。过冷度越小,冰晶成核率越低,也就是说每个晶核在相同体积熔体中所拥有的自由生长空间越大,不过晶体生长速度也就越小,晶体的长大需要越长的时间。过冷度越大,则溶液冰晶的生长速率越快。这与 Vorontsov 等的研究结果一致[94],他们研究了羧化的多聚赖氨酸(COOH-CPLL)保护剂、过冷度与冰晶生长速率的关系,发现无论何种浓度,其溶液冰晶生长速率均随着过冷度的增加而增加。因此当样品溶液在较高温度下诱导成核,溶液冷却速率较低,冰晶生长缓慢,使得细胞有充足的时间来缓慢脱水,来提高胞内溶液浓度,以减少胞内冰的形成。

2.4.3.2 诱导成核温度及成核后温度变化对精子冷冻保存的影响

Morris 等[95]提出在均匀过冷的样品中形成冰核后,整个样品中会出现连续的冰网络生长,从而形成一个共存的、连续的冷冻浓缩基质相,其中所有溶质和细胞都分布在其中。这种成核时形成的瞬时冰量、冰结构和相应的冷冻浓缩基质由成核温度决定,成核温度高则形成的冰晶间距较宽,浓缩基质区域较大。例如,当 10% 甘油溶液分别在 $-7.5℃$ 和 $-15℃$ 成核时会形成 5% 和 17.5% 的平衡冰量,将样品进一步冷却至环境温度时相应的平衡冰量为 64% 和 84%。Oldenhof 等使用傅里叶变换红外光谱对马精子进行的研究证实了诱导成核对细胞脱水的影响。[50]系统成核温度决定了膜脱水的程度:在有利于细胞脱水的高零下成核温度下,膜相变到高度有序的凝胶相,而在低零下成核温度下,膜会保持相对水合,在这种情况下,被困在细胞内的水可能会形成细胞内冰或保持与内源性大分子的结合。这些都表明成核温度会对细胞低温保存效果造成影响。从本节实验中可以看出,诱导成核温度的不同确实会对精子冷冻复苏后的活力造成影响,当诱导成核温度为 $-8℃$ 和 $-9℃$ 时,精子冷冻复苏率显著高于未诱导成核组,而当诱导成核温度为 $-10℃$ 时,复苏后的精子活力略下有降。可见成核温度越低,冷冻保存效果越差,但是诱导成核温度不能无限制提升,必须低于溶液的结晶温度。

细胞的低温保存效果同样会受到重结晶的重要影响,特别是对于那些快速降温在细胞外形成大量细小冰晶的样品。重结晶是指细小晶核在升温过程中快速融合形成更加稳定的大冰晶,从而最大程度地减小边界面积和总自由能。当样品进行复苏时,这些小冰晶就可能会发生重结晶现象,导致细胞破裂。因此通过诱导成核可释放大量自由能[96],否则这些自由能会在冷却过程中储存在样品中,并在复温过程中释放以促进重结晶和诱导胞内冰的生成。

冰核温度显然是细胞冷冻保存的一个重要考虑因素,除此之外,诱导成核后的温度变化同样也是至关重要的因素。在本节实验中,样本手动诱导成核后放回载冷剂中平衡 5 min,可以使得冰晶生长完全的同时充分释放自由能,之后再用液氮蒸气熏蒸法冷冻样本,可以提高解冻复苏后的精子活力。但样本手动诱导成核后立即放入液氮蒸气中降温冷冻,解冻复苏后的精子活力不受影响,这可能是由于在低过冷度下,冰晶的生长速度较缓,将样本诱导成核后立即进行快速冷却会导致样本没有足够时间使已有的小冰晶增长成为大的冰晶,而形成大量非常小的冰晶,降温速度越快,形成的小冰晶的数量越多。在解冻时,小晶体会通过再结晶过程产生相当大的冰晶体,而导致细胞受到渗透冲击和重结晶的应力损害。对于样本诱导成核后直接浸入液氮中造成的活力下降同样可以用这种损伤机制解释。[97]因此样本在进行手工诱导成核后,需将其缓慢降温至成核温度后,再使用液氮蒸气熏蒸法进行冷冻保存。

本 节 小 结

本节首先使用低温显微镜对样本以不同成核温度冻存时冰晶生成的情况进行了观察和比较,后续进一步研究了不同诱导成核温度和成核后不同温度变化对精子低温保存效果的影响。具体结果如下:

(1) 通过对冰晶的观察发现,当成核温度在 $-7\ ℃$ 时,形成的瞬时冰量少、晶核体积大,冰晶间距较宽,同时已形成的冰核逐渐增大的速率较慢,在 3 min 时依旧存在冰晶生长现象。当成核温度在 $-11\ ℃$ 时,形成的冰晶体积小且相对致密,冰晶生长速率较快,在 1 min 后就无冰晶再生长现象。

(2) 与无诱导成核操作组相比,在 $-8\ ℃$ 和 $-9\ ℃$ 下诱导成核可以显著提高精子冷冻复苏率,而在 $-10\ ℃$ 诱导成核对精子冻存效果无显著提升。

(3) 当样本在诱导成核后立即快速降温的冷冻效果与无诱导成核操作组无差异,而冷平衡 5 min 后再进行快速降温可以显著提高精子冷冻复苏率,但直接进入液氮中还是会导致降温速度过快,损伤精子活力。

(4) 较高零下温度下诱导成核可以释放在降温过程中存储的自由能,减小复温过程中巨大自由能的释放,并减少重结晶现象引起的损伤。

2.5 总结、主要创新点与展望

2.5.1 总结

精子冷冻保存是辅助生殖领域中的重要技术之一,在不孕不育治疗、构建精子库、保存男性生育力以及增加受精研究的稳定性和便捷性等方面发挥着独特的作用。本节以人类精子为研究对象,通过对冷冻保存程序、冷冻保护液配方和冷冻降温设备的优化研究,提高样本的低温保存效果。本节主要研究内容和结论如下:

(1) 使用 DSC 得到了 8 种低温保护剂溶液熔融过程中的热流曲线,从中读取热焓值、相变温度等热物性参数,分析低温保护剂产生的影响。结果表示,溶液热焓值、相变温度、熔融峰面积、熔融过程持续时间均随着甘油和 rHSA 浓度的增大而减小,但根据 rHSA 变化的幅度较小,这表明甘油具有更强的抑制结晶的能力。

将含有不同体积分数的甘油保护液加入精液样本中,会在不同程度上影响精子活力,且毒性随平衡时间的延长而增强。再添加甘油终浓度为 3% 和 5% 的冷冻保护液 1 h 和添加甘油终浓度为 7.5% 的冷冻保护液 30 min,以及 10% 甘油保护剂 10 min 会显著降低精子活力。

使用不同浓度的冷冻保护液冻存精液样本,检测复苏后的精子活力及结构完整性来验证低温保存效果。筛选出最佳的甘油浓度为 5% 和 7.5%;rHSA 的最佳含量为 5 mg/mL 和 10 mg/mL;100 mg/mL LDL 有助于精子低温保存,但未观察大豆卵磷脂的冷冻保护效果。

结合上述实验以及保护液成本等因素,选择在基础稀释溶液中添加 10%(v/v)甘油 + 5 mg/mL rHSA 作为最佳的精子冷冻保护液组合。

(2) 采用液氮蒸气熏蒸法对精子进行冷冻保存,通过改变样本的平衡温度和初始冻结温度来探究最佳的冷冻条件。结果显示:将冷冻保护液添加至精液后,需要平衡一段时间可以提高保护剂的低温保存效果。当平衡温度为 4 ℃,样本缓慢冷却(从室温到 4 ℃)时,精液低温保存效果最佳。

通过改变初始冻结温度来调整样本的降温速度,在 -85~-150 ℃ 这个温度范围内的精子冷冻复苏率以及精子 DFI 无显著差异,显著高于其他实验组;将样本平衡后直接放入液氮,使样本降温过快导致绝大多数精子的死亡。这表明精子细胞同样符合两因素假说。此外,精液样本通过自制的升降式精子冷冻仪也可以达到最佳的低温保存效果,并且可以实现精子冷冻保存的一键化操作,具有重复性和简便性。

(3) 通过显微镜观察不同诱导成核温度下的冰晶特性,结果显示,当成核温度在 -7 ℃ 时,形成的瞬时冰量少、晶核体积大,冰晶间距较宽,同时已形成的冰核逐渐增大的速率较慢,在 3 min 时依旧存在冰晶生长现象。当成核温度在 -11 ℃ 时,形成的冰晶体积小且相对致密,冰晶生长速率较快,在 1 min 后就无冰晶再生长现象。

将手动诱导成核方式应用到精子低温保存过程中,样本在接近于熔融温度的过冷温度下诱导成核,精子冷冻保存效果最佳,过冷度越小,细胞损伤越小。但是当样本在诱导成核后立即快速降温的冷冻效果与无诱导成核操作组无差异,而冷平衡 5 min 后再进行快速降温可以显著提高精子冷冻复苏率,但直接进入液氮中还是会导致降温速度过快,损伤精子活力。较高零下温度下诱导成核可以释放在降温过程中存储的自由能,减小复温过程中巨大自由能的释放,并减少重结晶现象引起的损伤。

2.5.2 主要创新点

(1) 本章提出将 rHSA 作为一种非渗透性低温保护剂,同时建立了一种成分明确的基础稀释液,以此开发了一种低毒性、稳定的无动物源成分的新型冷冻保护液。后续可以将其应用于其他细胞、组织的低温保存实践中。

(2) 细胞冷冻保存过程中人为地诱导成核主要应用在胚胎细胞、卵母细胞、干细胞等大细胞中,而在精子低温保存领域鲜有文献报道,本章探究了在不同条件下的诱导成核对精子冷冻保存效果的影响。

2.5.3 展望

本章探索了 rHSA 作为非渗透性 CPA 添加精子冷冻保护液中的最佳含量,但其成本还是偏高,是否可以联和其他保护剂共同使用来减少用量、降低成本,同时提高保护效果。比如大豆卵磷脂的不饱和脂肪酸含量远高于卵黄,作为植物源性冷冻保护剂具有很大的前景,并在部分动物精子中成功使用,但在本章中并未发现其对细胞膜的保护作用,后续可以通过调节浓度、纯度、处理方式或寻找其他来源,对其保护效果进行全面评估。在本章实验中发现 rHSA 具有一定的抗氧化性,来降低精子核 DNA 片段化,但是冻存后的精子 DFI 还是会显著上升,后续可以在此基础上进行外源抗氧化物质的添加,以进一步提高冷冻效果。

本章使用自制的升降式精子冷冻仪成功冻存了精液样本,但实验中仅研究了不同温差(固定降温速度)对精子冷冻保存效果的影响,并未研究更细致的降温方案来冷冻精液样本,在后续的实验中可以进一步设计实验进行验证。

本章通过将诱导成核结合到精子低温保存上可以提高精子复苏率,但当前仅探讨了一种诱导成核方式的效果,后续可以探究不同诱导成核方式对精子冻存的影响,例如超声诱导成核、骤冷诱导成核等。并且当前精子冷冻结合诱导成核仅局限在实验室的研究,而真正能在临床上做到高通量应用还有很大差距。由于手动诱导成核不便同时操作多个样本,未来还可以将骤冷、超声或电场诱导成核与升降式精子冷冻仪诱导成核相结合,实现对样本降温曲线更精密准确的把控,并且简化诱导成核操作,真正能在临床上做到高通量应用。在部分细胞中可通过诱导成核操作有效地减少渗透性保护剂的用量,后续可探究非渗透性保护剂与诱导成核搭配使用,可否在保证精子冷冻复苏率的情况下,减少甚至实现无渗透性冷冻保护剂添加。

参 考 文 献

[1] Kovac J R, Khanna A, Lipshultz L I. The effects of cigarette smoking on male fertility[J]. Postgraduate Medicine,2015,127(3):338-341.

[2] Jungwirth A,Giwercman A,Tournaye H,et al. European Association of Urology guidelines on Male Infertility:The 2012 update[J]. Eur Urol,2012,62(2):324-332.

[3] Esteves S C, Hamada A, Kondray V, et al. What every gynecologist should know about male infertility:An update[J]. Arch Gynecol Obstet,2012,286(1):217-229.

[4] Hezavehei M,Sharafi M,Kouchesfahani H M,et al. Sperm cryopreservation:A review on current molecular cryobiology and advanced approaches[J]. Reproductive BioMedicine Online,2018,37(3):327-339.

[5] W H O. World health statistics 2010[R]. 2010.

[6] Anger J T,Gilbert B R,Goldstein M. Cryopreservation of sperm:Indications, methods and results[J]. The Journal of urology,2003,170(4 Pt 1):1079-1084.

[7] Stensvold E,Magelssen H,Oskam I C. Fertility-preserving measures for boys and young men with cancer[J]. Tidsskrift for den Norske laegeforening:tidsskrift for praktisk medicin, ny raekke,2011,131(15):1433-1435.

[8] Verheyen G, Vernaeve V, Van Landuyt L, et al. Should diagnostic testicular sperm retrieval followed by cryopreservation for later ICSI be the procedure of choice for all patients with non-obstructive azoospermia? [J]. Human Reproduction,2004,19(12):2822-2830.

[9] Gangrade B K. Cryopreservation of testicular and epididymal sperm:Techniques and clinical outcomes of assisted conception[J]. Clinics (Sao Paulo),2013,68(Suppl 1):131-140.

[10] Polge C,Smith A U,Parkes A S. Revival of spermatozoa after vitrification and dehydration at low temperatures[J]. Nature,1949,164(4172):666.

[11] Nijs M,Ombelet W. Cryopreservation of human sperm[J]. Human Fertility,2001,4(158-163).

[12] Vutyavanich T,Piromlertamorn W,Nunta S. Rapid freezing versus slow programmable freezing of human spermatozoa[J]. Fertility and Sterility,2010,93(6):1921-1928.

[13] Thachil J V,Jewett M A. Preservation techniques for human semen[J]. Fertility and Sterility,1981,35(5):546-548.

[14] Keel B A,Webster B W. Handbook of the laboratory diagnosis and treatment of infertility[M]. Boca Raton:CRC Press,1990.

[15] Tongdee P,Sukprasert M,Satirapod C,et al. Comparison of cryopreserved human sperm between ultra rapid freezing and slow programmable freezing:Effect on motility, morphology and DNA integrity[J]. 2015,98(Suppl 4):S33-S42.

[16] Isachenko V,Maettner R,Petrunkina A M,et al. Vitrification of human ICSI/IVF Spermatozoa without cryoprotectants:New capillary technology[J]. Journal of Andrology,2012,33(3):462-468.

[17] Gilmore J A,Liu J,Gao D Y,et al. Determination of optimal cryoprotectants and procedures for their addition and removal from human spermatozoa[J]. Human Reproduction, 1997, 12(1):112-118.

[18] Isachenko V, Isachenko E, Montag M, et al. Clean technique for cryoprotectant-free vitrification of human spermatozoa[J]. Reproductive BioMedicine Online, 2005, 10(3): 350-354.

[19] Liu S, LI F. Cryopreservation of single-sperm: Where are we today? [J]. Reprod Biol Endocrinol, 2020, 18(1): 41-53.

[20] Aizpurua J, Medrano L, Enciso M, et al. New permeable cryoprotectant-free vitrification method for native human sperm[J]. Human Reproduction, 2017, 32(10): 2007-2015.

[21] Araki Y, Yao T, Asayama Y, et al. Single human sperm cryopreservation method using hollow-core agarose capsules[J]. Fertil Steril, 2015, 104(4): 1004-1009.

[22] 华泽创. 人体细胞的低温保存与冷冻干燥[J]. 制冷技术, 2007, 2: 17-20.

[23] Keskintepe L, Eroglu A. Freeze-Drying of Mammalian Sperm[M]//Wolkers W F, Oldenhof H. Cryopreservation and Freeze-Drying Protocols. New York: Springer, 2015: 489-497.

[24] Gianaroli L, Magli M C, Stanghellini I, et al. DNA integrity is maintained after freeze-drying of human spermatozoa[J]. Fertility and Sterility, 2012, 97(5): 1067-1073.

[25] Ward M A, Kaneko T, Kusakabe H, et al. Long-term preservation of mouse spermatozoa after freeze-drying and freezing without cryoprotection1[J]. Biology of Reproduction, 2003, 69(6): 2100-2108.

[26] Stecher A, Bach M, Neyer A, et al. Case report: Live birth following ICSI with non-vital frozen-thawed testicular sperm and oocyte activation with calcium ionophore[J]. Journal of Assisted Reproduction and Genetics, 2011, 28(5): 411.

[27] Gil L, Olaciregui M, Luño V, et al. Current status of freeze-drying technology to preserve domestic animals sperm[J]. Reproduction in Domestic Animals, 2014, 49(S4): 72-81.

[28] Raju R, Bryant S J, Wilkinson B L, et al. The need for novel cryoprotectants and cryopreservation protocols: Insights into the importance of biophysical investigation and cell permeability[J]. Biochimica et Biophysica Acta (BBA)-General Subjects, 2021, 1865(1): 129749.

[29] Gao D, Critser J K. Mechanisms of cryoinjury in living cells[J]. ILAR Journal, 2000, 41(4): 187-196.

[30] Koshimoto C, Mazur P. Effects of warming rate, temperature, and antifreeze proteins on the survival of mouse spermatozoa frozen at an optimal rate[J]. Cryobiology, 2002, 45(1): 49-59.

[31] Chang T, Zhao G. Ice inhibition for cryopreservation: Materials, strategies, and challenges[J]. Adv Sci (Weinh), 2021, 8(6): 2002425.

[32] Yeste M. Sperm cryopreservation update: Cryodamage, markers, and factors affecting the sperm freezability in pigs[J]. Theriogenology, 2016, 85(1): 47-64.

[33] Medeiros C M O, Forell F, Oliveira A T D, et al. Current status of sperm cryopreservation: Why isn't it better? [J]. Theriogenology, 2002, 57(1): 327-344.

[34] Sieme H, Oldenhof H, Wolkers W F. Sperm membrane behaviour during cooling and cryopreservation[J]. Reproduction in Domestic Animals, 2015, 50(S3): 20-26.

[35] Lone S A. Possible mechanisms of cholesterol-loaded cyclodextrin action on sperm during cryopreservation[J]. Animal Reproduction Science, 2018, 192: 1-5.

[36] Blommaert D, Franck T, Donnay I, et al. Substitution of egg yolk by a cyclodextrin-cholesterol complex allows a reduction of the glycerol concentration into the freezing medium of equine sperm [J]. Cryobiology, 2016, 72(1): 27-32.

[37] Asadi A, Ghahremani R, Abdolmaleki A, et al. Role of sperm apoptosis and oxidative stress in male infertility: A narrative review[J]. Int J Reprod Biomed, 2021, 19(6): 493-504.

[38] Sieme H, Oldenhof H. Sperm cleanup and centrifugation processing for cryopreservation[M]// Wolkers W F, Oldenhof H. Cryopreservation and freeze-drying protocols. New York: Springer, 2015:343-352.

[39] Woelders H, Chaveiro A. Theoretical prediction of 'optimal' freezing programmes[J]. Cryobiology,2004,49(3):258-271.

[40] Nekoonam S, Nashtaei M S, Naji M, et al. Effect of Trolox on sperm quality in normozospermia and oligozospermia during cryopreservation[J]. Cryobiology,2016,72(2):106-111.

[41] Thomson L K, Fleming S D, Aitken R J, et al. Cryopreservation-induced human sperm DNA damage is predominantly mediated by oxidative stress rather than apoptosis[J]. Human reproduction (Oxford, England),2009,24(9):2061-2070.

[42] Donnelly E T, Mcclure N, Lewis S E M. Cryopreservation of human semen and prepared sperm: Effects on motility parameters and DNA integrity[J]. Fertility and Sterility,2001,76(5):892-900.

[43] Nijs M, Ombelet W. Cryopreservation of human sperm[J]. Hum Fertil,2001,4(3):158-163.

[44] O'connell M, Mcclure N, Lewis S J E M. The effects of cryopreservation on sperm morphology, motility and mitochondrial function[J]. Hum Reprod,2002,17(3):704-709.

[45] Amidi F, Pazhohan A, Shabani Nashtaei M, et al. The role of antioxidants in sperm freezing: A review[J]. Cell and Tissue Banking,2016,17(4):745-756.

[46] Gandini L, Lombardo F, Lenzi A, et al. Cryopreservation and Sperm DNA Integrity[J]. Cell and Tissue Banking,2006,7(2):91-98.

[47] Stoeckius M, Grün D, Rajewsky N. Paternal RNA contributions in the Caenorhabditis elegans zygote [J]. The EMBO Journal,2014,33(16):1740-1750.

[48] Wang P, Wang Y-F, Wang H, et al. HSP90 expression correlation with the freezing resistance of bull sperm[J]. Zygote,2014,22(2):239-245.

[49] Urrego R, Rodriguez-Osorio N, Niemann H J E. Epigenetic disorders and altered gene expression after use of assisted reproductive technologies in domestic cattle[J]. Epigenetics, 2014, 9(6): 803-815.

[50] Oldenhof H, Friedel K, Sieme H, et al. Membrane permeability parameters for freezing of stallion sperm as determined by Fourier transform infrared spectroscopy[J]. Cryobiology, 2010, 61(1): 115-122.

[51] Gao D Y, Liu J, Liu C, et al. Prevention of osmotic injury to human spermatozoa during addition and removal of glycerol[J]. Human Reproduction,1995,10(5):1109-1122.

[52] Zhang M, Gao C, Ye B, et al. Effects of four disaccharides on nucleation and growth of ice crystals in concentrated glycerol aqueous solution[J]. Cryobiology,2019,86:47-51.

[53] Oldenhof H, Gojowsky M, Wang S, et al. Osmotic stress and membrane phase changes during freezing of stallion sperm: Mode of action of cryoprotective agents1[J]. Biology of Reproduction, 2013,88(3):68.

[54] Bergeron A, Manjunath P. New insights towards understanding the mechanisms of sperm protection by egg yolk and milk[J]. Molecular Reproduction and Development,2006,73(10):1338-1344.

[55] Moussa M, Mertinet V, Trimeche A, et al. Low density lipoproteins extracted from hen egg yolk by an easy method: Cryoprotective effect on frozen-thawed bull semen[J]. Theriogenology, 2002, 57 (6):1695-1706.

[56] Lusignan M-F, Manjunath P, Lafleur M. Thermodynamics of the interaction between bovine binder of sperm BSP1 and low-density lipoprotein from hen's egg yolk[J]. Thermochimica Acta,2011,516

(1):88-90.

[57] Gholami D,Ghaffari S M,Riazi G,et al. Electromagnetic field in human sperm cryopreservation improves fertilizing potential of thawed sperm through physicochemical modification of water molecules in freezing medium[J]. PloS one,2019,14(9):e0221976.

[58] Dariush G,Gholamhossein R,Rouhollah F,et al. The application of ultrasonic vibration in human sperm cryopreservation as a novel method for the modification of physicochemical characteristics of freezing media[J]. Sci Rep,2019,9(1):10066.

[59] 蒋沛,火晓越,刘宝林,等.细胞低温保存过程中冰晶成核的研究进展[J].制冷学报,2020,41(02):159-166.

[60] 华泽钊,任禾盛.低温生物医学技术[M].北京:科学出版社,1994.

[61] 李维杰,宋立勇,刘宝林.植冰技术在低温生物医学中的应用进展[J].制冷技术,2021,41(2):11-16.

[62] 李维杰,宋立勇,刘宝林,等.超声波植冰对L-02肝细胞低温保存的影响[J].制冷学报,2021,42(4):9.

[63] Spindler R,Rosenhahn B,Glasmacher B J C. Controlled nucleation and reduced CPA-concentration during freezing[J]. Cryobiology,2011,3(63):318.

[64] Lee S-Y,Chiang P-C,Tsai Y-H,et al. Effects of cryopreservation of intact teeth on the isolated dental pulp stem cells[J]. J Endod,2010,36(8):1336-1340.

[65] Pandey R,Usui K,Livingstone R A,et al. Ice-nucleating bacteria control the order and dynamics of interfacial water[J]. Sci Adv,2016,2(4):e1501630.

[66] Massie I,Selden C,Hodgson H,et al. Cryopreservation of encapsulated liver spheroids for a bioartificial liver:Reducing latent cryoinjury using an ice nucleating agent[J]. Tissue Eng Part C Methods,2011,17(7):765-774.

[67] Watson P F. The causes of reduced fertility with cryopreserved semen[J]. Anim Reprod Sci,2000,60:481-492.

[68] 张欣宗,姚康寿,熊承良.浙江省人类精子库供精者精液参数及精子耐冻性变化分析[J].中国男科学杂志,2011,25(7):3.

[69] Centola G,Raubertas R,Mattox J A. Cryopreservation of human semen:Comparison of cryopreservatives,sources of variability,and prediction of post-thaw survival[J]. J Androl,1992,13(3):283-288.

[70] 王学本,麦庭福,李科茂.不同精浆浓度对精子冷冻复苏后活动能力的影响[J].中国男科学杂志,2000,14(4):221-223.

[71] Meseguer M,Antonio Martinez-Conejero J,Muriel L,et al. The human sperm glutathione system:A key role in male fertility and successfulcryopreservation[J]. Drug Metab Lett,2007,1(2):121-126.

[72] Sharma R,Kattoor A J,Ghulmiyyah J,et al. Effect of sperm storage and selection techniques on sperm parameters[J]. Syst Biol Reprod Med,2015,61(1):1-12.

[73] Donnelly E T,Steele E K,Mcclure N,et al. Assessment of DNA integrity and morphology of ejaculated spermatozoa from fertile and infertile men before and after cryopreservation[J]. Human reproduction (Oxford,England),2001,16(6):1191-1199.

[74] Critser J K,Huse-benda A R,Aaker D V,et al. Cryopreservation of human spermatozoa. III. The effect of cryoprotectants on motility[J]. Fertil Steril,1988,50(2):314-320.

[75] Pillet E,Duchamp G,Batellier F,et al. Egg yolk plasma can replace egg yolk in stallion freezing extenders[J]. Theriogenology,2011,75(1):105-114.

[76] Sasaki M,Kato Y,Yamada H,et al. Development of a novel serum-free freezing medium for

[77] Kasahara A, Kita K, Tomita E, et al. Repeated administration of recombinant human serum albumin caused no serious allergic reactions in patients with liver cirrhosis: A multicenter clinical study[J]. 2008,43(6):464-472.

mammalian cells using the silk protein sericin[J]. Biotechnology and Applied Biochemistry,2005,42(2):183-188.

[78] Bosse D, Praus M, Kiessling P, et al. Phase I comparability of recombinant human albumin and human serum albumin[J]. 2005,45(1):57-67.

[79] Moustacas V, Zaffalon F, Lagares M, et al. Natural, but not lyophilized, low density lypoproteins were an acceptable alternative to egg yolk for cryopreservation of ram semen[J]. Theriogenology, 2011,75(2):300-307.

[80] Agca Y, Gilmore J, Byers M, et al. Osmotic characteristics of mouse spermatozoa in the presence of extenders and sugars[J]. Biol Reprod,2002,67(5):1493-1501.

[81] Mahadevan M, Trounson A J A. Effect of cryoprotective media and dilution methods on the preservation of human spermatozoa[J]. Andrologia,1983,15(4):355-366.

[82] Chen Z, He Y, Shi B, et al. Human serum albumin from recombinant DNA technology: Challenges and strategies[J]. Biochimica et Biophysica Acta (BBA) - General Subjects, 2013, 1830 (12): 5515-5525.

[83] Candiano G, Petretto A, Bruschi M, et al. The oxido-redox potential of albumin: Methodological approach and relevance to human diseases[J]. J Proteomics,2009,73(2):188-195.

[84] Amirat L, Tainturier D, Jeanneau L, et al. Bull semen in vitro fertility after cryopreservation using egg yolk LDL: A comparison with Optidyl®, a commercial egg yolk extender[J]. Theriogenology, 2004,61(5):895-907.

[85] Sicchieri F, Silva A B, Santana V P, et al. Phosphatidylcholine and L-acetyl-carnitine-based freezing medium can replace egg yolk and preserves human sperm function[J]. Transl Androl Urol,2021,10(1):397-407.

[86] Vireque A A, Tata A, Silva O F, et al. Effects of n-6 and n-3 polyunsaturated acid-rich soybean phosphatidylcholine on membrane lipid profile and cryotolerance of human sperm[J]. Fertil Steril, 2016,106(2):273-283.

[87] Mahadevan M, Trounson A J A. Effect of cooling, freezing and thawing rates and storage conditions on preservation of human spermatozoa[J]. Andrologia,1984,16(1):52-60.

[88] Santos M V, Sansinena M, Zaritzky N, et al. Mathematical prediction of freezing times of bovine semen in straws placed in static vapor over liquid nitrogen[J]. Cryobiology,2013,66(1):30-37.

[89] Morris G J. A new development in the cryopreservation of sperm[J]. Human Fertility,2002,5(1):23-29.

[90] Fuller B, Paynter S. Fundamentals of cryobiology in reproductive medicine[J]. Reproductive Biomedicine Online,2004,9(6):680-691.

[91] Sultani A B, Marquez-Curtis L A, Elliott J A, et al. Improved cryopreservation of human umbilical vein endothelial cells: A systematic approach[J]. Scientific Reports,2016,6(1):1-14.

[92] Trad F S, Toner M, Biggers J D. Effects of cryoprotectants and ice-seeding temperature on intracellular freezing and survival of human oocytes[J]. Human Reproduction, 1999, 14(6): 1569-1577.

[93] Mazur P, Farrant J, Leibo S P, et al. Survival of hamster tissue culture cells after freezing and thawing: Interactions between protective solutes and cooling and warming rates[J]. Cryobiology,

1969,6(1):1-9.

[94] Vorontsov D A, Sazaki G, Hyon S-H, et al. Antifreeze effect of carboxylated ε-poly-L-lysine on the growth kinetics of ice crystals[J]. J Phys Chem B, 2014, 118(34): 10240-10249.

[95] John Morris G, Acton E. Controlled ice nucleation in cryopreservation: A review[J]. Cryobiology, 2013, 66(2): 85-92.

[96] Huang H, Zhao G, Zhang Y, et al. Predehydration and ice seeding in the presence of trehalose enable cell cryopreservation[J]. ACS Biomaterials Science & Engineering, 2017, 3(8): 1758-1768.

[97] Boryshpolets S, Sochorová D, Rodina M, et al. Cryopreservation of carp (*Cyprinus carpio* L.) sperm: Impact of seeding and freezing rates on post-thaw outputs[J]. Biopreservation and Biobanking, 2017, 15(3): 234-240.

第 3 章 超声植冰低温保存 L-02 肝细胞的实验研究

肝细胞是进行生物人工肝和肝细胞移植研究的重要细胞材料。近年来,随着生物人工肝和肝细胞移植研究的开展,人们对肝细胞的需求不断增加,迫切需要有效的肝细胞长期保存方法,以促进生物人工肝和肝细胞移植在临床上的应用,例如药理性学研究、细胞移植等。低温保存是目前保存肝细胞的重要方法,但低温保存过程中会发生严重的细胞损伤。植冰操作能有效提高细胞冷冻存活率,本章探索利用超声波作为植冰手段,研究超声植冰对肝细胞冻存的影响,并分析超声植冰机理,寻求最佳的肝细胞低温保存方法。

3.1 绪 论

3.1.1 肝细胞低温保存的意义

肝细胞是进行生物人工肝和肝细胞移植研究的重要细胞材料。近年来,随着生物人工肝和肝细胞移植研究的开展,肝细胞的需求在不断地增加,迫切需要有效的肝细胞长期保存的方法以促进生物人工肝和肝细胞移植在临床上的应用,例如药理性学研究、细胞移植等。低温保存是目前保存肝细胞的重要方法,其影响因素众多。

3.1.2 植冰技术研究进展

3.1.2.1 接触外壁诱发成核

接触外壁形成局部过冷诱发成核的方案通常是将冻存管冷却到较高的零下温度,通过使用预冷探针、金属棒或手术钳来接触容器的侧面,从而提供局部过冷来诱发成核。[2,3] Mazur 报道了酵母细胞在 -2.5 ℃ 时植冰的存活率高于在 -16 ℃ 时自发冻结的存活率[4],此后,大量研究使用该方法来保存细胞。[5-8] 较高温度下,植冰过程可以抑制胞内冰的形成,但是这种通过液氮预冷的手术钳去接触外壁的方式成功率通常不是很高,有时候需要多次接触才能实现,甚至可能失败。为了增加植冰的成功率,可以在冻存管或容器的底部增加一个金属贴片,然后再用预冷后的手术钳去接触该金属贴片,利用金属贴片的快速导热在溶液内部形成局部过冷点来诱发成核。[9] 通过接触外壁植冰的方式在细胞低温保存领域[5]、胚胎低温保存领域[10]有很大的应用。

3.1.2.2 添加冰成核剂诱发成核

生物系统中存在很多冰成核剂,其中最普遍的就是假单胞菌属、黄单胞菌属、欧文氏菌属,1974 年 Maki 等[11]首次在腐烂的树叶中发现这种冰核细菌,这种冰核细菌有能力催化 $-1\ ℃$ 的过冷水冻结。[12]自冰核细菌可以作为冰成核剂以来,研究发现这种冰核细菌的主要影响因子是 SNOMAX®,SNOMAX® 是一种商品化的成核剂,SNOMAX® 可以作为控制溶液结晶温度很好的工具,SNOMAX® 的植冰作用不受低温保护剂或培养基中多种物质的影响,并且很少比例的 SNOMAX® 就可以降低溶液过冷度。[13,14]冰成核剂可以完全替代手动贴壁植冰,成功保存了蟾蜍卵母细胞和小鼠胚胎等。[15,16]蛋白质冰成核剂在较高的零下温度能触发冻结。[17]Du 等发现生物体中溶菌酶在较高过冷度下也有促进冰成核的作用[18],溶菌酶可以降低成核相与外来粒子之间的界面自由能,它可以改变冰核形成过程中的界面动力学。碘化银作为冰成核剂时,在低温保存中的应用也相对广泛。Kojima 等利用 1%碘化银以连续抽吸的方式来诱导冰晶形成,或者利用海藻酸钠和氯化钙反应生成的海藻酸钙凝胶固定碘化银,将固定的碘化银浸入冷冻溶液中引发冰核[19],该方法成功地保存了兔和牛胚胎。[20]其他类物质,如生物醇类物质也有发现冰成核剂的存在。Massie 等首次将类固醇类冰成核剂应用在肝细胞冷冻保存中,成功将肝细胞存活率提高至 85%以上。[21]醇类物质能被作为冰成核剂与碘化银成核机制相似[22],理论认为醇类和碘化银能通过与冰的结构配合形成高效的冰核团,有效冰晶之间的晶格或结构匹配,形成有序的结晶簇。根据朗缪尔单分子层在诱导冰成核中的应用[23],两亲体的压缩或未压缩单分子层均可促进单分子溶液界面的晶体定向生长。这种诱导是通过有核晶体的附着面与亲水头之间的结构配合或互补实现的。

3.1.2.3 电极头诱发成核

1951 年 Rau 首次报道了施加在金属电极上的高压可以在过冷水中引起成核。[24]此后的研究主要集中在电流强度、电极头材料的选择以及电极端口的设置等。[25,26]对于直接电冻结装置虽然能允许许多样品的冰核化过程,但是,无论是细胞还是生物组织的低温保存,通常都会在溶液中加入适量浓度的低温保护剂,而低温保护剂的添加会抑制电极成核,并且大量赋形剂如盐类物质,它的存在会抑制冰核。为了避免这种抑制作用,间接电冻结装置代替了直接电冻结装置,该装置通过高压电脉冲引发单独体积的纯水成核,生长的冰晶再通过狭窄的管子导入样品引发样品成核,该装置能实现独立于样品成分的冰核生成。Petersen 等首次将电极冻结应用在低温生物学中[1],该装置易于处理,成核效果好。与直接电冻结装置相比,这种设计使得通过电极成核的冰晶独立于要保存的溶液,避免了溶液中的添加剂对电极成核的影响,成核温度要比直接电冻结更高,但是只允许相同条件下冷冻八个样品。Spindler 等利用该电冻结装置成功地诱导了人肺内皮细胞成核[27],结果显示,在较高的成核温度下,可以大大降低低温保护剂的浓度,减小细胞低温保存中的损伤。

3.1.2.4 改变降温速率诱发成核

该方法也可以称为改变降温速率骤冷的方法。先以较慢的速度进行降温,然后以较快的降温速率突然降温,造成局部温度差异,形成局部过冷,促进成核。改变降温速率诱发成核在低温生物医学领域有一定的应用,该方法适用于细胞的冷冻保存。与新鲜细胞相比,

Diener 等利用此方法保存的大鼠肝细胞,获得了较高的成活率,酶活性无显著差异。[28]这种突然降低降温速率的方法实则是给溶液一个较大的冷却冲击,在温度稍微高的溶液中产生一个局部过冷诱导成核,生物反应器冷冲击也是利用了这个原理,能够保存大量哺乳动物细胞系和组织等。[29]但这种改变降温速率的方法成核温度不受控制,可能在最大过冷度与熔点之间成核。

3.1.2.5 改变压力或冰雾技术诱发成核

通过惰性气体先加压再迅速减压,从而在小瓶的液体表面形成冰核,这在低温冻干领域有一定的应用[30,31],冰成核的主要驱动力被认为是突然减压引起的振动扰动,通过冷气接触表面冷却以及在突然减压期间液体表面的局部蒸发引起。[32]"冰雾"技术是在潮湿的冷冻干燥机中填充冷气体,以产生小冰粒的蒸气悬浮液,当这些冰粒接触每个小瓶内的流体界面时,它们会诱导成核。[33]结合减压技术,减压冰雾技术可以显著地降低过冷度,在较高的零下温度实现成核。[34]

3.1.2.6 摇晃振动、超声波等诱发成核

目前已经将超声波成核应用于新鲜食品的冷冻保存。例如,用于冰淇淋制造,珍贵食品、维生素、营养物、药物、疫苗的冷冻浓缩和冷冻干燥过程等。在低温生物医学领域,超声植冰技术也有潜在的应用,超声植冰技术可以被用于药物冻干,减少蛋白质冻干过程的时间,并且可获得较高的酶活性。[35-37]在超声波作用下,冰的成核始终会发生在一个较高的零下温度,成核温度对冰晶生长状态有很大的影响,较低的成核温度可获得大量的小冰晶,较高的成核温度可获得大而定向的冰晶。

3.1.3 超声波诱导冰晶成核

3.1.3.1 超声波概述

超声波是一种频率 20 kHz～100 MHz 的声波,它的方向性好,反射能力强,易于获得较集中的声能。超声波在媒质中具有反射、折射、衍射、散射等传播规律,波长很短,通常障碍物的尺寸要比超声波的波长大好多倍,因此超声波的衍射本领很差,它在均匀介质中能够定向直线传播,且超声波的波长越短,该特性就越显著。超声波一般可以分为低频高能的功率超声和高频低能的检测超声两种,功率超声是指超声波能量使物体和物性发生变化;检测超声是指将超声波作为一种检测工具,通过声波的形式去分析和了解被检测物体的特性,一般采用低频高能的功率超声波作用于溶液结晶过程,其对晶核的生成具有重要影响。当超声波在介质中传播时,由于超声波与介质的相互作用,使介质发生物理和化学的变化,从而产生一系列的超声效应,包括以下 4 种效应:

(1) 空化效应:超声波是以一种正负压交替为周期的形式在液体介质中传播。正压时超声波对介质分子产生挤压作用,密度变大;负压时介质分子离散,密度变小。当超声波强度足够大时,负压状态下的介质分子间平均距离会超过液体的临界分子距离,一旦空化气泡达到无法承受的程度便会发生破裂,空化气泡的生长、破裂等过程被称为空化效应。空化效应按空化气泡是否破裂可分为稳定空化效应和瞬时空化效应,稳定空化效应是指气泡在液

体介质中剧烈运动,常持续几个周期;瞬时空化效应是指液体受到大的拉力,空化气泡迅速胀大,可达到原来尺寸的数十倍,继而在声压的正压时,空化气泡受到压缩而突然坍塌崩溃,产生瞬时高温和高压效应。[38]

(2)声流效应:超声波作用于液体媒介时,空化效应的产生往往伴随着微流现象,当振荡的空化气泡产生剧烈的循环运动时,周围的流体形成强涡流时会形成微流,气体进出气泡的扩散也会在自身周围产生微电流,可增强伴随冷冻过程中传热和传质过程。

(3)机械效应:超声波是以机械波的形式传播,超声的作用会引起质点位移、振动速度、加速度的变化。超声波的引入可能强化传质,破坏边界层,有利于水分子向晶面移动,从而强化水分子流动,加快晶体的生长。

(4)热效应:超声波在传播过程中,媒质不断地吸收超声的振动能量,并摩擦转换为热能,在超声连续作用的情况下,声场区域中媒介的温度会上升。

3.1.3.2 超声波强化结晶研究进展

超声波作用于过冷水可以有效地加速冰晶成核过程,减小过冷水结晶所需的过冷度。刘永红等发现功率为 116~800 W 的超声波可促进反应器中的水合物生成,水合物结晶引导时间随超声波功率的增大而缩短,过冷度从 7.9 ℃ 降低到 3.9 ℃。[39]Chow 等用 20 kHz 的超声波作用于蔗糖溶液,发现随着超声波输出功率的增大,蔗糖溶液的过冷度逐渐降低,并且通过对溶液结晶过程中的微观图片进行分析,超声波功率越大,溶液中空化气泡的数量也越多。[40]Zhang 等分析了不同半径的空化气泡在超声波作用下的结晶作用,推断出空化效应可以降低过冷度,提高成核温度。[41]目前已经将超声波成核应用于冰淇淋制造[32]、珍贵食品、维生素、营养物、药物、疫苗的冷冻浓缩和冷冻干燥过程等。[35,42,43]关于超声波诱导溶液成核机理尚未有定论,有以下几个方面的讨论:

(1)随着空化气泡的膨胀,液体在气泡外表面向外蒸发,蒸发吸热,气泡表面附近液体被冷却,诱导成核,由于溶液的蒸发过程很难去验证,目前该理论只能存在于人的猜想。

(2)Jackson 等认为发生了空穴现象,空化气泡破裂的负压会增加水的平衡冻结温度并导致成核。[44]在声波的负压部分,空化气泡包括固有存在于液体中的气泡将迅速生长并产生真空,从而使溶解在液体中的气体扩散到其中。当声波的稀疏部分通过时,负压会降低,当达到正压时,气泡将在表面张力的作用下开始收缩。当压缩循环开始并且正压持续时,扩散到气泡中的气体将被排入流体中。直到气泡被压缩后,气体才会从气泡中扩散出来。但是,气泡一旦被压缩,其可扩散的边界表面积就会减小,因此,排出的气体量少于在稀疏循环中吸收的气体量。这些气泡将在每个超声循环中变得更大,一旦达到临界核尺寸,这些空化气泡就可以作为冰核的核。[45]

(3)Chow 等认为溶液达到一定过冷度过程中,适度振荡也可能引起冰成核[46],成核可能通过微流触发,空化现象是最重要的一种,因为它不仅会导致气泡破裂,还会引起微流现象,微流是与空化有关的另一种重要的声学现象,当振荡的气泡产生剧烈的循环运动,在其周围的流体中形成强涡流时会形成微流,气体进出气泡的扩散也会在自身周围产生微电流。可以增强伴随冷冻过程的热量和传质过程。

(4)Hickling 等认为在空化气泡破裂的最后阶段会产生大于 10^3 MPa 的压力,由于气泡附近冰团的聚集,因此提高水的平衡冻结温度并导致冰成核。[47]

(5)Hunt 等认为空化气泡崩溃时所释放的正压波,经过反射后引起负压,增大了液体平衡结晶温度,提高了液体过冷度,从而促进了冰晶的生成。[48]

虽然已经证实超声波所引起的空化效应能够有效地诱导过冷溶液成核,提高成核温度[49,50],但是,由于空化气泡的压力及气泡等都处于微观条件下,并且空化气泡变化的过程非常的短暂,目前针对超声波诱导冰晶成核机制还只是在各种理论层面。

3.1.4 本章主要研究内容

本章以肝细胞为研究对象,通过搭载的超声波植冰装置,研究该装置低温冻存肝细胞对存活率及肝细胞功能的影响,寻求最佳的超声波强度、植冰温度和 Me_2SO 添加量等保存条件;研究非渗透性的海藻糖代替渗透性保护剂 Me_2SO 的作用机理,增加肝细胞冻存后在临床上的应用;通过搭载的显微镜超声植冰系统(微观),研究超声波影响冰晶成核机理,分析空化效应在诱导冰晶成核中所起的作用以及超声波植冰对一次成核和二次成核影响机理。本章研究成果对超声波植冰在肝细胞低温冻存领域有一定的参考作用和理论价值。主要研究内容有以下几个方面:

(1) 以添加了保护剂的肝细胞溶液为研究对象,通过搭载的超声波植冰装置,用量热法测定该超声波植冰装置实际消散在细胞溶液中的超声波功率($P_{实}$)和超声波强度($I_{实}$),并且验证了该超声波植冰装置能够实现快速稳定的成核,成功率在99%以上,为后面的肝细胞冻存实验提供基础。

(2) 以肝细胞为研究对象,通过搭载的超声波植冰装置,测量不同超声波强度、不同体积浓度 Me_2SO、不同植冰温度对肝细胞冻存的影响。采用 AOPI 荧光染色法测量冻存后肝细胞的存活率,采用尿素、白蛋白和葡萄糖试剂盒测定连续 7 d 内的肝功能指标变化等。

(3) 利用非渗透性保护剂海藻糖替代传统肝细胞低温保存方案(添加10% Me_2SO 慢速冷冻),加上超声植冰的方法来探究超声植冰和无渗透性 pCPA 对肝细胞低温保存的影响,并探究了超声植冰作用对重结晶的影响。

(4) 通过搭载的显微镜超声波植冰系统,在微观下观察冰晶的变化,研究超声波植冰对一次成核和二次成核的影响,并分析讨论了超声波诱导冰晶成核机理。

3.2 超声植冰实验台的搭建及参数的确定

在研究超声波植冰辅助结晶的过程中,通常用超声波的功率、仪表功率、输入超声波电功率、输出超声波电功率来描述声化学功率。[51]但是很难比较不同实验室报告的声化学结果,这个困难被称为"声化学中的再现性问题"[52,53]:① 电能通过振子转化为超声波的能量是一种机械能;② 电能转化为机械能的效率在各个仪器之间是不同的,不仅取决于仪器的型号,还取决于振子的大小,超声容器的规格等;③ 电能经传感器转化为超声能量的过程中会发生能量损失,实际消散在超声容器内的能量要小于电功率的能量,因此用转化为机械能的电能来表示声能并不合适。

虽然在所有情况下没有必要测量绝对的电能转化为机械能的能量,但是要有一种代表性的标准方法确定特定设备产生多少超声波能量,也就是实际消散在超声波所测定样品中的能量。目前有多种测量实际消散在样品溶液中的超声波功率的方法：① 化学剂量计法，即魏斯勒反应(Weissler reaction)[54]，通过测量某些化学物质的变化量间接确定消散在化学反应体系中的超声波功率，即对含有四氯化碳的水进行超声处理后会产生氯分子，氯分子会与溶液中的碘离子快速反应，释放出碘分子，利用碘化钾在超声作用下释放出来的碘数量可以确定 $P_{实}$，其他化学反应的方法还有测量水中 NO_3^- 在超声波作用下生成 HNO_3 的量来确定 $P_{实}$，但是，不是所有液体传声介质内部均能发生超声化学反应，化学剂量法很少被使用；② 量热法[52]，通过测定样品接收到的热能来表示实际消散在样品中的超声功率，热能计算公式为 $P_{实} = M \times C_P \times (dT/dt)_{t=0}$，该方法是以假设释放出来的超声波能量均能被液态传声介质吸收变成热能为基础，许多专家建议将量热法作为获得实际消散在样品中的功率的有效手段[55]，量热法测定的功率水平与每个设备的电输入功率成正比，并且使用不同体积和不同形状容器的超声波植冰装置，可以获得较为一致的结果。鉴于以上对实际消散在样品溶液中的超声波功率的方法的论述，本章采取量热法测定实际消散在不同浓度细胞溶液的超声波功率和超声强度。

3.2.1 材料和方法

3.2.1.1 超声植冰试验台的搭建

为了测定超声波植冰装置的实际效果以及超声波在细胞冻存管中实际消散的超声波功率和超声波强度，本节测定的超声波参数可用于后面小节。图 3-1 为本次设计的超声波植冰装置的实验台，由图可知本试验台由五个部分组成：

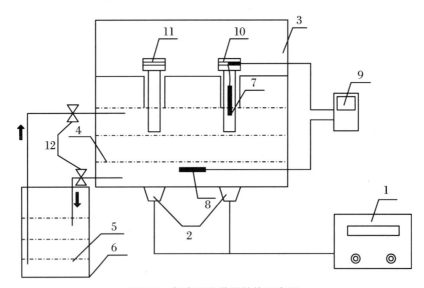

图 3-1 超声植冰装置整体示意图

1. 超声波发生器；2. 超声波振子；3. 超声内盒体；4~5. 控温相变液；
6. 低温恒温槽；7. 第一热电偶；8. 第二热电偶；9. 温度数据采集模块；
10. 对照冻存管；11. 细胞冻存管；12. 流量控制阀。

（1）超声容器：一般细胞冻存过程是在 1.8 mL 的冻存管中，根据程序降温盒的模型设计超声容器模型,对照冻存管和多个细胞冻存管可盛放于样本槽管中,样本槽底部与相变液相通,样本槽管安置在超声内盒体中,为了超声波能更充分地传到冻存管中,超声容器底部材料选为铝片。

(2) 温度检测系统:由第一热电偶电极和第二热电偶电极和温度数据采集模块组成,第一热电偶电极放在对照冻存管内,用于实时检测细胞溶液的温度,第二热电偶电极放在超声内盒体的相变液溶液中,用于实时检测控温相变液的温度。

(3) 超声波系统:由超声波振子和超声波发生器(上海声浦超声波设备厂)组成,其中超声波振子(直径 $d = 45$ mm)均匀地黏结在超声容器底部,超声波从超声容器向上传播到冻存管中,超声波频率为 40 kHz,超声波的电功率范围为 0~150 W。

(4) 冷却循环系统:该系统由低温恒温槽(新芝 DL-4020 型,宁波新芝生物科技股份有限公司)提供冷源,其控温范围为 -25~25 ℃,恒温精度为 ±0.1 ℃。由于乙二醇具有沸点高,且不易蒸发,不易着火,安全性好等优点,本研究采用乙二醇与水的混合物作为冷冻相变液,配制 38.5% 的乙二醇冷冻相变液,该百分比浓度的乙二醇溶液可降温至 -20 ℃ 不结冰,超声内盒体和低温恒温槽中加载配制好的控温相变液,超声容器与低温恒温槽组成一个闭合循环回路,低温恒温槽自带制冷循环系统,超声容器内的温度分布均匀。

(5) 拍照记录系统:CCD 高速摄像机(索尼 E3ISPM06300KPB,分辨率为 3072×2048 像素,59 帧/秒),CCD 通过数据线连接传输到计算机,并通过计算机实时记录超声植冰效果。

3.2.1.2 细胞溶液比热容的测定

为使测得的实际消散在细胞溶液中的超声波功率和超声波强度更加准确,测定不同 Me_2SO 溶液的比热容。本节采用 DSC 三线法测定细胞溶液的比热容[56-60],实验原理如图 3-2 所示,首先把空坩埚放在炉池中样品支架和参比物支架上,测出一条空白基线,然后在相同条件下分别测定已知标准样品蓝宝石的 DSC 曲线和待测不同 Me_2SO 浓度细胞冻存液的 DSC 曲线。测试过程中要求清洗用高氮气吹扫速率为 20 mL/min,保证高纯氮气速率为 20 mL/min,液氮制冷,循环水恒温系统设定温度为 30 ℃。程序控制为 10 ℃ 初始温度并且恒温 5 min,5 ℃/min 升温至 40 ℃,在 40 ℃ 恒温 5 min。细胞溶液在测试前,先用密封器压紧后,用差量法称量细胞溶液样品质量,测定细胞溶液样品线。通过公式计算所需温度下该细胞溶液的比热容,计算公式如下:

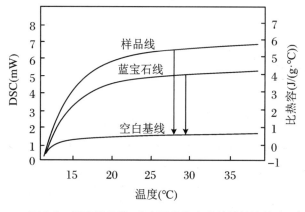

图 3-2 测定样品线、蓝宝石线和空白基线的比热

$$C_P(s) = \frac{C_p(st) \times D_s \times W_{st}}{D_{st} \times W_s} \tag{3-1}$$

式中，$C_p(s)$ 为细胞溶液的比热容，单位为 J/(g·k)；$C_p(st)$ 为标准样品蓝宝石的比热容，单位为 J/(g·k)；D_s 为在某一温度下，DSC 热曲线空白基线和细胞溶液样品线的垂直位移值，单位为 mW；D_{st} 为在某一温度下，DSC 热曲线空白基线和标准蓝宝石曲线垂直位移值，单位为 mW；W_s 为待测细胞溶液的质量，单位为 mg；W_{st} 为标准蓝宝石的质量，单位为 mg。

3.2.1.3 超声波植冰装置参数的测定

为确定后续小节中进行超声波植冰实验时实际消散在细胞溶液中的超声波功率($P_\text{实}$)，本章利用量热法对自行设计的超声植冰装置的实际消散在细胞溶液中的超声波功率($P_\text{实}$)进行测定，超声波电功率范围为 0~150 W 可以调节。为了减小工作量，分别测定电功率为 30 W、60 W、75 W、90 W、105 W、120 W、135 W、150 W 的实际消散在不同 Me_2SO 浓度细胞溶液中的超声波功率($P_\text{实}$)。

量热法是以假设释放出来的超声波能量均能被液态传声媒介吸收转化成热能，计算公式如下：

$$P_\text{实} = M \times C_P \times (dT/dt)_{t=0} \tag{3-2}$$

式中，M 为液体传声媒介的质量，单位为 kg，这里用的是不同 Me_2SO 的细胞溶液的质量；C_p 为比热容，单位为 J/(kg·℃)；$(dT/dt)_{t=0}$ 为受超声波作用时液体传声媒介温度随时间变化在 0 s 时的切线斜率，单位为 ℃/min。

为测定超声波的实际功率，这里使用量热法，首先让超声植冰装置容器内相变液与冻存管初始温度同为室温(本实验室温为 19 ℃)，当同为室温时启动超声植冰装置，超声波持续作用时间为 50 s。考虑到超声波植冰装置内不同方位超声强度不均匀(超声波振子正上方区域的超声强度比其他地方的超声强度要大得多)，超声容器相变液的体积以及冻存管放置相变液深度对超声强度有很大的影响。因此，测量实际消散在传声媒介中的超声波功率($P_\text{实}$)的实验样品均被放置于超声容器内同一位置(本文实验中样品被置于超声波振子正上方)，且超声植冰装置内的相变液体积相同(相变液体积是以高出超声植冰装置底部 100 cm 深的为准)，存放实验样品的冻存管深入相变液的深度相同(冻存管浸入相变液 1.5 cm)。为确保实验结果的准确性，每组相同水平条件下进行 3 次平行重复实验，每次实验中的样品，样品冻存管以及相变液都只使用一次。

3.2.2 结果与讨论

3.2.2.1 不同浓度 Me_2SO 细胞溶液的比热容

根据计算公式(3-1)得出不同浓度细胞溶液的比热容。如表 3-1 所示，测得 0% Me_2SO、3% Me_2SO、5% Me_2SO、10% Me_2SO 常温下的比热容分别为 4.081±0.07 J/(g·℃)、4.051±0.08 J/(g·℃)、3.950±0.04 J/(g·℃)、3.905±0.03 J/(g·℃)。0% Me_2SO 的比热容与 3% Me_2SO 和 5% Me_2SO 比热容无显著性差异，10% Me_2SO 的比热容与 3% Me_2SO 和 5% Me_2SO 比热容也无显著性差异，证明 0% Me_2SO~10% Me_2SO 的比热容无

显著性差异,为方便后面计算实际消散在细胞溶液中的超声波强度,这里取四种不同浓度的 Me_2SO 溶液比热容平均值为细胞溶液的比热容。细胞溶液的比热容为 3.997 J/(g·℃)。

表 3-1　不同浓度 Me_2SO 在常温下(25 ℃)的比热容

不同浓度 Me_2SO	比热容(J/(g·℃))			平均值±标准差
0%	4.008	4.098	4.138	4.081±0.07[a]
3%	4.146	4.004	4.004	4.051±0.08[ab]
5%	3.902	3.969	3.978	3.950±0.04[ab]
10%	3.940	3.889	3.866	3.905±0.03[b]

注:不同字母之间表示有显著性差异。

3.2.2.2　实际消散在样品内的功率($P_实$)

根据搭载的超声波植冰装置,分别测定 30 W、60 W、75 W、90 W、105 W、120 W、135 W、150 W 电功率的超声时,冻存管内细胞溶液的温度随超声时间的变化关系。实验结果如图 3-3 所示,不同电功率下冻存管内细胞溶液的温度随着超声时间的增加而增加,有非常明显的线性关系,根据温度随时间的温度曲线数据,用 Origin 8.0 拟合线性方程,图中对应电功率下拟合的温度随时间变化的线性方程。其线性方程见表 3-2 所示,其校正决定系数值接近 1,说明线性回归方程拟合程度越好。因此该拟合的线性回归方程可近似用来表示细胞溶液温度随时间变化的关系曲线。

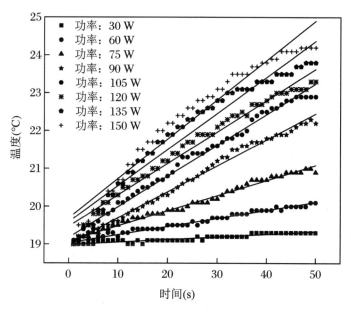

图 3-3　不同电功率超声波超声冻存管内细胞溶液温度随时间的关系

表 3-2　不同电功率超声波超声冻存管内细胞溶液温度随时间拟合的线性曲线

超声波功率(W)	线性回归方程	校正决定系数
30	$Y = 0.006\,8t + 18.99$	0.866 7
60	$Y = 0.021\,6t + 19.03$	0.978 8
75	$Y = 0.040\,0t + 19.08$	0.988 4
90	$Y = 0.068\,8t + 19.01$	0.991 9
105	$Y = 0.081\,3t + 19.17$	0.988 9
120	$Y = 0.083\,2t + 19.47$	0.977 0
135	$Y = 0.095\,6t + 19.59$	0.945 1
150	$Y = 0.104\,2t + 19.69$	0.950 3

3.2.2.3　实际消散在样品中的超声波强度

根据拟合的线性方程可得出超声时间为 0 s 时,冻存管保护液温度曲线切线的斜率 $((\mathrm{d}T/\mathrm{d}t)_{t=0})$。其中不同超声波电功率下保护液的质量如表 3-3 所示,样品溶液的比热容 C_p 为 3.997 J/(g·℃),根据公式 $P_{实} = M \times C_P \times (\mathrm{d}T/\mathrm{d}t)_{t=0}$ 可分别求得不同超声波电功率下实际消散在样品中的功率,见表 3-3。

表 3-3　不同电功率的超声波对应消散在样品中的实际功率和超声强度

超声波电功率(W)	样品的质量(g)	$(\mathrm{d}T/\mathrm{d}t)_{t=0}$ (℃/s)	实际消散在样品中的功率(W)	实际消散在样品中的超声强度(W/cm²)
30	0.991	0.006 8	0.026 9	0.032 9
60	0.986	0.021 6	0.085 1	0.104 1
75	0.980	0.043 6	0.170 6	0.208 8
90	0.984	0.068 8	0.270 6	0.331 2
105	0.987	0.081 3	0.320 7	0.392 5
120	0.977	0.090 3	0.352 7	0.431 6
135	0.985	0.095 6	0.376 4	0.460 7
150	0.986	0.104 2	0.410 7	0.502 6

为了更好地表示超声植冰装置的参数对样品的影响,这里可以用超声波强度($I_{实}$)表示,超声波强度($I_{实}$)可以用实际消散在单位面积上超声波功率表示:

$$I_{实} = \frac{P_{实}}{A_{横}} \tag{3-3}$$

式中,$P_{实}$为实际消散在水样品中超声波电功率,单位为 W;$A_{横}$为冻存管试管的横街面积,单位为 cm²。

本实验冻存管的直径为 10.20 mm,$A_{横}$ 为 0.817 1 cm²,将通过量热法测得的消散在冻存管内样品溶液的实际功率 $P_{实}$ 代入方程,可计算得出实际消散在超声波水样品内的超声波

强度 $I_\text{实}$,不同超声波电功率下超声作用时,实际消散在冻存管中的超声强度见表 3-3。

3.2.2.4 超声植冰装置植冰效果

为了检测该超声植冰装置诱导成核的效果,本实验中冻存管换成玻璃试管代替,玻璃试管透明度高,便于观察诱导冰晶成核情况。在实验中,当玻璃试管内细胞冻存液预冷到零下某温度时,开启超声植冰,开启瞬间,用已经夹好玻璃试管的夹子,移出超声容器,观察到冰晶的生长情况如图 3-4 所示(参见彩图)。玻璃试管移出超声容器的瞬间,冰晶在细胞冻存液的溶液表面接触空气的地方首先成核,在这个晶核的基础上,随着时间的推移,冰晶逐渐长大,从上往下,开始扩散式的冰晶生长,效果非常清晰和明显。经过多次实验发现,超声植冰装置诱导成核的成功率在 99% 以上,该实验为后面的细胞冻存实验奠定基础。

图 3-4 超声植冰成核效果展示

(a) 超声植冰装置开启后 1 s 的冰晶生长图片; (b) 超声植冰装置开启后 2 s 的冰晶生长图片;
(c) 超声植冰装置开启后 4 s 的冰晶生长图片; (d) 超声植冰装置开启后 8 s 的冰晶生长图片。

3.2.2.5 超声波诱导成核对成核位置的影响

在施加超声波的情况下,超声波植冰装置对过冷水的冻结有影响。图 3-5 所示(参见彩图)为超声波作用的细胞保护液的冰晶形成过程(插入热电偶),细胞溶液经过超声植冰装置诱导之后,成核位置在热电偶的尖端(图 3-5(a)),成核位置在热电偶的尖端靠后一点的位置(图 3-5(b)),改变热电偶尖端的位置,成核位置仍然是在热电偶的尖端(图 3-5(c))。热电偶的加入对细胞溶液的冻结特性有很大影响,热电偶有促进成核的作用,成核最频繁的位置是浸入热电偶的尖端与溶液表面的接触点,根据异相成核成核原理,体系中包含两相不相容介质,稳定的组分在两相不相容介质的界面上产生(如气泡在固液界面上形成),高分子被吸附在固体杂质表面或溶液中存在的破坏的晶种表面而形成晶核。也可能是热电偶和超声波发生了共振,二者共同作用,促进了冰核的产生。

图 3-6(参见彩图)为超声波作用的细胞溶液的冰晶形成过程(不插入热电偶)。超声植冰装置诱导成核的位置不固定,图 3-6(a)中诱导冰晶成核的位置是在空气与细胞溶液自由表面,图 3-6(b)中诱导冰晶成核的位置是在细胞溶液的底部,图 3-6(c)中诱导冰晶成核的位置是在远离玻璃试管壁的中部,图 3-6(d)中诱导成核的位置是在靠近玻璃试管壁的地方。细胞溶液中存在很多看不见的气泡和溶解的气体,在超声波作用下,细胞溶液中不断出现的空化气泡,在超声波的影响下剧烈运动,气泡在运动过程中伴随着气泡的长大、收缩、破裂等过程。本实验中超声波产生的纵向压力波垂直向上传播,玻璃试管内细胞溶液在该压力波

图 3-5　超声植冰对成核位置的影响（插入热电偶）
（a）～（c）分别为不同位置插入热电偶时冰晶成核图片。

的作用下也将沿着垂直方向做上下往复运动,空化气泡在超声波上下不断地运动,其运动方向具有随机性。空化气泡在迅速破裂过程中会产生瞬时高温效应和高压效应,降低界面能,从而促使晶核形成,增加细胞溶液的平衡冻结温度并诱导成核,超声波植冰装置的诱导作用可以增强伴随冷冻过程中的传热和传质过程,触发成核,这为后面细胞冻存过程中超声波植冰奠定了很好的基础。

图 3-6　超声波植冰对成核位置的影响
（a）～（d）分别为不插入热电偶时冰晶不同成核位置的图片。

本 节 小 结

本节自行搭载了超声波植冰装置实验台,由于超声波在传递过程中不仅存在热量损失还存在细胞冻存管在接收超声能量时会有损耗,为方便后续研究细胞冻存实验,本节采用量热法测定了消散在细胞溶液中的超声波功率($p_\text{实}$)以及超声波强度($I_\text{实}$),后续实验中消散在细胞溶液中的超声波功率($p_\text{实}$)和超声波强度($I_\text{实}$)的实际值以本节测定的实际消散在细胞冻存液的功率和强度为准。根据自行设计的超声波植冰装置,得出以下结论:

(1) 本节设计的超声植冰装置诱导成核成功率在99%以上,诱导成核效果非常明显,为后续细胞冻存实验提供有利条件。

(2) 在插入热电偶的情况下,超声波作用下的冰晶形成过程中,成核最频繁的位置是在浸入热电偶的尖端与溶液表面的接触点,浸入的热电偶的表面似乎具有诱导冻结作用,热电偶的加入增大了异相成核的可能性。

（3）在不插入热电偶的情况下，超声波作用的细胞保护液的冰晶在形成过程中，成核位置是随机的，这可能与细胞溶液中溶解的气体和空化气泡有关，超声波诱导成核与细胞溶液中产生的空化效应密不可分。

3.3 超声植冰对 L-02 肝细胞低温保存的影响

在现有的传统细胞植冰过程中，用预冷后的镊子或金属针触碰冻存管的管壁进行植冰，会造成冰晶形成不均匀，使得靠近镊子或金属针触碰位置温度较低，形成的冰晶较大，从而容易对细胞造成损伤，影响细胞冷冻保存的存活率和完整性。

传统的植冰方式除了预冷探针贴壁诱导成核，也可以在细胞溶液中添加冰核细菌诱发冻结[12,13,61]，还可以通过电极诱导[25-27]、摇晃、振动、超声[49,50,62]等方式，或者改变降温速率[28]、改变压力[30]等方式诱导成核等。关于超声波诱导成核的研究，仅限于食品材料的冻结，例如珍贵食品、药物、疫苗的冷冻浓缩冷冻干燥等[32,36,37]，但是在细胞低温保存领域，鲜有文献报道。

本节选取人原代 L-02 肝细胞为研究对象，利用设计的超声植冰装置低温保存 L-02 肝细胞，同时探索超声波诱导成核的相关机理。

3.3.1 材料和方法

3.3.1.1 实验装置

本节超声植冰装置与 3.2.2.1 小节一致，由超声容器、温度采集系统、超声波诱导成核系统、冷却循环系统四个部分组成。该超声波诱导成核系统由超声波振子和超声波发生器组成，超声波振子均匀地粘在样本槽底部，超声波从样本槽管底部向上传播到冻存管中，超声波频率为 40 kHz。

3.3.1.2 材料和试剂

正常人类肝细胞系 L-02 购于中国科学院上海细胞生物研究所，其余材料及试剂来源如表 3-4 所示。

表 3-4 材料与试剂

试剂名称	型号	纯度	公司
RPMI-1640	11875093	无血清	GIBCO
胎牛血清	900108	98%	GEMINI
胰蛋白酶	TE2004Y	0.25%	天津灏洋（TBD）

续表

试剂名称	型号	纯度	公司
二甲基亚砜（Me_2SO）	D103277	≥99.9%	阿拉丁
PBS缓冲溶液	PB2004Y	无钙镁离子，0.01 mol/L	天津灏洋（TBD）
乙二醇	E103319	≥98%	麦克林
AO/PI双染试剂盒	BB20071	无	贝博（BestBio）
尿素检测试剂盒	TC1167	无	LEAGENE
白蛋白检测试剂盒	TC0563	无	LEAGENE
葡萄糖检测试剂盒	TC0717	无	LEAGENE
T-25细胞培养瓶	707003	TC处理	NEST耐思
50 mL离心管	602002	无菌	NEST耐思
15 mL离心管	601002	无菌	NEST耐思
1.5 mL离心管	MCT150CS	无菌	Axygen
2 mL冻存管	607001	无菌	NEST耐思

3.3.1.3 仪器与设备

本章所使用的仪器及设备如表3-5所示。

表3-5 仪器与设备

试剂名称	型号	公司
普通光学显微镜	YS100	日本尼康
荧光显微镜	TS100	日本尼康
低速台式离心机	TDL-80-2B	上海安亭
CO_2细胞培养箱	BC-J80S	上海博讯
超低温冰箱	DW 86L828	青岛海尔
低温恒温槽	DC-0506	宁波天恒
智能多路温度测试仪	BB20071	常州安柏
差示扫描量热仪	200F3	德国耐驰
酶标仪	ASYS UVM340	英国柏楷
程序降温盒	5100-0001	赛默飞世尔

3.3.1.4 肝细胞传代培养

在补充有10%胎牛血清的RPMI-1640培养基中培养L-02肝细胞，将它们放在37 ℃、5% CO_2的培养箱中进行培养。

（1）传代培养前，先观察培养瓶中的数量，待细胞长满底壁时或80%~90%贴壁时，轻轻吸弃培养瓶里的上清液，向长满底壁的L-02细胞培养瓶中加入1 mL PBS缓冲液，轻柔洗涤两次后吸弃 PBS。

(2) PBS 清洗 2 遍后,加入 1 mL 胰蛋白酶,将培养瓶置入培养箱中进行消化 2 min。待光学显微镜下观察到细胞形态已成圆状时,轻轻拍打 T-25 培养瓶的侧面,细胞能够完全脱离壁面,加入 2 mL 完全培养基终止消化。

(3) 用 1 mL 的移液枪吸取培养液对培养瓶底壁进行轻柔均匀地反复吹打,确保细胞脱离底壁已全部进入溶液中,将细胞从 T-25 培养瓶中取出,以 1000 r/min 的转速离心 4 min。

(4) 离心后吸弃上清液,加入完全培养基进行细胞重悬,并将细胞分装至两个新的 T-25 培养瓶进行传代或者重悬于培养基中以备后用。

3.3.1.5 保护剂结晶温度测量

使用差式扫描量热仪(DSC)分别测量 3 种保护剂(0% $Me_2SO(v/v)$、3% $Me_2SO(v/v)$、5% $Me_2SO(v/v)$)的结晶温度。将 DSC 程序设定为 30 ℃等温 1 min,以 30 ℃/min 速率降温到 -80 ℃,平衡 1 min,再以 10 ℃/min 的速率升温到 30 ℃。参比侧放置一个小坩埚,每组保护剂实验重复 3 次。采用 DSC 分析软件 PYRIS Manager 分析相变温度。

3.3.1.6 肝细胞的冷冻保存和复苏

1. 肝细胞冷冻保存

肝细胞冻存方法包括两种,分别采用超声波植冰冻存和程序降温慢速冻存,每组设置 3 个平行组。超声波植冰冻存的方法如下:提前准备载冷剂,该液体为 38.5%(v/v)的乙二醇,温度最低可降到 -20 ℃。分别将含有 3% $Me_2SO(v/v)$,5% $Me_2SO(v/v)$ 和 10% $Me_2SO(v/v)$ 的细胞溶液重悬后,各取 500 μL 分装到三个 2 mL 的冻存管中,每支冻存管体积是 500 μL,另取冻存管作为对照冻存管,对照冻存管添加等量不含肝细胞的保护剂溶液,将对照冻存管和三个细胞冻存管同时放置在超声植冰装置的样本槽中。植冰时,首先将搭载好的超声容器与低温恒温槽连接,将配制好的 38.5%(v/v)的乙二醇载冷剂注入超声内盒体和低温恒温槽中,开启低温恒槽的制冷循环系统,待第二热电偶检测到超声容器内控温相变液温度达到指定需要的温度并保持恒温状态,通过第一热电偶实时监测冻存管温度,当冻存管温度达到指定植冰温度时,启动超声波发生器电源,超声波启动,植冰结束后关闭超声波,细胞冻存管在控温相变液中平衡 5 min 使冰晶生长完全,平衡结束后冻存管转移至程序降温盒,将降温盒转移至 -80 ℃冰箱进行低温保存过夜,第二天再将冻存管转移至液氮冻存 24 h。程序降温慢速冷冻组方法是将含有 3% $Me_2SO(v/v)$、5% $Me_2SO(v/v)$ 或 10% $Me_2SO(v/v)$ 的细胞重悬后,等份分装到三个 2 mL 的冻存管中,每支 500 μL 溶液冻存管直接装入程序降温盒置于 -80 ℃的冰箱过夜,第二天转移到液氮深低温保存。

2. 肝细胞复苏

低温保存 24 h 后,将冻存管从液氮中取出,快速放入 37 ℃的水浴锅中摇晃振荡 2~3 min 进行细胞复苏,2 min 后用 75%酒精消毒管身,防止污染。在超净台中将冻存管中细胞溶液转移到 15 mL 离心管中,加入 2 mL 的完全培养基以 1 000 r/min 离心 4 min,离心结束后吸弃上清液,在加入 PBS 缓冲液清洗一遍,以 1 000 r/min 再离心 4 min,加入完全培养基重悬,以进一步检查细胞存活率或细胞培养过程。

3.3.1.7 肝细胞计数和存活率测定

1. 肝细胞计数

细胞离心后用培养基重悬 1 mL,吸取 10 μL 的细胞重悬液到血球计数板一侧凹槽内,加盖盖玻片后在光学显微镜下进行细胞计数,计数方法如式(3-4),计数要求按照:计上不计下,计左不计右的原则,细胞浓度在 $10^5 \sim 10^6$/mL。

$$\beta = \frac{ab}{4} \times 10^4 \tag{3-4}$$

式中,β 为细胞浓度,单位为 mL^{-1};a 为四个大方格总数,单位为个;b 为稀释倍数。

2. 肝细胞存活率检测

为了检测肝细胞在超声波植冰装置诱导成核冻存实验及复苏后细胞的存活率,采用荧光染色法进行检测。由于 AOPI 染料比台盼蓝染料精确度更高,本实验采取 AOPI 染料检测细胞的存活率。为评估冷冻保存后细胞的存活率,本章将离心后细胞用培养基稀释成细胞悬液,用 15 μL 移液枪吸取 15 μL 细胞悬液到 1.5 mL 离心管中,避光加入 15 μL AOPI 染液,轻轻混匀在 4 ℃下避光孵育 10~20 min,孵育完成后吸取 15 μL 的细胞染色液在载玻片的中央,盖上盖玻片在荧光显微镜下进行观察,荧光显微镜激发光源波长为 488 nm,接受光波长为 520 nm。AOPI 染液的配制方法如下:取 100 μL 试剂 C 用 900 μL 的 PBS 缓冲液稀释,充分混匀后,加入 10 μL 的 AO 染色液和 20 μL 的 PI 染色液。染色完成后,在明场里找到细胞并结合荧光在暗室里观察,最后利用 Image Pro Plus 6.0 软件进行计数。细胞存活率公式如下:

$$\gamma = \frac{m}{m+n} \times 100\% \tag{3-5}$$

式中,γ 为细胞存活率;m 为活细胞数;n 为死细胞数。

3.3.1.8 肝细胞形态学观察及细胞功能检测

1. 细胞形态学观察

为配合肝细胞功能检测,采用普通光学显微镜对不同低温保存的肝细胞形态进行观察,记录从第 1 天到第 7 天的细胞形态变化。不同细胞冻存方式见表 3-6。

表 3-6 不同细胞冻存方式

实验组编号	处 理 方 式
1	新鲜组
2	10% Me_2SO(v/v)慢速冷冻保存组
3	5% Me_2SO(v/v),-7 ℃传统植冰组(贴壁植冰)
4	5% Me_2SO(v/v),-7 ℃超声波植冰组

2. 肝细胞功能测定

在细胞功能检测,主要对肝细胞 1~7 天分泌尿素、白蛋白及葡萄糖的能力进行检测,分别采用脲酶波氏比色法、溴甲酚绿比色法、Folin-Wu 微板法检测。具体检测方法如下:

脲酶波氏比色法:尿素酶水解尿素,产生氨和二氧化碳,铵离子与苯酚反应生成蓝色吲哚酚,吲哚酚的生成量与尿素含量成正比,通过酶标仪测定 560 nm 处吸光度。

(1) 配制标准品工作液:取适量的尿素标准液(100 mmol/L),按尿素标准液(100 mmol/L):ddH$_2$O = 1:19 的比例混合,使尿素浓度为 5 mmol/L,即为标准品工作液(5 mmol/L)。4 ℃下保存 1 周有效。

(2) 配制脲酶工作液:取适量的脲酶溶液,按照脲酶溶液:脲稀释液 = 1:99 的比例混合,即为脲酶工作液。4 ℃下避光保存 1 月有效。

(3) 依次向空白管、标准管、测定管加入等量 10 μL 的 ddH$_2$O、标准品工作液(5 mmol/L)、待测样品(培养瓶上清液)。每个管加入等量的 200 μL 脲酶工作液充分混合,37 ℃下水浴 15 min,15 min 之后依次每管等量加入 1 mL 的酚显色液和 1 mL Urea Assay Buffer 液。

(4) 充分混匀,37 ℃下水浴 20 min,用酶标仪检测 560 nm 处吸光度。尿素含量计算公式如下:

$$尿素含量(mmol/L) = \frac{A_{测定}}{A_{标准}} \times 5 \quad (3\text{-}6)$$

式中,$A_{测定}$为测定管的吸光度;$A_{标准}$为标准管的吸光度。

溴甲酚绿比色法:溴甲酚绿对白蛋白具有较高的亲和力,白蛋白分子带正电荷,与带负电荷的溴甲酚绿结合生成蓝绿色复合物,在 628 nm 处有吸收波,该复合物的吸光度与白蛋白浓度成正比,与同样处理的白蛋白标准比较,可求得待测样品中白蛋白浓度。

(1) 取 0.5 mL 白蛋白标准配制液加入到白蛋白标准(20 mg),充分溶解后配制成 40 mg/mL 的白蛋白标准溶液,配制后可立即使用,溶解后的白蛋白标准溶液于 -20 ℃下保存。

(2) 依次向空白管、标准管、测定管加入等量 10 μL 白蛋白标准配制液、白蛋白标准溶液(40 mg/mL)、待测样品(培养瓶上清液),在等量加入 2 mL BCG 试剂。

(3) 顺序加入 BCG 试剂后,并立即混匀,室温放置(30±3)s,用酶标仪在 628 nm 处读取标准管和各测定管的吸光度。白蛋白含量计算公式如下:

$$白蛋白含量(g/L) = \frac{B_{测定}}{B_{标准}} \times 40 \quad (3\text{-}7)$$

式中,$B_{测定}$为测定管的吸光度;$B_{标准}$为标准管的吸光度。

Folin-Wu 微板法:葡萄糖在加热的碱性环境中铜离子还原成氧化亚铜沉淀,氧化亚铜使磷钼酸还原成钼蓝,其最高吸收峰为 420 nm,颜色深浅与葡萄糖含量成正比。

向空白管加入 300 μL 蒸馏水,标准管加入 200 μL 蒸馏水和 100 μL Glu 标准(10 mg/mL),测试管加入 200 μL 蒸馏水和 100 μL 培养瓶上清液,再依次向三个管加入等量 100 μL Folin 碱性铜溶液和 100 μL 磷钼酸溶液,充分混匀后,置于沸水浴中煮沸,取出在冷水中冷却,注意不能摇动,分别加入 50 μL 蒸馏水,再用酶标仪 420 nm 处读取吸光度。葡萄糖含量计算公式如下:

$$葡萄糖含量(mmol/L) = \frac{C_{测定}}{C_{标准}} \times 5.5 \quad (3\text{-}8)$$

式中,$C_{测定}$为测定管吸光度;$C_{标准}$为标准管吸光度。

3.3.1.9 数据分析

获得的荧光图片采用 Image Pro Plus 6.0 软件进行分析。数据采用 IBM SPSS Statistics 22.0 软件处理。每个样本重复 3 次,所有数据使用平均数±标准差的形式体现,以 $P<0.05$ 作为差异显著评判标准,具有统计学意义。

3.3.2 结果与分析

3.3.2.1 植冰温度上阈的确立

利用 DSC 分析软件 Pyris Manager 计算出不同浓度 Me_2SO 溶液的熔融温度,结果如图 3-7 所示,这里每组仅展示不同浓度 Me_2SO 中的一次熔融温度曲线,其中 0% Me_2SO(v/v),3% Me_2SO(v/v),5% Me_2SO(v/v)熔融温度分别为 (-3.77 ± 0.2) ℃,(-5.84 ± 0.49) ℃,(-7.37 ± 0.81) ℃。当溶液温度高于熔融温度时,溶液不会结冰,只有当溶液温度低于熔融温度时,溶液才有结冰的可能。根据相变温度,可以确定超声波植冰的温度范围。0% Me_2SO(v/v)溶液植冰温度上阈为 -4 ℃,3% Me_2SO(v/v)溶液植冰温度上阈为 -6 ℃,5% Me_2SO(v/v)溶液植冰温度上阈为 -7 ℃。

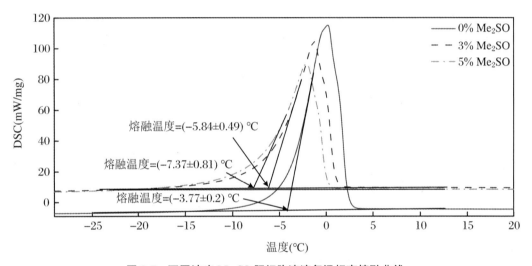

图 3-7 不同浓度 Me_2SO 肝细胞溶液复温相变熔融曲线

3.3.2.2 超声植冰对肝细胞冻存的影响

图 3-8(参见彩图)显示了预冷温度为 -9 ℃ 时,超声植冰对细胞存活率的影响,新鲜组基本上没有死细胞(图 3-8(a)),10% Me_2SO 慢速冷冻组(图 3-8(b))和 10% Me_2SO + 超声植冰组(图 3-8(c))略微有少量的死细胞,但是 5% Me_2SO 组(图 3-8(d))死细胞数目非常多,然而 5% Me_2SO + 超声植冰组(图 3-8(e))细胞存活率大大提高,这证明通过超声植冰可以大大提高细胞的存活率,从图 3-8(B)可以直观分析,新鲜组与 10% Me_2SO + 超声植冰组和 5% Me_2SO + 超声植冰组细胞存活率无显著性差异,传统的保护剂方案,加入 10% Me_2SO 的细胞溶液冻存后,细胞存活率也能够达到 (87.2 ± 5.6)%,但仍然与新鲜对照有显著差异。在冻存中,降低 Me_2SO 浓度,5% Me_2SO 的细胞存活率仅有 (62.2 ± 2.9)%,然而 5% Me_2SO + 超声时的植冰组细胞存活率能达到 (93.4 ± 1.1)%,与传统保存方案相比,细胞存活率大大提高了,并且与新鲜对照组无显著性差异。

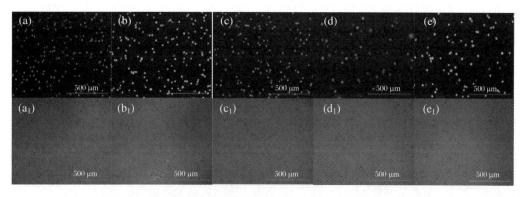

(A) 不同操作方式保存肝细胞的荧光图像

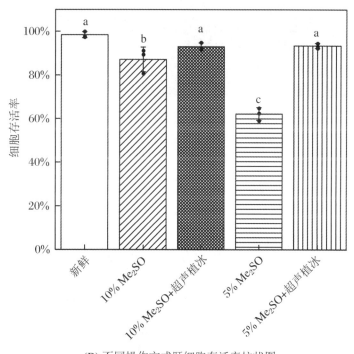

(B) 不同操作方式肝细胞存活率柱状图

图 3-8 超声植冰对肝细胞存活率的影响(不同字母代表有显著性差异($P<0.05$))[110]
(a) 新鲜组肝细胞荧光图片;(b) 添加 10% Me_2SO 组肝细胞荧光图片;(c) 添加 10% Me_2SO+超声植冰组肝细胞荧光图片;(d) 添加 5% Me_2SO 组肝细胞荧光图片;(e) 添加 5% Me_2SO+超声植冰组肝细胞荧光图片;(a_1)~(e_1)分别对应为(a)~(e)的肝细胞明场图片。

3.3.2.3 超声波植冰与传统植冰方式的比较

图 3-9(参见彩图)为传统植冰与超声植冰对肝细胞存活率的影响。当添加 10% Me_2SO(v/v),预冷温度为 -9℃ 时,传统植冰细胞(图 3-9(a))存活率为 $(88.81\pm1.6)\%$,超声植冰细胞(图 3-9(b))存活率为 $(92.98\pm1.7)\%$,存在显著性差异;当添加 5% Me_2SO(v/v),预冷温度为 -9℃ 时,与传统植冰方式相比,超声植冰存活率大大提高,细胞(图 3-9(c))存活率达到 $(93.4\pm1.1)\%$,而传统植冰方式细胞(图 3-9(d))存活率仅为 $(76\pm1.4)\%$,Me_2SO 相同体积浓度时,超声植冰比传统植冰更有优势。与传统保存方案相比,传统植冰在 -9℃ 植

冰能略微提高细胞存活率,但 Me_2SO 的体积浓度降低为 5% 时,传统植冰在较低预冷温度下植冰的效果就没有那么明显,然而,超声植冰在较低的植冰温度下发挥了更大的改善细胞存活率的作用。其中原因可能是超声波植冰操作过程中不用将冻存管从冰盒中取出,植冰成功率较高,而传统植冰需要将冻存管反复取出,温度波动大,且成功率低,充分体现了超声波植冰一致性强、成功率高、保存效果好的特点。

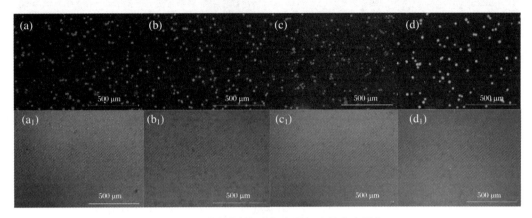

(A) 不同植冰方式保存肝细胞的荧光图像

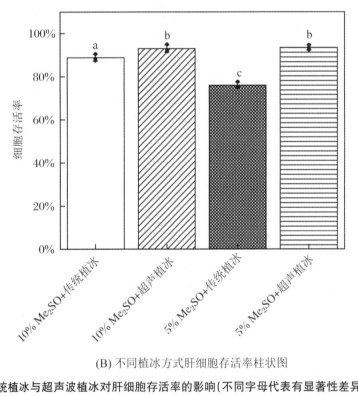

(B) 不同植冰方式肝细胞存活率柱状图

图 3-9 传统植冰与超声波植冰对肝细胞存活率的影响(不同字母代表有显著性差异 $P<0.05$)
(a) 添加 10% $Me_2SO(v/v)$ + 传统植冰组肝细胞荧光图片;(b) 添加 10% $Me_2SO(v/v)$ + 超声植冰组肝细胞荧光图片;(c) 添加 5% $Me_2SO(v/v)$ + 传统植冰组肝细胞荧光图片;(d) 添加 5% $Me_2SO(v/v)$ + 超声植冰组肝细胞荧光图片;$(a_1) \sim (d_1)$ 分别对应为 (a)~(d) 的肝细胞明场图片。

3.3.2.4 不同超声波强度对肝细胞冻存的影响

如图 3-10 所示(参见彩图),当使用 5% $Me_2SO(v/v)$,植冰温度为 $-9\ ℃$ 时,超声波强度分别为 $0.032\ 9\ W/cm^2$、$0.104\ 1\ W/cm^2$、$0.331\ 2\ W/cm^2$、$0.431\ 6\ W/cm^2$、$0.502\ 6\ W/cm^2$ 对细胞进行保存,检测细胞的冷冻存活率。当超声波强度小于 $0.431\ 6\ W/cm^2$ 时,细胞均得到较好的保存,均在 90% 以上,满足样本库等细胞库的需求,组别间无著性差异;当超声波强度大于 $0.431\ 6\ W/cm^2$ 时,细胞存活率有显著下降,总体来看,一定功率的超声波作用一定时间范围,细胞存活率都能达到 90% 以上。超声波以正负压力波交替为周期的形式在液体介质中传播,当超声波足够强,即一定功率和频率的超声波,并且处于负压状态时液体自身原有的完整性结构会被破坏,会导致出现空穴或空腔,即空化气泡,此时,溶解在液体中的气体

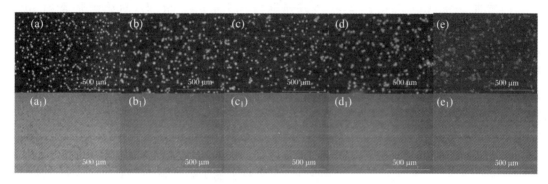

(A) 不同强度超声植冰肝细胞荧光图像

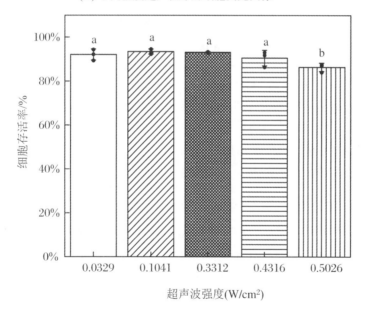

(B) 不同强度超声波植冰肝细胞存活率柱状图

图 3-10 不同强度超声波植冰对肝细胞存活率的影响(不同字母代表有显著性差异 $P<0.05$)

(a) 施加 $0.032\ 9\ W/cm^2$ 的超声波肝细胞荧光图片;(b) 施加 $0.104\ 1\ W/cm^2$ 的超声波肝细胞荧光图片;
(c) 施加 $0.331\ 2\ W/cm^2$ 的超声波肝细胞荧光图片;(d) 施加 $0.431\ 6\ W/cm^2$ 的超声波肝细胞荧光图片;
(e) 施加 $0.502\ 6\ W/cm^2$ 的超声波肝细胞荧光图片;$(a_1)\sim(e_1)$ 分别对应为 $(a)\sim(e)$ 的肝细胞明场图片。

就会进入气泡中,随着时间的推移,空化气泡会逐渐增大。随着正负压力波的交替,当声压变成正压时,由于空化气泡表面的张力作用,会使其出现收缩现象,此时,气泡中的气体会重新进入液体当中,但是,由于空化气泡收缩的表面积减少,使内部扩散到液体中的气体体积减小,当下一个正负压力波出现后,进入空化气泡中的气体体积总是要比返回到液体中的气体高,当多个周期的正负压力波出现后,空化气泡中的气压就会增大到气泡无法承受的程度而发生破裂[63],气泡生长、收缩、破裂的过程可以增强伴随细胞冷冻过程中的传热和传质过程[64,65],降低界面能[66-69],触发成核,虽有报道大功率的超声波对植物细胞膜产生破坏[70],但是只要在合适的超声强度范围,对细胞冻存都有积极影响。

3.3.2.5 植冰温度对细胞存活率的影响

当添加 10% $Me_2SO(v/v)$,超声波强度为 0.104 1 W/cm^2 时,对照组是添加 10% $Me_2SO(v/v)$ 的细胞溶液慢速冷冻保存,可以看到添加 10% $Me_2SO(v/v)$,超声波植冰组图 3-11(b,c,d,参见彩图)与非植冰组图 3-11(a)活细胞数目都比较多,从图 3-11(b)直观分析可知,与传统保护剂方案慢速冷冻非植冰组(图 3-11(a))相比,当植冰温度为 −9 ℃ 时,超声波植冰组细胞存活率没有显著性差异,当植冰温度为 −7 ℃ 或 −8 ℃ 时,超声波植冰组细胞存活率略微有提高,存活率分别为 $(96.6±0.3)\%$、$(96.4±0.2)\%$,存在显著性差异。这个结果与理论上认为是一致的,植冰温度越高,过冷度越小,细胞损伤越小,细胞存活率越高。但这个结果还与添加的 Me_2SO 浓度有一定关系,可能存在一定的误差,因为本身添加 10% $Me_2SO(v/v)$ 对细胞冻存的保护达到饱和状态。为验证该实验结果的正确性,降低 Me_2SO 浓度,验证添加 5% $Me_2SO(v/v)$ 细胞存活率在不同预冷温度下超声波植冰对细胞存活率的影响。

当使用 5% $Me_2SO(v/v)$,超声波强度为 0.104 1 W/cm^2 时,比较不同的植冰温度(−7 ℃,−8 ℃,−9 ℃)时的细胞存活率,由图 3-11(c)发现,当 −7 ℃ 和 −8 ℃ 时,细胞得到较好保存,几乎全部存活,存活率分别为 $(97±2.6)\%$、$(95.9±0.2)\%$。当植冰温度为 −9 ℃ 时,细胞存活率略下降,存活率为 $(90.8±1.9)\%$,可见不同温度对保存效果存在显著性差异。再一次验证了图 3-11(b)预实验结论的正确性。这是由于植冰温度越低,细胞的过冷度越高,由于过冷度是造成细胞死亡的重要因素,应该尽量提高植冰温度,减少过冷度,但是植冰温度不能无限制提高,必须低于溶液的结晶温度。并且,即使降低 Me_2SO 浓度,细胞存活率仍能达到 90% 以上,超声植冰发挥了很大的作用。

3.3.2.6 最优体积浓度的确定

使用超声波强度为 0.104 1 W/cm^2,对不同体积浓度的 Me_2SO(0%,3%,5%)细胞悬液进行低温保存,根据 3.3.2.4 小节的结论,在保证植冰成功的前提下,植冰温度应尽量高,即采用对应浓度的上阈温度(−4 ℃,−6 ℃,−7 ℃)进行植冰。其结果见图 3-12(参见彩图),当 Me_2SO 体积浓度从 5% 降到 0%,死细胞数目增加(图 3-12(a)),当 Me_2SO 体积浓度为 0 时,细胞依然有存活,存活率高达 $(11.7±2.0)\%$,而 3% $Me_2SO(v/v)$ 细胞存活率为 $(91.32±1.3)\%$,低于 5% $Me_2SO(v/v)$ 的细胞存活率 $(97±2.6)\%$,各组别之间均有显著性差异。因此添加 5% Me_2SO 为最优体积浓度。超声植冰可以降低细胞溶液过程中的过冷度,改变较大过冷度下因释放潜热而与周围环境温度形成较大温差,细胞内外形成应力,最后形成较快的降温速率,防止胞内冰的形成。Me_2SO 作为一种小分子的渗透性保护剂,可以渗透到细胞内,使细胞因渗透而失水,使胞内冰减少,减少胞内冰的损伤,虽然有一定的毒性,但植冰操作仍然无法消除 Me_2SO 的使用。从结果来看在超声植冰辅助诱导成核情况下，添加 5% $Me_2SO(v/v)$ 是最优浓度，细胞存活率为 $(97±2.6\%)$，与新鲜组相比，基本上没有差异。

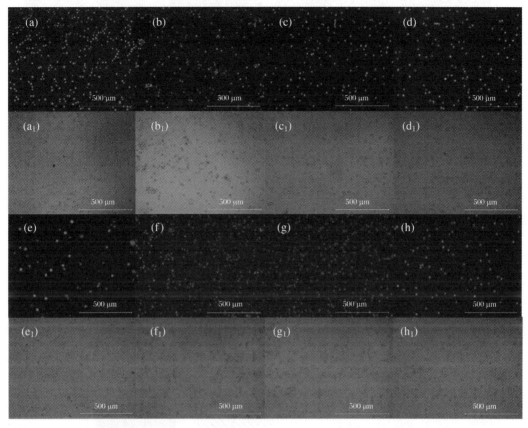

(A) 添加10% $Me_2SO(v/v)$ 和5% $Me_2SO(v/v)$ 肝细胞不同温度下植冰的荧光图像

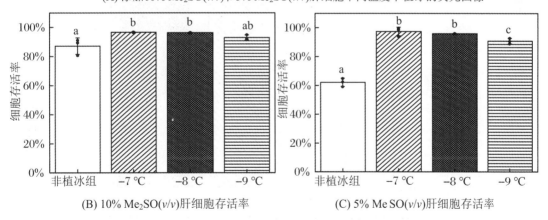

(B) 10% $Me_2SO(v/v)$ 肝细胞存活率　　　　(C) 5% $Me_2SO(v/v)$ 肝细胞存活率

图 3-11　不同温度下超声植冰对肝细胞存活率的影响(不同字母代表有显著性差异 $P<0.05$)
(a) 添加 10% $Me_2SO(v/v)$ 非植冰组肝细胞荧光图片；(b) 添加 10% $Me_2SO(v/v)$ 在 -7 ℃ 下的超声植冰的肝细胞荧光图片；(c) 添加 10% $Me_2SO(v/v)$ 在 -8 ℃ 超声植冰的肝细胞荧光图片；(d) 添加 10% $Me_2SO(v/v)$ 在 -9 ℃ 超声植冰的肝细胞荧光图片；(e) 添加 5% $Me_2SO(v/v)$ 非植冰组肝细胞荧光图片；(f) 添加 5% $Me_2SO(v/v)$ 在 -7 ℃ 下的超声植冰的肝细胞荧光图片；(g) 添加 5% $Me_2SO(v/v)$ 在 -8 ℃ 下的超声植冰的肝细胞荧光图片；(h) 添加 5% $Me_2SO(v/v)$ 在 -9 ℃ 下的超声植冰的肝细胞荧光图片；$(a_1)\sim(h_1)$ 分别对应为 (a)～(h) 的肝细胞明场图片。

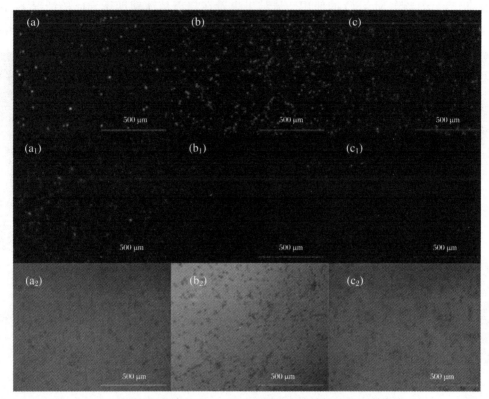

(A) 不同体积浓度的Me_2SO肝细胞溶液超声波植冰荧光图像

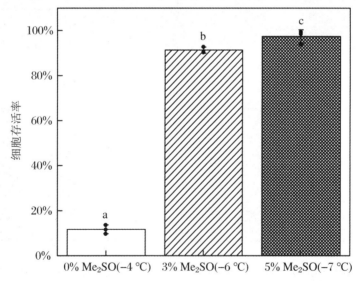

(B) 不同体积浓度的Me_2SO肝细胞溶液超声波植冰细胞存活率

图3-12 接近熔融温度的预冷温度下超声植冰对细胞存活率的影响
（不同字母代表有显著性差异 $P<0.05$）

(a) 添加 0% $Me_2SO(v/v)$ 在 -4 ℃时的超声植冰肝细胞荧光图片；(b) 添加 3% $Me_2SO(v/v)$ 在 -6 ℃时的超声植冰肝细胞荧光图片；(c) 添加 0% $Me_2SO(v/v)$ 在 -7 ℃时的超声植冰肝细胞荧光图片；(a_1)~(c_1)分别对应为(a)~(c)的死细胞荧光图片；(a_2)~(c_2)分别对应为(a)~(c)的肝细胞明场图片。

3.3.2.7 不同处理方式对肝细胞形态的影响

为研究不同低温保存方式对肝细胞代谢活性的长期影响,本章用 3 种处理方式,分别是超声波植冰组、传统植冰组和传统慢速冷冻方案保存肝细胞,新鲜组为对照。如图 3-13 所示

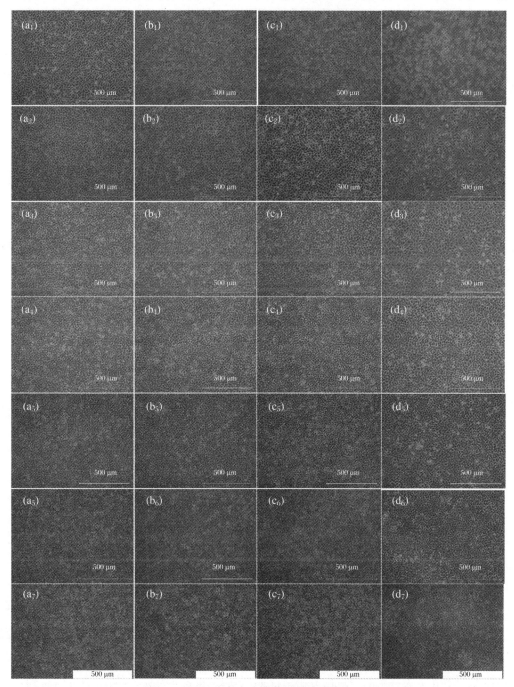

图 3-13 不同冻存方法培养 7 天的肝细胞形态

(a_1)~(a_7)新鲜组肝细胞第 1 天到第 7 天的光学显微照片;(b_1)~(b_7)超声波植冰组肝细胞第 1 天到第 7 天的光学显微照片;(c_1)~(c_7)传统植冰组肝细胞第 1 天到第 7 天的光学显微照片;(d_1)~(d_7)慢速冷冻组肝细胞第 1 天到第 7 天的光学显微照片。

(参见彩图),经过不同低温冻存处理方式的肝细胞在铺板后的第1天出现了典型的多面体双核细胞结构,形成了特征的多边形单层;肝细胞贴壁数量新鲜组要大于超声波植冰组和传统植冰组,慢速冷冻组死细胞数量最多,呈漂浮状。第1天开始肝细胞大量生长,第2天可以看到清晰明亮的细胞间隙,第2天到第6天,细胞疯狂生长,细胞逐渐密集,直至没有间隙,在第6天,四组死细胞数目增多,第7天,死细胞数目明显增多,呈悬浮状,这是因为肝细胞是贴壁生长的细胞,第6天培养瓶已经长满,达到饱和密度,细胞无法继续生长繁殖,需要进行分瓶传代培养。经过7天的细胞培养发现,新鲜组肝细胞生长最快,超声波植冰组细胞生长迅速,与新鲜组无明显差异,传统植冰组细胞生长速度仅次于新鲜组和超声波植冰组,慢速冷冻组肝细胞生长缓慢,并且死细胞数目最多,总之,深低温冻存对慢速冷冻细胞保存影响最大,对超声波植冰细胞保存影响最小。

3.3.2.8 不同处理方式对肝细胞功能的影响

排毒是肝脏的重要功能,氨是在氨基酸脱氨过程中产生的剧毒碱,肝细胞几乎专门将氨代谢为毒性较小的尿素。因此,尿素的产生是特定肝功能最常见的标志之一。通过在不同低温保存培养一周时间内对培养瓶上清液采样来测量肝细胞的尿素生成量(图 3-14 和表 3-7)。四种不同肝细胞第 1 天和第 2 天尿素分泌在 $1\sim1.5$ mol/L 之间,第 3 天到第 4 天,尿素分泌量大量增加,第 6 天尿素分泌量达到最大值,第 7 天开始,尿素分泌量下降,尿素分泌量均随着时间增加出现先上升后下降的变化趋势。第 1 天、第 4 天、第 5 天、第 7 天,新鲜组与超声植冰组、传统植冰组间无显著性差异,与慢速冷冻组存在显著性差异;第 2 天、第 3 天,新鲜组与超声植冰组、传统植冰组无显著性差异,与慢速冷冻组存在显著性差异,超声植冰组、传统植冰组与慢速冷冻组无显著性差异;第 6 天尿素分泌量达到峰值,超声植冰组与新鲜组无显著性差异,与传统植冰组、慢速冷冻组都存在显著性差异。

表 3-7 肝细胞代谢活性(尿素分泌量)

时间	新鲜 平均值 ±SD	超声 植冰 平均值 ±SD	传统 植冰 平均值 ±SD	慢速 冷冻 平均值 ±SD	P 值					
					新鲜-超声	新鲜-传统	新鲜-慢速	超声-传统	超声-慢速	传统-慢速
第1天	1.32±0.04	1.32±0.10	1.21±0.04	1.09±0.02	1.000	0.699	<0.05	0.703	<0.05	<0.05
第2天	1.38±0.11	1.32±0.15	1.26±0.12	1.15±0.04	0.919	0.618	0.136	0.924	0.314	0.617
第3天	3.44±0.20	3.10±0.26	2.93±0.67	2.36±0.23	0.732	0.442	<0.05	0.948	0.169	0.339
第4天	6.49±0.10	6.38±0.08	6.24±0.16	5.17±0.65	0.974	0.793	<0.05	0.955	<0.05	<0.05
第5天	7.14±0.11	7.04±0.05	7.01±0.11	6.55±0.19	0.796	0.637	<0.05	0.991	<0.05	<0.05
第6天	7.36±0.10	7.24±0.04	7.10±0.09	6.38±0.04	0.276	<0.05	<0.05	0.163	<0.05	<0.05
第7天	6.90±0.23	6.72±0.02	6.60±0.23	5.92±0.25	0.737	0.375	<0.05	0.899	<0.05	<0.05

白蛋白是最丰富的血液蛋白,几乎完全由肝脏产生,因此被认为是肝细胞合成代谢的最重要标志。培养 7 天各组间白蛋白分泌情况如图 3-15 和表 3-8 所示,从图中可以看到,第 1 天到第 6 天,白蛋白的分泌量随着时间的增加而增加,第 6 天时白蛋白分泌量达到峰值后开始减少。第 1 天,新鲜组、超声植冰组和传统植冰组间无显著性差异,与慢速冷冻组存在显著性差异;第 2 天,超声植冰组与传统植冰组无显著性差异,其他组间均存在显著性差异;第

3 天,超声植冰组与新鲜组无显著性差异,超声植冰组与传统植冰组无显著性差异,其他各组间均存在显著性差异;第 4 天,各组间不存在显著性差异;第 5 天、第 6 天、第 7 天,超声植冰组与新鲜组无显著性差异,其他各组间均存在显著性差异。

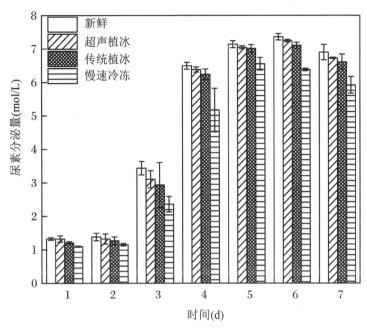

图 3-14　第 1 天到第 7 天尿素分泌量

表 3-8　肝细胞代谢活性(白蛋白分泌量)

时间	新鲜 平均值±SD	超声植冰 平均值±SD	传统植冰 平均值±SD	慢速冷冻 平均值±SD	P 值					
					新鲜-超声	新鲜-传统	新鲜-慢速	超声-传统	超声-慢速	传统-慢速
第 1 天	9.30±0.01	9.45±0.46	9.30±0.01	8.37±0.04	1.000	0.848	<0.05	0.856	<0.05	<0.05
第 2 天	10.85±0.10	11.01±0.13	10.85±0.10	9.92±0.06	<0.05	<0.05	<0.05	0.219	<0.05	<0.05
第 3 天	27.41±0.28	27.88±0.19	27.41±0.28	25.43±0.21	0.871	<0.05	<0.05	0.129	<0.05	<0.05
第 4 天	31.01±0.32	33.95±3.17	31.01±0.32	30.87±0.19	0.998	0.146	0.126	0.188	0.162	1.000
第 5 天	32.57±0.45	35.96±0.97	32.57±0.45	33.01±0.01	0.999	<0.05	<0.05	<0.05	<0.05	<0.05
第 6 天	35.86±0.86	38.28±0.16	35.86±0.86	31.16±0.27	0.180	<0.05	<0.05	<0.05	<0.05	<0.05
第 7 天	21.91±0.14	24.82±0.93	21.91±0.14	20.05±0.37	0.8	<0.05	<0.05	<0.05	<0.05	<0.05

肝脏在葡萄糖代谢过程中起非常重要的作用。培养 7 天各组葡萄糖分泌情况如图 3-16 和表 3-9 所示。前期葡萄糖分泌量随着培养时间的增加而增加,在第 6 天达到峰值,第 7 天开始下降,总体葡萄糖含量呈先上升后下降的趋势。从表 3-9 各组间葡萄糖分泌含量的显著性差异来看,第 1 天,超声波植冰组葡萄糖分泌量与新鲜组无显著性差异,其他各组间均存在显著性差异;第 2 天,超声波植冰组葡萄糖分泌量与新鲜组无显著性差异,与传统植冰组也无显著性差异,其他各组间均存在显著性差异;第 3 天到第 7 天,几乎各个组间存在显著性差异,并且新鲜组葡萄糖分泌量高于超声植冰组,超声植冰组高于传统植冰组,传统植

冰组高于慢速冷冻组。

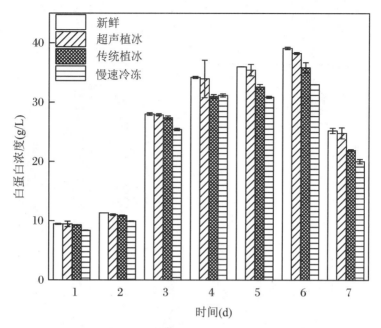

图 3-15 第 1 天到第 7 天白蛋白分泌量

表 3-9 肝细胞代谢活性(葡萄糖分泌量)

时间	新鲜 平均值±SD	超声植冰 平均值±SD	传统植冰 平均值±SD	慢速冷冻 平均值±SD	P 值					
					新鲜-超声	新鲜-传统	新鲜-慢速	超声-传统	超声-慢速	传统-慢速
第1天	5.61±0.26	5.52±0.27	4.33±0.37	2.32±0.41	0.833	<0.05	<0.05	<0.05	<0.05	<0.05
第2天	5.95±0.26	5.82±0.34	4.92±0.35	3.33±0.33	0.635	<0.05	<0.05	<0.05	<0.05	<0.05
第3天	6.33±0.27	6.18±0.44	5.28±0.39	4.03±0.39	<0.05	<0.05	<0.05	<0.05	<0.05	<0.05
第4天	7.59±0.24	6.93±0.28	6.85±0.34	5.07±0.36	<0.05	<0.05	<0.05	<0.05	<0.05	<0.05
第5天	8.10±0.31	7.22±0.36	7.18±0.25	5.21±0.40	<0.05	<0.05	<0.05	0.941	<0.05	<0.05
第6天	9.09±0.40	8.21±0.22	7.98±0.35	5.85±0.27	<0.05	<0.05	<0.05	<0.05	<0.05	<0.05
第7天	6.78±0.14	6.21±0.20	5.66±0.32	3.89±0.37	<0.05	<0.05	<0.05	<0.05	<0.05	<0.05

本 节 小 结

本节通过设计的一个用于 L-02 肝细胞的植冰过程的超声波植冰系统,探究了不同超声波强度、不同预冷温度和不同体积浓度 Me_2SO 对肝细胞存活率的影响,并探究了不同处理条件下深低温保存复苏后培养 7 d 对肝细胞代谢功能的影响。具体结果如下:

(1) 当超声波频率为 40 kHz,超声波强度为 0.1041 W/cm^2,预冷温度为 $-9\ ℃$ 时,10% $Me_2SO(v/v)$ +超声植冰组和 5% $Me_2SO(v/v)$ +超声植冰组低温冻存后复苏肝细胞存活率分别为$(92.98±1.7)\%$、$(93.4±1.1)\%$,与新鲜组$(98.4±1.4)\%$ 相比,无显著性差异($P<0.05$),比对应保护剂非植冰操作方案有显著提高;与 10% $Me_2SO(v/v)$ +传统植冰组

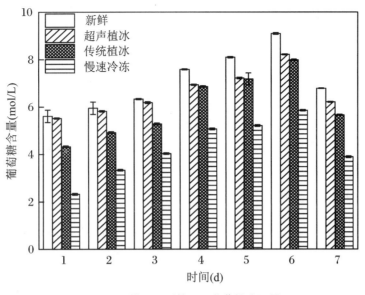

图 3-16　第 1 天到第 7 天葡萄糖分泌量

和 5% $Me_2SO(v/v)$ + 传统植冰组低温冻存后复苏肝细胞存活率分别为 $(88.81±1.6)$%、$(76±1.4)$% 相比，有显著性差异（$P<0.05$），比传统植冰组存活率高。

（2）当超声波频率为 40 kHz，超声波强度从 0.032 9～0.431 6 W/cm^2，预冷温度为 -9 ℃时，细胞存活率均在 90% 以上，组间无显著性差异（$P<0.05$）。当超声波强度大于 0.431 6 W/cm^2 时，肝细胞存活率显著下降。

（3）使用 5% $Me_2SO(v/v)$ 在 -7 ℃超声植冰，超声波强度为 0.1041 W/cm^2，肝细胞存活率最高，存活率达到 $(97±2.6)$%，与新鲜组无显著性差异。

（4）通过 7 天的观察，发现深低温冻存过程中，慢速冷冻组对肝细胞的影响最大，超声植冰组对肝细胞的影响最小，并且新鲜组、超声植冰组、传统植冰组尿素分泌量无显著性差异，超声植冰组与新鲜组白蛋白分泌量无显著性差异，新鲜组葡萄糖分泌量最多，其次依次是超声植冰组、传统植冰组、慢速冷冻组。

3.4　海藻糖替代 Me_2SO 超声植冰保存 L-02 肝细胞

为了减轻损伤在冷冻保存过程中会发生严重的细胞损伤[71-73]，在低温冻存之前会加入渗透性的保护剂，然后采用慢速冷冻或玻璃化的方法冻存肝细胞，虽然加入渗透性的保护剂在实验室当中得到较高的细胞存活率，但是，这种渗透性保护剂的加入会引起明显的全身毒性，在将冷冻保存的肝细胞移植到患者体内之前必须将其严格清除。一些非渗透性的保护剂例如聚乙烯醇[74]、海藻糖[75,76]等，被认为是一种优异的冷冻保护剂，本节利用非渗透性保护剂海藻糖替代传统肝细胞低温保存方案（添加 10% Me_2SO 慢速冷冻），结合超声植冰的方法降低过冷度来探究超声植冰和无渗透性 pCPA 对肝细胞低温保存的影响，为临床应用提供新的思路和想法。

3.4.1 材料和方法

3.4.1.1 实验装置

本节超声波植冰装置与 3.2.2.1 小节一致，由超声容器，温度采集系统，超声波诱导成核系统，冷却循环系统四个部分组成。该超声波诱导成核系统由超声波振子和超声波发生器组成，超声波振子均匀地粘在样本槽底部，超声波从样本槽管底部向上传播到冻存管中，超声波频率为 40 kHz。

3.4.1.2 材料和试剂

正常人类肝细胞系 L-02 购于中国科学院上海细胞生物研究所，其余材料及试剂来源见表 3-10 所示。

表 3-10 材料与试剂

试剂名称	型号	纯度	公司
RPMI-1640	11875093	无血清	GIBCO
胎牛血清	900108	98%	GEMINI
胰蛋白酶	TE2004Y	0.25%	天津灏洋(TBD)
D-海藻糖,无水	D110019	无水	阿拉丁
PBS 缓冲溶液	PB2004Y	无钙镁离子,0.01 mol/L	天津灏洋(TBD)
乙二醇	E103319	≥98%	麦克林
AO/PI 双染试剂盒	BB20071	无	贝博(BestBio)
T-25 细胞培养瓶	707003	TC 处理	NEST 耐思
50 mL 离心管	602002	无菌	NEST 耐思
15 mL 离心管	601002	无菌	NEST 耐思
2 mL 冻存管	607001	无菌	NEST 耐思

3.4.1.3 仪器与设备

本节所使用的仪器及设备见表 3-11 所示。

表 3-11 仪器与设备

试剂名称	型号	公司
普通光学显微镜	YS100	日本尼康
荧光显微镜	TS100	日本尼康
低速台式离心机	TDL-80-2B	上海安亭
CO_2 细胞培养箱	BC-J80S	上海博讯

试剂名称	型号	公司
超低温冰箱	DW-86L828	青岛海尔
程序降温盒	5100-0001	赛默飞世尔
低温恒温槽	DC-0506	宁波天恒
智能多路温度测试仪	BB20071	常州安柏

3.4.1.4 肝细胞培养

在补充有10%胎牛血清的RPMI-1640培养基中培养L-02肝细胞,添加1%的双抗(青霉素和链霉素)将它们放在37℃、5% CO_2 的培养箱中进行培养。当细胞铺满培养瓶80%~90%时,用胰蛋白酶消化将细胞从培养瓶中洗出,在1 000 r/min的离心机中离心4 min,然后重悬于PBS溶液中备用。

3.4.1.5 肝细胞的冷冻保存

细胞用PBS重悬后配制成1.5 mL的细胞悬浮液备用。称量 $5.134\ 5\times10^{-2}$ g、$1.540\ 35\times10^{-1}$ g、$2.567\ 25\times10^{-1}$ g、$3.594\ 15\times10^{-1}$ g无水海藻糖(分子量为342.3 g/mol)加入到四管重悬备用的1.5 mL细胞悬浮液中配制成0.1 mol/L、0.3 mol/L、0.5 mol/L、0.7 mol/L的海藻糖细胞溶液,在4℃下平衡30 min预脱水,实验时,将每个1.5 mL不同质量浓度海藻糖细胞溶液均分到三个2 mL的冻存管中,每个管体积为500 μL,每组做三个平行重复实验。另取冻存管作为对照冻存管,对照冻存管添加等量不含肝细胞的保护剂溶液,将对照冻存管和四个细胞冻存管同时放置在超声波植冰装置的样本槽中。植冰时,首先将搭载好的超声容器与低温恒温槽连接,将配制好的38.5%(v/v)的乙二醇载冷剂注入超声内盒体和低温恒温槽中,开启低温恒槽的制冷循环系统,待第二热电偶检测到超声容器内控温相变液温度达到指定需要的温度并保持恒温状态,通过第一热电偶实时监测冻存管温度,当冻存管温度达到指定植冰温度时,启动超声波发生器电源,超声波启动,植冰结束后关闭超声波,细胞冻存管在控温相变液中平衡5 min使冰晶生长完全,平衡结束后冻存管转移至程序降温盒,将降温盒转移至-80℃冰箱进行低温保存过夜,第2天再将冻存管转移至液氮冻存24 h。新鲜组和添加10% Me_2SO 慢速冷冻组以及添加海藻糖无 Me_2SO 传统植冰组形成对照。

3.4.1.6 肝细胞存活率检测

由于AOPI染料比台盼蓝染料精确度更高,本实验采取荧光染色法AOPI染料检测细胞的存活率。为评估冷冻保存后细胞的存活率,本章将离心后细胞用培养基稀释成细胞悬液,用15 μL移液枪吸取15 μL细胞悬液到1.5 mL离心管中,避光加入15 μL AOPI染液,轻轻混匀在4℃下避光孵育10~20 min,孵育完成后吸取15 μL的细胞染色液在载玻片的中央,盖上盖玻片在荧光显微镜下进行观察,荧光显微镜激发光源波长为488 nm,接受光波长为520 nm。

3.4.1.7 数据分析

获得的荧光图片采用 Image Pro Plus 6.0 软件进行分析。数据采用 IBM SPSS Statistics 22.0 软件处理。每个样本重复 3 次,所有数据使用平均数±标准差的形式体现,以 $P<0.05$ 作为差异显著评判标准,有统计学意义。

3.4.2 结果与分析

3.4.2.1 添加海藻糖对肝细胞保存的影响

分别对添加 0.1 mol/L、0.3 mol/L、0.5 mol/L 和 0.7 mol/L 海藻糖的肝细胞悬液进行超声植冰,预冷温度为 -4 ℃,超声波强度为 0.104 1 W/cm²,阴性对照组是新鲜组,阳性对照组是添加 10% Me_2SO(v/v)组。复苏后肝细胞存活率及细胞荧光染色图片如图 3-17 所示。

从图 3-17(A,参见彩图)可以看到,当添加 0.1 mol/L、0.5 mol/L 和 0.7 mol/L 海藻糖时,死细胞目较多,当添加 0.3 mol/L 海藻糖时,死细胞数目较少,结合图 3-17(B)发现,添加 0.3 mol/L 海藻糖+超声植冰组与添加 10% Me_2SO(v/v)组存活率无显著性差异,与新鲜组((98.4±1.4)%)相比存在显著性差异;添加 0.5 mol/L 海藻糖+超声植冰组和 0.7 mol/L 海藻糖+超声植冰组时,细胞存活率无显著性差异,存活率分别为(64.7±1.0)%和(62.9±1.5)%,与添加 0.1 mol/L 海藻糖+超声植冰组((51.1±4.7)%)细胞存活率存在显著性差异。总体来看,当海藻糖添加量大于或小于 0.3 mol/L 时,细胞存活率呈下降趋势,海藻糖的最适添加为 0.3 mol/L,传统的保护剂方案,加入渗透性保护剂 10% Me_2SO(v/v)后,细胞存活率能达到(87.2±5.6)%,然而添加非渗透性保护剂 0.3 mol/L 海藻糖细胞存活率也能达到(87.6±2.0)%,显然可以发现添加 0.3 mol/L 海藻糖+超声植冰保存方案可代替经典的细胞慢速冷冻方案(添加 10% Me_2SO(v/v))。

3.4.2.2 超声植冰与传统植冰的比较

图 3-18 为超声植冰与传统植冰对肝细胞存活率的影响,对照组是慢速冷冻方案。如图 3-18(A,参见彩图)所示,分别为添加 0.3 mol/L 海藻糖经过慢速冷冻处理组,超声植冰处理组和传统植冰处理组,植冰预冷温度为 -4 ℃,超声波强度为 0.104 1 W/cm²。可以看到,添加 0.3 mol/L 海藻糖慢速冷冻组(图 3-18(a_1))存在大量死细胞,添加 0.3 mol/L 海藻糖+传统植冰组(图 3-18(c_1))存在较多的死细胞,而添加 0.3 mol/L 海藻糖+超声植冰组(图 3-18(b_1))存在较少的死细胞。结合图 3-18(B)发现,添加 0.3 mol/L 海藻糖+超声植冰组与添加 0.3mol/L 海藻糖+超声植冰组细胞存活率无显著性差异,传统慢速冷冻方案,添加 0.3 mol/L 海藻糖+慢速冷冻组细胞存活率也能达到(76.9±3.1)%,但与超声植冰组和传统植冰组存在显著性差异,添加 0.3 mol/L 海藻糖+超声植冰组细胞存活率为(87.6±2.0)%,略高于添加 0.3 mol/L 海藻糖+传统植冰组的(84.3±1.0)%。可见,通过超声植冰可提高细胞存活率,非渗透性保护剂海藻糖代替渗透性保护剂 Me_2SO 是一个可行的方案。

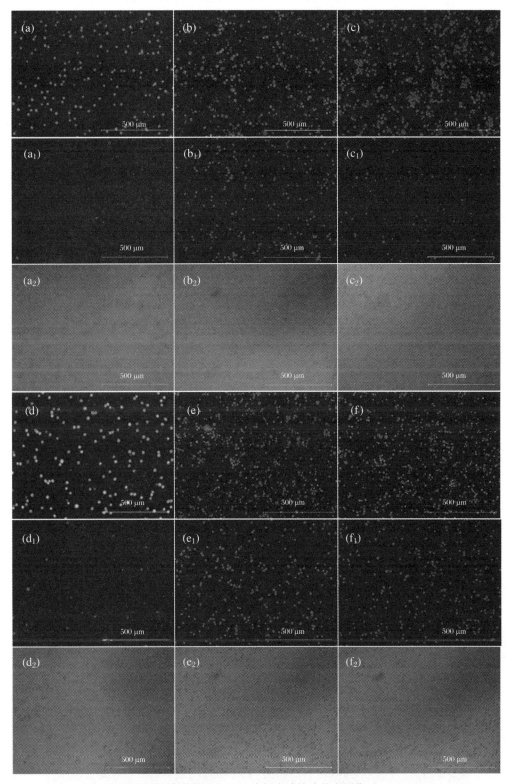

(A) 不同质量浓度海藻糖肝细胞溶液超声波植冰荧光图像

图 3-17 不同质量浓度海藻糖细胞溶液超声植冰对肝细胞存活率的影响

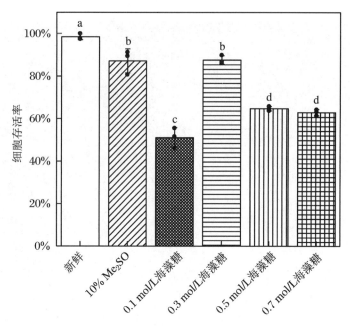

(B) 不同质量浓度海藻糖细胞溶液超声波植冰肝细胞存活率

图 3-17　不同质量浓度海藻糖细胞溶液超声植冰对肝细胞存活率的影响(续)

(a) 新鲜组细胞荧光图片；(b) 添加 0.1 mol/L 海藻糖在 -4 ℃下的超声植冰细胞荧光图片；(c) 添加 0.3 mol/L 海藻糖在 -4 ℃下的超声植冰细胞荧光图片；(d) 添加 10% Me_2SO (v/v)慢速冷冻细胞荧光图片；(e) 添加 0.5 mol/L 海藻糖在 -4 ℃下的超声植冰细胞荧光图片；(f) 添加 0.7 mol/L 海藻糖在 -4 ℃下的超声植冰细胞荧光图片；(a_1)～(f_1)分别对应(a)～(f)的死细胞荧光图片；(a_2)～(f_2)分别对应(a)～(f)的细胞明场图片。

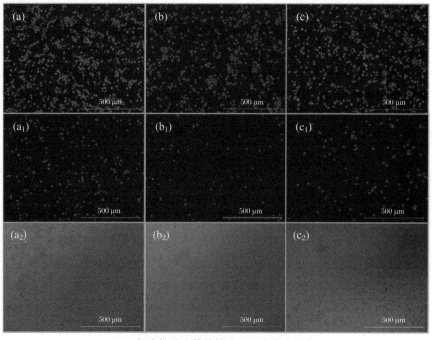

(A) 超声植冰和传统植冰肝细胞荧光图像

图 3-18　添加 0.3 mol/L 海藻糖细胞溶液超声植冰和传统植冰对肝细胞存活率的影响

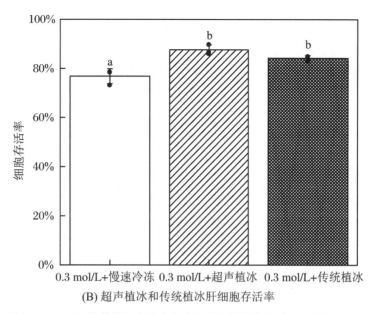

(B) 超声植冰和传统植冰肝细胞存活率

图 3-18 添加 0.3 mol/L 海藻糖细胞溶液超声植冰和传统植冰对肝细胞存活率的影响(续)
(a) 添加 0.3 mol/L 海藻糖慢速冷冻组肝细胞荧光图片；(b) 添加 0.3 mol/L 海藻糖超声植冰组肝细胞荧光图片；(c) 添加 0.3 mol/L 海藻糖传统植冰组肝细胞荧光图片；(a_1)～(c_1)分别对应 (a)～(c)的死细胞荧光图片；(a_2)～(c_2)分别对应(a)～(c)的肝细胞明场图片。

3.4.2.3 海藻糖的预脱水作用

图 3-19 为添加不同浓度海藻糖的细胞溶液在冻存过程中细胞面积变化。室温下为刚加入海藻糖时细胞面积；-4 ℃下为添加不同海藻糖浓度 30 min 后的细胞面积，当添加不同浓度海藻糖后，细胞会发生不同程度的收缩，添加海藻糖浓度越高，细胞失水越多，细胞面积

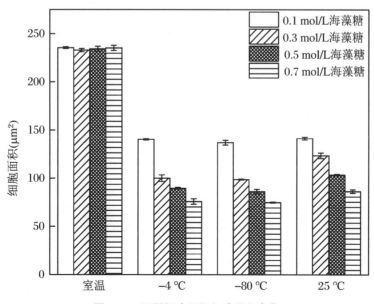

图 3-19 不同温度下肝细胞面积变化

越小;-80 ℃时,细胞面积相对保持稳定,有一定程度的略微缩小;复温后,细胞面积又开始相对变大。3.4.2.1小节、3.4.2.2小节的结论已显示使用 0.3 mol/L 海藻糖进行预脱水可提供最大的细胞存活率,可以认为添加 0.3 mol/L 海藻糖的细胞脱水程度最接近渗透活性保护剂的面积,是肝细胞冻存的最佳添加量。当海藻糖添加量小于 0.3 mol/L 时,细胞脱水不充分,在低温下会导致严重的胞内冰的产生,细胞大量死亡;当海藻糖添加量大于 0.3 mol/L 时,细胞脱水严重,导致细胞大量死亡,因此可以认为,添加最适浓度的海藻糖,细胞预脱水可避免低温损伤。

3.4.2.4 超声波植冰对重结晶影响

众所周知,细胞低温保存不但会受到降温过程中胞内冰损伤和溶质损伤,而且还会受到复温过程中重结晶(细小晶核在升温过程中快速形成更加稳定的冰晶)的影响。由 3.4.2.2 小节的结果,超声波植冰能够提高细胞存活率,那么复温期间的重结晶与降温期间的超声植冰有着密切的联系。

重结晶是系统中界面张力的结果,通常会增加晶体尺寸以最大程度地减小边界面积和总自由能。由给定的冰晶区域总面积 γ 和平均冰晶区域的一个冰晶的面积 β,可计算出冰晶的数量 n。[77]

$$n = \frac{\gamma}{\beta} \tag{3-9}$$

一个冰晶的平均周长 L 与该冰晶的面积 β 和平均圆度 $\mathfrak{z}$ 关系如下[78]:

$$L = \frac{\sqrt{4\pi\beta}}{\sqrt{\mathfrak{z}}} \tag{3-10}$$

由于重结晶主要是由冰晶和周围溶液之间的界面张力驱动的,驱动重结晶的自由能 E 可以表示为如下[77]:

$$E = \sum_{k=1}^{n} \alpha\beta_k = \sum_{k=1}^{n} \alpha h L_k = \sum_{k=1}^{n} \alpha h n L \tag{3-11}$$

式中,α 为界面张力系数,β_k 为第 k 个冰晶的界面边界面积,h 是冰晶的深度或厚度,L_k 是第 k 个冰晶的界面边界周长。

结合式(3-9)、式(3-10)、式(3-11),可得驱动自由能 E 如下:

$$E = 2\alpha h\gamma \frac{\sqrt{\pi}}{\sqrt{\mathfrak{z}}} = \frac{C}{\sqrt{\mathfrak{z}}} \tag{3-12}$$

式中,$C = 2\alpha h\gamma \sqrt{\pi}$,为一个常数。

图 3-20 描述的是降温或复温过程中超声植冰或非超声植冰情况下自由能的变化。当没有经过超声植冰时,在降温期间,自由能 E/C 急剧上升(点 2 到点 1);在复温期间,自由能 E/C 急剧下降(点 1 到点 2),它显示出巨大的磁滞回线,该自由能的急剧下降会在复温过程中驱动大量的重结晶;当经过超声植冰时,自由能 E/C 在植冰期间大大减低,由点 1 到点 3,通过在降温过程中在 -4 ℃的超声植冰将这种磁滞回线最小化,在复温过程中,自由能 E/C 的变化仅由点 3 到点 4。总而言之,在较高的预冷温度下超声植冰可以释放巨大的自由能,否则该自由能将在降温过程中存储在细胞溶液中,在复温过程中释放出来并会驱动大量的重结晶和胞内冰的产生。

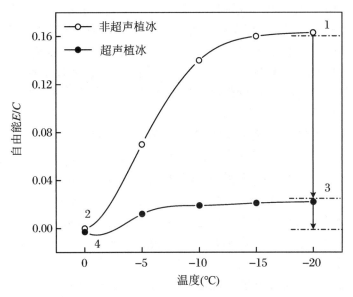

图 3-20 超声植冰与非超声植冰情况下自由能的变化

<h2 style="text-align:center">本 节 小 结</h2>

为了实现实验室研究转变为临床上的实际应用,本节阐述了用非渗透性保护剂海藻糖代替渗透性保护剂 Me_2SO,并结合超声植冰,探究了不同浓度海藻糖的添加对肝细胞存活率的影响以及探讨了超声植冰对重结晶影响,主要结论如下:

(1) 当超声波频率为 40 kHz,超声波强度为 0.104 1 W/cm^2,预冷温度为 $-4\ ℃$ 时,0.3 mol/L 海藻糖+超声植冰组存活率为$(87.6±2.0)$%,与添加 0.1 mol/L 海藻糖+超声植冰组、0.5 mol/L 海藻糖+超声植冰组和 0.7 mol/L 海藻糖+超声植冰组存在显著性差异。

(2) 当超声波频率为 40 kHz,超声波强度为 0.104 1 W/cm^2,预冷温度为 $-4\ ℃$ 时,0.3 mol/L 海藻糖+超声植冰组与 0.3 mol/L 海藻糖+传统植冰组$((84.3±1.0)$%)细胞存活率无显著差异,但添加 0.3 mol/L 海藻糖+慢速冷冻组细胞存活率仅为$(76.9±3.1)$%,添加 0.3 mol/L 海藻糖+超声植冰能提高肝细胞存活率。

(3) 较高预冷温度下超声植冰可以释放在降温过程中存储的巨大自由能,减小复温过程中巨大自由能的释放,并降低重结晶现象导致的大量胞内冰的风险。

3.5 超声波诱导成核机理的研究

超声波能够诱导有机液体、金属液体及水溶液成核。[79] 2005 年,Chow 较早提出,在超声波存在的情况下,冰的初次成核可以在更高的温度下发生,通常认为过冷水在超声波作用下生成的空化气泡对促进晶核的生成具有重要作用。[80] 超声诱导晶体的形成可以分为两个过程,当晶体不存在,晶体溶液中成核时,就会发生一次成核,在没有任何固体表面和杂质的情况下,在液体的主体中诱导成核成为均相成核[81];存在的晶体引起的成核称为二次成核,在存在的晶体固体界面,无论是预先存在的还是一次成核形成的,都称为非均相成核。[82]关于超声诱导成核的研究一直以提高一次成核温度为主,对二次成核的研究较少,其原因主要是在微观下观察冰晶的形态条件苛刻,目前存在很多研究人员试图通过数学模拟过程来解释超声成核的过程,但对超声诱导成核的机理还未达成一致。[83]针对超声波空化现象引起的空化冷冻成核的研究有三种理论模型:第一种理论模型,Hickling 认为在空化气泡破裂的最后阶段会发生大于 10^3 MPa 的压力,由于气泡附近冰团的聚集,从而增加水的平衡冻结温度并导致冰成核[47];第二种理论模型,Hunt 等认为空化气泡破裂的负压会增加水的平衡冻结温度并导致成核[44];第三种理论模型,Chow 等认为当空化气泡产生剧烈的循环运动,气体进出气泡以及周围的流体中形成强涡流时都会形成微流,微流可以增强伴随冷冻过程的传热和传质过程,溶液达到一定过冷度,可能会触发成核。[46]三种理论模型中,空化气泡在冰的成核中起着重要的作用。

为了更深入探究超声波诱导成核机理,本节利用搭载的超声波显微系统在实验的基础上对超声植冰机理进行探讨。

3.5.1 材料和方法

3.5.1.1 超声波显微操作系统搭建

为了能满足在微观下研究超声波对冰晶的声结晶作用,搭载了独特的超声波显微系统,既可以研究初级成核,又可以进行超声波促进二次成核机理的研究。[80,83,84] 显微镜载物台系统的结构如图 3-21 所示。

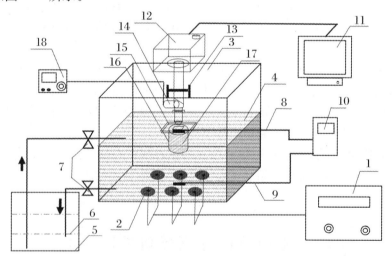

图 3-21 超声波显微系统示意图

1. 超声波发生器;2. 超声波振子;3. 超声容器;4,6,17. 控温相变液;5. 低温恒温槽;7. 流量控制阀;8. 第一热电偶;9. 第二热电偶;10. 温度数据采集模块;11. 电脑;12. 高速摄像机(CCD);13. 升降阀;14. 卤素灯;15. 特制载玻片和盖玻片;16. 烧杯;18. 卤素灯电源。

(1) 超声波系统：由超声波振子和超声波发生器（上海声浦超声波设备厂）组成，其中超声波振子（直径 $d = 45$ mm）均匀地粘结在超声容器底部，为了超声波能更充分传到冻存管中，超声波底部材料选为铝片，超声波从超声容器向上传播到冻存管中，超声波频率为 40 kHz，超声波的电功率范围为 0～150 W 可调节（已测 30 W、60 W、90 W、120 W、1 500 W 对应的超声波强度分别为 0.032 9 W/cm^2、0.104 1 W/cm^2、0.331 2 W/cm^2、0.431 6 W/cm^2、0.502 6 W/cm^2）。

(2) 光学记录系统：该系统包括生物显微镜和索尼 E3ISPM06300KPB 高速摄像机组成，其中生物显微镜由上海巍途光电技术有限公司定做，该生物显微镜搭配有升降阀，卤素灯和可以更换倍镜倍数的物镜，显微镜目镜为 4×，能满足在超声状态下观察冰晶的生长情况，其摄像机的帧速为 59 帧/秒，分辨率为 3 072×2 048 像素，与电脑连接，可记录拍摄冰晶在超声场中的微观形态变化。

(3) 特制载物台：该载物台由烧杯和特制载玻片组成。烧杯可固定在超声容器内；特制载玻片由双层载玻片和亚克力板构成，双层载玻片长为 80 mm，宽为 30 mm，下层载玻片较薄，厚为 0.5 mm，上层盖 1 mm 厚的载玻片，亚克力板与双层载玻片长宽相同，厚度为 0.2 mm，用二氧化碳激光雕刻机（VLS2.30，UNIVERSAL）在亚克力板的中央开长为 30 mm，宽为 10 mm 矩形的孔，亚克力板和才层载玻片之间用光学级双面胶（0.15 mm，东莞富印胶粘科技有限公司）黏合而成，形成 0.35 mm 厚的薄薄一层。

(4) 温度检测系统：由第一热电偶电极和第二热电偶电极和温度数据采集模块组成，第一热电偶电极贴在双层载玻片的下层载玻片；第二热电偶电极放在超声内盒体的相变液溶液中，用于实时检测控温相变液的温度。

(5) 冷却循环系统：该系统由低温恒温槽（新芝 DL-4020 型，宁波新芝生物科技股份有限公司）提供冷源，其控温范围：−25～25 ℃，恒温精度为 ±0.1 ℃，由于乙二醇具有沸点高，且不易蒸发、不易着火、安全性好等优点，本研究采用乙二醇与水的混合物作为冷冻相变液，配制 38.5% 的乙二醇冷冻相变液，该百分比浓度的乙二醇溶液可降温至 −20 ℃ 不结冰，超声内盒体和低温恒温槽中加载配制好的控温相变液，超声容器与低温恒温槽组成一个闭合循环回路，低温恒温槽自带制冷循环系统，超声容器内的温度分布均匀。

3.5.1.2 一次成核实验

一次成核实验主要是测定超声波作用下对 10% Me$_2$SO（v/v）成核的影响，实验时，低温恒温槽的预冷温度是 −20 ℃，当第二热电偶检测到超声波系统的水浴温度为 −20 ℃（室温为 25 ℃），在双层载玻片的凹槽内加适量的 10% Me$_2$SO（v/v）细胞溶液，第一热电偶紧贴在下层载玻片，下层载玻片厚度为 0.5 mm，较薄，可实时监测双层载玻片内细胞溶液的温度变化，第一热电偶数据端连接电脑，可控制热电偶每秒采集一次温度。当双层载玻片 1/3 浸入预冷相变液中时，电脑开始采集温度，第一热电偶检测到细胞溶液达到指定预冷温度时，开启超声波，超声植冰瞬间结束，关闭超声波，电脑采集 250 个温度数据（250 s），停止采集。考虑到超声容器内超声波强度是不均匀的，每次实验时确保双层载玻片被放置在超声容器内的同一位置。

3.5.1.3 二次成核实验

二次成核实验是建立在一次成核实验的基础上,当一次成核结束时,载玻片上的细胞溶液已经铺满了冰晶,冰晶生长完全后,转动超声植冰装置上的流量控制阀,使超声容器内的相变液流到低温恒温槽中,直到双层载玻片的下端高出超声容器内相变液 1~2 mm,由于未接触相变液,载玻片中的冰晶开始慢慢融化,待双层载玻片中大多数冰晶已经融化为液体,只剩几个圆形小冰晶时,迅速转动流量控制阀,使低温恒温槽内相变液流到超声容器内,超声容器内的相变液刚好浸入双层载玻片的 1/3 处,同时开启超声波,双层载玻片中的细胞溶液温度骤降低,小冰晶核开始迅速生长,通过搭载的显微镜高速摄像机拍摄冰晶在超声波作用下的整个生长过程。考虑到超声容器内超声波强度是不均匀的,每次实验时确保双层载玻片被放置在超声容器内的同一位置。

3.5.2 结果与分析

3.5.2.1 一次成核实验研究

施加一定功率的超声波一定时间范围,对过冷水的冻结有一定促进作用,但超声的作用是一个随机且伴随着概率性的过程[69],在这里能够通过瞬间的接触式超声波实现特定预冷温度下植冰,完成一次成核实验。

图 3-22(a)、(b)、(c)显示了含 10% $Me_2SO(v/v)$ 细胞保护液,当超声波强度分别为 $0.331\,2\ W/cm^2$、$0.104\,1\ W/cm^2$、$0.032\,9\ W/cm^2$(对应电功率分别为 90 W、60 W、30 W)在预冷温度为 $-7\ ℃$、$-9\ ℃$、$-11\ ℃$ 时的冻结温度曲线。以 30 ℃/min 的降温速率持续给细胞溶液降温,第一热电偶实时检测细胞溶液温度(下层载玻片较薄,样品溶液温度与第一热电偶检测温度无差异)。当细胞溶液冻结时,以自然状态下不经过超声处理的冻结温度曲线为例图 3-22(a),可以看到细胞溶液温度降到 $-13.4\ ℃$ 也没有结冰,将结冰之前的温度 $-13.4\ ℃$ 定义为过冷态下结晶温度。结冰之后细胞溶液温度会迅速上升,细胞溶液因释放潜热温度达到 $-4.5\ ℃$,该温度被称为相平衡冻结温度,开始出现冰晶的温度与相平衡冻结温度之差的绝对值称为冻结时的过冷度。对于 10% $Me_2SO(v/v)$ 细胞溶液,从自然冻结状态来看,过冷度值能达到 9 ℃ 左右。在正常的细胞低温保存过程中,较大的过冷度极易引起不可控的结晶,该过程会造成细胞突然结冰,脱水不充分,细胞体积突然膨胀造成细胞的大量损伤。图 3-22(a)为超声波强度为 $0.331\,2\ W/cm^2$,频率为 43 kHz 的超声波能在 $-7\ ℃$、$-9\ ℃$、$-11\ ℃$ 特定预冷温度下实现提前结冰。与自然冻结状态不同的是,经过超声波植冰处理的细胞溶液,在开始出现冰晶的温度时,温度先略微有上升,然后再迅速上升到熔融温度,这可能是因为超声情况下,声化学中的机械能带来热量的传递,会使得细胞溶液的温度略微升高,也可能是超声在细胞溶液中引起的瞬时空化效应带来的瞬时高温效应和高压效应,引起细胞溶液温度的略微升高[85],即使存在这种略微的热量变化,超声的空化效应能增强冷冻保存过程中伴随的传热和传质过程,只要超声强度足够强,就能够诱导细胞溶液成核。这与报道中超声冰成核的可能性会增加[86]一致。图 3-22(b)为超声波强度为 $0.104\,1\ W/cm^2$,频率为 40 kHz 的超声波诱导细胞溶液成核,在该超声波强度的作用

下,细胞溶液冻结的温度曲线似乎没什么变化,依然能够实现-7℃下植冰。图3-22(c)选择了更小的超声波强度0.032 9 W/cm²,频率为43 kHz,在-9℃、-11℃都能够实现植冰实验,但是在更高的植冰温度下(-7℃),植冰的成功概率下降了很多,并且植冰完成后,温度上升较为缓慢,这可能是因为超声波功率较小,空化效应强度低,使得结冰较为缓慢,冰生长不完全,潜热无法完全释放,温度上升缓慢,释放的热量抵消了降温吸收的热量,该过程虽然不明显,但依然能够实现植冰。总之,超声波能够促进一次成核,提高成核温度。

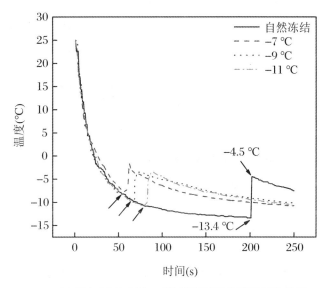

(a) 施加0.331 2 W/cm²的超声波温度随时间的关系

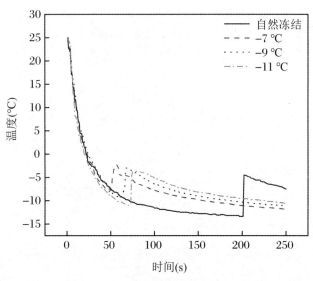

(b) 施加0.104 1 W/cm²的超声波温度随时间的关系

图3-22 超声波植冰对成核温度的影响

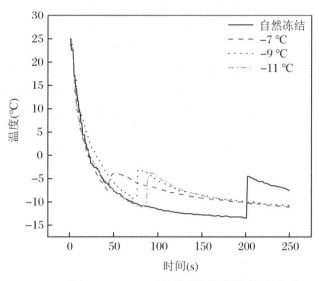

(c) 施加0.032 9 W/cm² 的超声波温度随时间的关系

图 3-22 超声波植冰对成核温度的影响(续)

3.5.2.2 二次成核实验研究

图 3-23 显示了超声波植冰对二次成核的影响。图 3-23(a)为一次成核后第二次开启超声波第 1 秒的图片，可以看到，在冰晶与溶液的交界处最早出现了空化气泡；打开超声波的第 2 秒(图 3-23(b))，视野中冰晶的位置发生了移动，空化气泡数目增多；打开超声波的第 3 秒(图 3-23(c))，冰晶与溶液交界处的空化气泡开始流动，并且伴随着典型树枝状冰晶的生

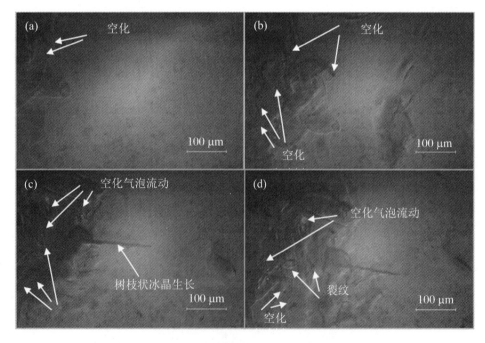

图 3-23 超声波植冰对二次成核的影响
(a)~(d) 分别为超声波显微系统下冰晶的变化图像。

长;打开超声波的第 4 秒(图 3-23(d)),空化气泡流动幅度加大,穿梭在冰晶当中,而且其运动方向是随机的,在显微镜下可以观察到空化气泡在流动过程中会导致附近冰晶的融化和破碎。这一现象与空化气泡剧烈的循环运动和迅速破裂产生的瞬时高温效应、高压效应有关。[87]图 3-23(a)~(d)分别为超声波显微系统下冰晶的变化图像。

3.5.3 讨论

由 3.5.2.1 和 3.5.2.2 小节的结论,可以发现,超声植冰不但能够提高一次成核的温度,还能够触发二次成核,其中最主要的原因是空化效应的作用。空化效应是一个非常复杂的过程,超声波以一种正负压交替为周期的形式在液体介质中传播(图 3-24),当声压处于负压,超声波强度足够强时,液体自身原有的完整性结构就会被破坏,而导致出现气泡,原本溶解在液体中的气体会进入气泡中,随着时间的推移,气泡会逐渐增大,然而,随着超声波的传播,当声压变为正压时,由于气泡表面张力的作用,使其发生收缩现象,此时,气泡中的气泡重新返回到液体当中,但是,由于气泡收缩的表面积减少,使其内部扩散到液体中气体体积减小,当下一个正负压力波出现后,气泡中的气压就会增大到气泡无法承受的程度而发生破裂,气泡生长、收缩、破裂等一系列过程被称为空化效应。[88,89]根据空化气泡是否破裂,可将空化效应分为稳定空化效应和瞬时空化效应,稳定空化效应中最常见的就是微射流,空化气泡在细胞保护液中剧烈循环运动。瞬时空化效应是指空化气泡迅速生长,发生破裂,破裂的瞬间会产生高温效应和高压效应。无论是哪种空化效应都会降低界面能的作用而促使晶核的生成,增大溶液的平衡冻结温度并诱导成核,所有过程都伴随着冷冻过程中传热和传质的过程。[88]

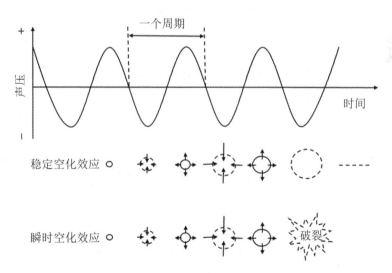

图 3-24 超声波空化效应示意图

过冷液体中的超声波引起的空化效应会诱导成核[44],关于超声波诱导成核的机理的研究众说纷纭,Hickling 等对空化冷冻成核的研究提出了两种机理[90]:一种是空化气泡生长过程中蒸发导致温度下降,成核冻结;另一种是空化气泡破裂所产生的非常高的压力增加了冻结的平衡温度,促进成核。第一种目前只能存在于人的猜想过程,很难去验证,对于第二种,成核机制还在讨论当中。针对空化成核的研究有三个理论模型。第一个理论模型,

Hickling 等认为在空化气泡破裂的最后阶段会发生大于 10^3 MPa 的压力,由于气泡附近冰团的聚集,从而增加水的平衡冻结温度并导致冰成核。[47]第二个理论模型,Jackson 等认为发生了空穴现象,空化气泡破裂的负压会增加水的平衡冻结温度并导致成核。[44]在声波的负压部分,空化气泡包括固有存在于液体中的气泡将迅速生长并产生真空,从而使溶解在液体中的气体扩散到其中。当声波的稀疏部分通过时,负压会降低,当达到大气压时,气泡将在表面张力下开始收缩。当压缩循环开始并且正压持续时,扩散到气泡中的气体将被排入流体中。直到气泡被压缩后,气体才会从气泡中扩散出来。但是,气泡一旦被压缩,其可扩散的边界表面积就会减小,因此,排出的气体量少于在稀疏循环中吸收的气体量。因此,这些气泡将在每个超声循环中变得更大。一旦达到临界核尺寸,这些空化气泡就可以作为冰核的核。[45]第三个理论模型,溶液达到一定过冷度过程中,适度振荡也可能引起冰成核,成核可能通过微流触发,空化现象是最重要的一种,因为它不仅会导致气泡破裂,而且还会引起微流现象。[46],微流是与空化有关的另一种重要的声学现象,当振荡的气泡产生剧烈的循环运动,在其周围的流体中形成强涡流时会形成微流,气体进出气泡的扩散也会在自身周围产生微电流,可以增强伴随冷冻过程的热量和传质过程。三种模型中空化气泡的破裂在冰的成核中起着重要的作用。空化现象是指液体中气泡的形成、长大和剧烈崩溃的过程,它的起源可能是流体动力学、热力学或声学的,超声波空化效应就是声学的一种,空化效应似乎是冰成核的主要原因。[91]连续气泡生长和剧烈崩溃循环现象诱导冰胚相形成的机理,这些现象诱导了足够的表面和能量以形成核。

本 节 小 结

超声波作用于过冷的溶液会诱导其成核,为研究超声波诱导成核的机理,本节自行设计了一种能在微观下观察冰晶的超声波显微系统,通过实验探究了超声波植冰对一次成核和二次成核的影响,结论如下:

(1) 超声波作用于 10% Me_2SO 细胞溶液时,能够提高 10% Me_2SO 细胞溶液的成核温度,并且能够实现在特定温度下超声植冰(在熔融温度范围内)。

(2) 超声波能够加强二次成核,使得一次成核的冰晶破裂,破裂离散的小冰晶又能够在过冷冻液中继续生长。

(3) 关于超声波诱导成核,其主要原因是空化效应的产生,空化气泡连续生长、收缩、破裂的过程会伴随着传热传质,降低界面自由能,诱发溶液成核。

3.6 总结、主要创新点与展望

3.6.1 总结

本章的目的是研究低频高能功率超声在肝细胞低温冻存上的应用,为此设计了一系列的实验。利用自行搭载的超声植冰装置诱导冰晶成核,并应用到肝细胞低温保存。主要探究了超声植冰对肝细胞冻存的影响;肝细胞低温保存最佳的超声波强度和植冰温度;超声植冰在无 pCPA 下对肝细胞冻存的影响;超声植冰对一次成核和二次成核的影响以及超声波诱导冰晶成核机理的讨论。主要结论如下:

(1) 在研究超声植冰辅助结晶的过程中,由于超声波容器规格、型号、振子大小以及能量损失都不同,为了更好地表示实际消散在细胞溶液中超声波功率和超声波强度,通过 DSC 测定细胞溶液的比热容 C_P,利用量热法计算公式 $M \times C_P \times (\mathrm{d}T/\mathrm{d}t)_{t=0}$ 计算出实际消散在细胞溶液的超声波功率($P_{实}$)和超声波强度($I_{实}$),并且自行搭载的超声植冰装置能够成功快速诱导冰晶成核,成功率在 99% 以上,为后面肝细胞冻存实验奠定基础。

(2) 在降低 Me_2SO 的情况下,超声植冰可以大大增加肝细胞冻存存活率;超声波强度过大或者过小都不利于肝细胞冻存;接近于熔融温度的植冰温度是超声植冰的最佳温度,温度越高,过冷度越小,细胞损伤越小,肝细胞存活率越高;与传统植冰方式相比,超声植冰显示出较高的存活率;通过连续 7 天的肝细胞培养,发现超声植冰对肝细胞功能影响最小,其次是传统植冰组和慢速冷冻组,在最适的超声波强度和植冰温度下,超声植冰冻存肝细胞显示出巨大的优势。

(3) 在临床应用过程中,渗透性保护剂的洗脱过程非常复杂,并且会导致全身毒性和各种并发症的发生,非渗透性海藻糖无法穿透细胞膜,减少了洗脱过程的麻烦。在降温过程中,海藻糖的预脱水作用加上超声植冰诱导冰晶成核,降低了胞内冰的损伤,提高了肝细胞存活率;在复温过程中,较高预冷温度下超声植冰可以释放在降温过程中存储的巨大自由能,减小复温过程中巨大自由能的释放,并降低重结晶现象导致的大量胞内冰的风险。

(4) 超声植冰不仅可以提高一次成核的温度,还可以强化二次结晶。提高过冷溶液成核温度的原因主要是因为空化气泡连续生长、收缩、破裂的过程会伴随着传热传质,降低界面自由能,诱发溶液成核;强化二次结晶的主要原因是空化气泡的剧烈运动和迅速破裂产生的高温效应和高压效应,导致附近的冰晶的融化和破碎,破裂离散的小冰晶又能够在过冷冻液中继续生长。

3.6.2 主要创新点

近年来,随着生物人工肝和肝细胞移植研究的开展,人们对肝细胞的需求不断增加,迫切需要有效的肝细胞长期保存方法以促进生物人工肝和肝细胞移植在临床上的应用,例如药理性学研究、细胞移植等,低温保存是目前保存肝细胞的重要方法。目前,超声波诱导冰晶成核的应用主要是在珍贵食品、维生素、营养物的冻存,药物、疫苗等冷冻浓缩和冷冻干燥等领域,但是在细胞低温冻存领域鲜有文献报道。本章首次将超声植冰诱导冰晶成核与肝细胞冻存结合,探究了超声植冰对肝细胞存活率和肝功能的影响;并通过搭载的超声波显微系统分析了超声波对一次成核和二次成核的影响,探究超声植冰与降温过程中自由能的关系以及重结晶的影响,创新性较高。

3.6.3 展望

本章通过实验发现,肝细胞低温冻存结合超声植冰可以大大提高细胞存活率,使用非渗透性海藻糖代替渗透性 Me_2SO 结合超声植冰,肝细胞存活率与经典的肝细胞冻存方案

（10% Me_2SO 慢速冷冻）无显著性差异，增加了肝细胞冻存后在临床上的应用前景。但是仅仅局限在实验室的研究，而真正能在临床上做到高通量应用还有很大差距，并且超声波辅助结晶技术是一门包含低温物理学、超声学、化学等多门学科的交叉学科，对超声植冰深层机理研究还需要继续挖掘。对未来还可以进行的研究工作建议如下：

（1）找到更加合适的非渗透性保护剂替代方案，结合超声波植冰，不仅要提高肝细胞存活率，而且要拓展肝细胞冻存后在临床上的应用，结合肝细胞移植和人工肝实验，实现真正意义的无 pCPA 保存。

（2）结合基因检测技术，超声植冰冻存肝细胞后，考虑超声植冰对相关凋亡基因表达量的影响，以及细胞基因序列是否完整等，从基因的角度分析肝细胞活性。

（3）超声植冰诱导冰晶成核与冰晶生长速度的关系，从多门交叉学科的角度将微观下空化效应定量化，这对超声波辅助结晶的研究有着重要意义。

参 考 文 献

[1] Petersen A, Schneider H, Rau G, et al. A new approach for freezing of aqueous solutions under active control of the nucleation temperature[J]. Cryobiology, 2006, 53(2): 248-257.

[2] Zavos P M, Graham E F. Effects of various degrees of supercooling and nucleation temperatures on fertility of frozen turkey spermatozoa[J]. Cryobiology, 1983, 20(5): 553-559.

[3] Cosman M. Ice seeding apparatus for cryopreservation systems: United States [P]. US6347525B2, 1997.

[4] Mazur P. Physical and temporal factors involved in the death of yeast at subzero temperatures[J]. Biophysical journal, 1961, 1(3): 247-264.

[5] Trad F S, Toner M, Biggers J D. Effects of cryoprotectants and ice-seeding temperature on intracellular freezing and survival of human oocytes[J]. Human Reproduction, 1999, 14(6): 1569-1577.

[6] 王丽媛. 植冰温度和蔗糖浓度在小鼠 MⅡ 期卵子冷冻复苏中的影响[D]. 太原：山西医科大学, 2005.

[7] Sultani A B, Marquez-Curtis L A, Elliott J, et al. Improved cryopreservation of human umbilical vein endothelial cells: A systematic approach[J]. Multidisciplinary sciences, 2016, 6(6): 343-393.

[8] Huang H S, Zhao G, Zhang Y T, et al. Predehydration and Ice Seeding in the Presence of Trehalose Enable Cell Cryopreservation[J]. ACS Biomaterials Science & Engineering, 2017, 3(8): 1758-1768.

[9] 蒋沛, 火晓越, 刘宝林, 等. 细胞低温保存过程中冰晶成核的研究进展[J]. 制冷学报, 2020, 41(2): 159-166.

[10] Zhang J M, Yan S, Cao Y Z, et al. Effects of cooling rates and ice-seeding temperatures on the cryopreservation of whole ovaries[J]. Journal Assist Reproduction and Genetics, 2011, 28(7): 627-633.

[11] Maki L R, Elizabeth L, Mei-Mon G, et al. Ice nucleation induced by pseudomonas syringae[J]. Appl Microbiol, 1974, 28(3): 456-459.

[12] Morris C E, Georgakopoulos D G, Sands D C. Ice nucleation active bacteria and their potential role in precipitation[J]. Journal De Physique Archives, 2004, 121: 87-103.

[13] Desnos H, Baudot A, Teixeira M, et al. Relevant facts about SnoMax when used in DSC experiments

[J]. Cryobiology,2015,71(3):568.

[14] Möhler O, Georgakopoulos D G, Morris C E, et al. Heterogeneous ice nucleation activity of bacteria:New laboratory experiments at simulated cloud conditions[J]. Biogeosciences,2008,5(5): 1425-1435.

[15] Kleinhans F W, Guenther J F, Roberts D M, et al. Analysis of intracellular ice nucleation in Xenopus oocytes by differential scanning calorimetry[J]. Cryobiology,2006,52(1):128-138.

[16] Jin B, Seki S, Paredes E, et al. Intracellular ice formation in mouse zygotes and early morulae vs. cooling rate and temperature-experimental vs. theory[J]. Cryobiology,2016,73(2):181-186.

[17] Zachariassen K E, Kristiansen E. Ice nucleation and antinucleation in nature[J]. Cryobiology,2000, 41(4):257-279.

[18] Ning D, Liu X Y. Controlled ice nucleation in microsized water droplet[J]. Applied Physics Letters, 2002,81(3):445-447.

[19] Kojima T, Soma T, Oguri N. Effect of silver iodide as an ice inducer on viability of frozen-thawed rabbit morulae[J]. Theriogenology,1986,26(3):341-352.

[20] Kojima T, Soma T, Oguri N. Effect of ice nucleation by droplet of immobilized silver iodide on freezing of rabbit and bovine embryos[J]. Theriogenology,1988,30(6):1199-1207.

[21] Massie I, Selden C, Hodgson H, et al. Cryopreservation of encapsulated liver spheroids for a bioartificial liver:Reducing latent cryoinjury using an ice nucleating agent[J]. Tissue Engineering Part C-Methods,2011,17(7):765-774.

[22] Vonnegut B. The nucleation of ice formation by silver iodide[J]. Journal of Applied Physics,1947, 18(7):593-595.

[23] Fletcher N H, John B H. The chemical physics of ice[J]. Cam-bridge Univ,1970,24(6):49.

[24] Rau W. Eiskeimbildung durch dielektrische polarisation[J]. Zeitschrift für Naturforschung A,1951, 6(11):649-657.

[25] Hozumi T, Saito A, Okawa S, et al. Effects of electrode materials on freezing of supercooled water in electric freeze control[J]. International Journal of Refrigeration,2003,26(5):537-542.

[26] Hozumi T, Saito A, Okawa S, et al. Effects of shapes of electrodes on freezing of supercooled water in electric freeze control[J]. International Journal of Refrigeration,2005,28(3):389-395.

[27] Spindler R, Rosenhahn B, Glasmacher B. Controlled nucleation and reduced CPA-concentration during freezing[J]. Cryobiology,2011,63(3):318.

[28] Diener B, Utesch D, Beer N, et al. A method for the cryopreservation of liver parenchymal cells for studies of xenobiotics[J]. Cryobiology,1993,2(30):116-127.

[29] Perezoteyza J, Bornstein R, Corral M, et al. Controlled-rate versus uncontrolled-rate cryopreservation of peripheral blood progenitor cells:a prospective multicenter study [J]. Haematologica,1998,83(11):1001-1005.

[30] Konstantinidis A V K, Wei K, Otten L, et al. Controlled nucleation in freeze-drying:effects on pore size in the dried product layer, mass transfer resistance, and primary drying rate[J]. J Pharm Sci, 2011,100(8):3453-3470.

[31] Gasteyer T H, Sever R R, Hunek B, et al. Lyophilization system and method [P]. US, EP20070750149,2007.

[32] Petzold G. Aguilera J M. Ice morphology:Fundamentals and technological applications in foods[J]. Food Biophysics,2009,4(4):378-396.

[33] Rambhatla S, Ramot R, Bhugra C, et al. Heat and mass transfer scale-up issues during freeze drying: II. Control and characterization of the degree of supercooling[J]. Aaps Pharmscitech,2004,5(4):

54-62.

[34] Patel S M, Bhugra C, Pikal M J. Reduced pressure ice fog technique for controlled ice nucleation during freeze-drying[J]. Aaps Pharmscitech, 2009, 10(4):1406-1411.

[35] Searles J A, Carpenter J F, Randolph T W. The ice nucleation temperature determines the primary drying rate of lyophilization for samples frozen on a temperature-controlled shelf[J]. Journal of Pharmaceutical Sciences, 2001, 90(7):860-871.

[36] Hottot A, Nakagawa K, Andrieu J. Effect of ultrasound-controlled nucleation on structural and morphological properties of freeze-dried mannitol solutions[J]. Chemical Engineering Research and Design, 2008, 86(2):193-200.

[37] Passot S, Trelea L C, Marin M, et al. Effect of controlled ice nucleation on primary drying stage and protein recovery in vials cooled in a modified freeze-dryer[J]. Journal of Biomechanical Engineering-Transactions of the Asme, 2009, 131(7):074511.

[38] 沈建中.超声清洗技术及其应用[J].洗净技术, 2003, (1):16-20.

[39] 刘永红, 郭开华, 梁得青, 等. 超声波对HCFC-141b水合物结晶过程的影响[J]. 武汉理工大学学报, 2002, 24(12):21-23.

[40] Zhang X, Inada T, Yabe A, et al. Active control of phase change from supercooled water to ice by ultrasonic vibration 2. Generation of ice slurries and effect of bubble nuclei[J]. International Journal of Heat and Mass Transfer, 2001, 44(23):4533-4539.

[41] Zhang X, Inada T, Tezuka A. Ultrasonic-induced nucleation of ice in water containing air bubbles [J]. Ultrasonics-Sonochemistry, 2003, 10(2):71-76.

[42] Patapoff T W, Overcashier D E. The importance of freezing on lyophilization cycle development [J]. Biopharm-Eugene, 2002, 15(3):16-21.

[43] Nakagawa K, Hottot A, Vessot S, et al. Influence of controlled nucleation by ultrasounds on ice morphology of frozen formulations for pharmaceutical proteins freeze-drying[J]. Chemical Engineering and Processing: Process Intensification, 2006, 45(9):783-791.

[44] Hunt J, Jackson K. Nucleation of solid in an undercooled liquid by cavitation[J]. Journal of Applied Physics, 1966, 37(1):254-257.

[45] Gong C, Hart D P. Ultrasound induced cavitation and sonochemical yields[J]. The Journal of the Acoustical Society of America, 1998, 104(5):2675-2682.

[46] Chow R, Blindt R, Chivers R, et al. A study on the primary and secondary nucleation of ice by power ultrasound[J]. Ultrasonics, 2005, 43(4):227-230.

[47] Hickling R. Transient, high-pressure solidification associated with cavitation in water[J]. Physical review letters, 1994, 73(21):2853-2856.

[48] Hunt J D, Jackson K A. Nucleation of the solid phase by cavitation in an undercooled liquid which expands on freezing[J]. Nature, 1966, 211(5053):1080-1081.

[49] Saclier M, Peczalski R, Andrieu J. A theoretical model for ice primary nucleation induced by acoustic cavitation[J]. Ultrasonics Sonochemistry, 2010, 17(1):98-105.

[50] Kordylla A, Krawczyk T, Tumakaka F, et al. Modeling ultrasound-induced nucleation during cooling crystallization[J]. Chemical Engineering Science, 2009, 64(8):1635-1642.

[51] Contamine R F, Wilhelm A, Berlan J, et al. Power measurement in sonochemistry[J]. Ultrasonics Sonochemistry, 1995, 2(1):43-47.

[52] Kimura T, Sakamoto T, Leveque J, et al. Standardization of ultrasonic power for sonochemical reaction[J]. Ultrasonics Sonochemistry, 1996, 3(3):157-161.

[53] 王向红, 毛汉领, 黄振峰. 超声清洗槽内空化强度的测量[J]. 应用声学, 2005, 24(3):188-191.

[54] Weissler A. Some sonochemical reaction yields[J]. Journal of the Acoustical Society of America, 1960,32(2):283-284.

[55] Kimura T, Sakamoto T, Leveque J, et al. Standardization of ultrasonic power for sonochemical reaction[J]. Ultrasonics-Sonochemistry,1996,3(3):157-161.

[56] Orozco M, Vasqueez F, Martinez-Gomez J, et al. Nitrate characterization as phase change materials to evaluate energy storage capacity[C]. Internation Conference on Innovation and Research. Springer:Cham,2021:377-389.

[57] 胡玉华,吐伟,汪梅影,等.差示扫描量热仪(DSC)测定液体比热[J].润滑油与燃料,2013,23(1):33-36.

[58] 杨长生,马沛生,夏淑倩.DSC法测定醋酸-水溶液的比热[J].高校化学工程学报,2002,16(5):479-483.

[59] 杨长生,马沛生,夏淑倩.差热分析法测定多元醇的比热[J].天津大学学报:自然科学与工程技术版,2003,(02):192-196.

[60] Pilar R, Honcova P, Kostal P, et al. Modified stepwise method for determining heat capacity by DSC[J]. Journal of Thermal Analysis & Calorimetry,2014,118(1):485-491.

[61] Möhler O, Georgakopoulos D G, Morris C, et al. Heterogeneous ice nucleation activity of bacteria: New laboratory experiments at simulated cloud conditions[J]. Biogeosciences, 2008, 5(43): 1425-1435.

[62] Castro L D, Priego-Capote F. Ultrasound-assisted crystallization (sonocrystallization)[J]. Ultrasonics sonochemistry,2007,14(6):717-724.

[63] Cheng X, Zhang M, Xu B, et al. The principles of ultrasound and its application in freezing related processes of food materials:A review[J]. Ultrason Sonochem,2015,27:576-585.

[64] 王葳,张绍志,陈光明,等.超声波对水的过冷度影响的实验研究[J].制冷学报,2003,24(1):6-8.

[65] 周新丽,滕芸,戴澄.接触式超声波辅助平板冷冻对胡萝卜冷冻速率的影响[J].制冷学报,2017,38(2):109-113.

[66] Inada T, Xu Z, Yabe A. Active control of phase change from supercooled water to ice by ultrasonic vibration 1. Control of freezing temperature[J]. International Journal of Heat and Mass Transfer, 2001,44(23):4523-4531.

[67] Kiani H, Zhang Z, Ddlgado A, et al. Ultrasound assisted nucleation of some liquid and solid model foods during freezing[J]. Food Research International,2011,44(9):2915-2921.

[68] Kiani H, Sun D, Delgado A, et al. Investigation of the effect of power ultrasound on the nucleation of water during freezing of agar gel samples in tubing vials[J]. Ultrason Sonochem,2012,19(3):576-581.

[69] Hu F, Sun D, Gao W, et al. Effects of pre-existing bubbles on ice nucleation and crystallization during ultrasound-assisted freezing of water and sucrose solution[J]. Innovative Food Science & Emerging Technologies,2013,20:161-166.

[70] Rastogi N K. Opportunities and challenges in application of ultrasound in food processing[J]. Crit Rev Food Sci Nutr,2011,51(8):705-722.

[71] Fowler A, Toner M. Cryo-injury and biopreservation[C]. Annals of the New York Academy of Sciences. Univ Chicago:Chicago,IL,2006:119-135.

[72] Hoffmann N E, Bischof J C. The cryobiology of cryosurgical injury[J]. Urology,2002,60(2):40-49.

[73] Doyong G, Critser J K. Mechanisms of cryoinjury in living cells[J]. Ilar Journal,41(4):187-196.

[74] Deller R C, Vatish M, Mitchell D, et al. Synthetic polymers enable non-vitreous cellular cryopreservation by reducing ice crystal growth during thawing[J]. Nature Communications,2014,5

(3244):4244-4250.

[75] Huang H,Zhang Y,Xu J,et al. Predehydration and ice seeding in the presence of trehalose enable cell cryopreservation[J]. ACS Biomaterials Science&Engineering,2017,3(8):1758-1768.

[76] Stokich B,Osgood Q,Grimm D,et al. Cryopreservation of Hepatocyte (HepG2) cell monolayers: Impact of trehalose[J]. Cryobiology,2014,69(2):281-290.

[77] Knight C A,Wen D,Laursen R A. Nonequilibrium antifreeze peptides and the recrystallization of ice[J]. Cryobiology,1995,32(1):23-34.

[78] Kang H,Hwang Y,Shin Y,et al. Biomineralized matrix-assisted osteogenic differentiation of human embryonic stem cells[J]. Journal of Materials Chemistry B Mater Biol Med,2014,2(34):5676-5688.

[79] Abramov O V. High-intensity ultrasonics:Theory and industrial applications[M]. Boca Raton:CRC Press,1999:700.

[80] Chow R,Blindt R,Chivers R,et al. A study on the primary and secondary nucleation of ice by power ultrasound-ScienceDirect[J]. Ultrasonics,2005,43(4):227-230.

[81] Moore E B,Molinero V. Structural transformation in supercooled water controls the crystallization rate of ice[J]. Nature,2011,479(7374):506-508.

[82] 华泽钊,任禾盛. 低温生物医学技术[M]. 北京:科学出版社,1994.

[83] Chow R,Blindt R,Chivers R,et al. The sonocrystallisation of ice in sucrose solutions:Primary and secondary nucleation[J]. Ultrasonics,2003,41(8):595-604.

[84] Chow R,Blindt R,Kamp A,et al. The microscopic visualisation of the sonocrystallisation of ice using a novel ultrasonic cold stage[J]. Ultrasonics Sonochemistry,2004,11(3):245-250.

[85] 王葳,张绍志,陈光明,等. 超声波对水的过冷度影响的实验研究[J]. Journal of refrigeration,2003,24(1):6-8.

[86] 周新丽,腾芸,戴澄. 接触式超声波辅助平板冷冻对胡萝卜冷冻速率的影响[J]. 制冷学报,2017,38(2):109-113.

[87] Chow R,Blindt R,Kamp A,et al. Stimulation of ice crystallisation with ultrasonic cavitation-microscopic studies[J]. Indian Journal of Physics & Proceedings of the Indian Association for the Cultivation Ofence Part A,2003,77(4):315-318.

[88] 王大飞. 超声波对水冻结及脱冰影响的研究[D]. 合肥:合肥工业大学,2017.

[89] 徐保国. 低频超声波对红心萝卜的冻结和解冻及其机理研究[D]. 无锡:江南大学,2016.

[90] Hickling R. Nucleation of freezing by cavity collapse and its relation to cavitation damage[J]. Nature,1965,206(4987):915-917.

[90] Neppiras E A. Acoustic cavitation[J]. Physics reports,1980,61(3):159-251.

第 4 章　人肝癌细胞 HepG2 冷冻干燥保存初探

　　冷冻干燥是长期、有效保存细胞的手段之一,在医学、生物学等领域具有重要意义。由于细胞的冷冻干燥会受到来自冻结和干燥两个过程的损伤,目前利用冻干保护剂以减小其受到的伤害。一次干燥是冻干中耗时最长的阶段,而恰当的干燥温度可以缩短干燥时间从而节约能耗、成本。所以合适的保护剂配方以及工艺设计是提升细胞冷冻干燥成功率的关键。本章以人肝癌细胞 HepG2 为研究对象,通过差示扫描量热法研究冻结过程保护剂的保护机理,利用冻干显微技术探究干燥过程临界温度以及升华温度和一次干燥速率之间的关系,采用热孵育法将海藻糖载入细胞探究胞内海藻糖在冻干中发挥的作用,优化了保护剂的配方,设计了细胞冻干工艺,旨在实现人肝癌细胞 HepG2 的冷冻干燥,探究其中的保护机理,并为其他体细胞冻干提供一定参考。

4.1　绪　　论

4.1.1　冷冻干燥技术概述

　　冷冻干燥技术是指将湿物料先降温到共晶点或玻璃化转变温度以下,使物料中自由水冻结成冰,然后在真空条件下对物料进行加热,其温度不超过物料的共熔点温度,使物料中的冰不经过液态直接升华成水蒸气而逸出,接着再对物料升温,除去物料中的束缚水(结合水),从而使物料干燥。

　　冷冻干燥的基本过程主要包括物料的预处理、冷却固化、一次干燥(升华干燥)、二次干燥(解析干燥)以及密封贮存[1],如图 4-1 所示。

图 4-1　冷冻干燥基本流程

　　为了获得品质较高且能够长期保存的样品,冷冻干燥在食品、生物、制药等领域中应用极其广泛,如:在食品工业中,冷冻干燥常应用于咖啡[2]、奶粉[3]、果干[4]等的制作中;在生物制药中,主要应用于细胞的冷冻干燥[5],疫苗[6]、蛋白制剂[7]等的生产。

4.1.2 细胞冷冻干燥研究现状和存在问题

4.1.2.1 细胞冷冻干燥研究现状

早在1906年,Bordas和Arsonval提出了冷冻干燥技术可以用于生物体、血清和疫苗的保存。近30年来,将冷冻干燥技术应用于细胞保存中引起了研究者的强烈兴趣,之前的报道多为人血液细胞、组织细胞的冻干,如红细胞[8,9]、血小板[10]、精子[11,12]等。

其实,在1956年就开始对血小板冻干进行尝试,但效果并不理想。[13]之后1960年,Meryman[14]在不添加保护剂的条件下对红细胞进行冷冻干燥保存,结果依旧以失败告终。随后有研究者发现在细胞冻干中加入高聚物或者糖类等保护剂,细胞恢复率明显增高。[15,16]这之后,研究者们针对冻干保护剂开始了大量的研究。直到2001年,Wolkers等实验发现,海藻糖可以通过内吞作用进入到血小板内[17],使得血小板冻干有了飞跃性的发展。肖洪海等首次实现了人脐带全血和单核细胞冻干的研究。[18]Satpathy等在2004年将海藻糖成功载入到红细胞内,且冻干后红细胞的恢复率达到40%。[19]随后细胞冻干技术的研究重点,主要放在了冻干工艺的设计以及复水工艺的研究方面。张绍志等提出超声波可以强化海藻糖进入血小板中[20],范菊莉等使用超声波对冻干血小板做预处理,达到了强化海藻糖载入血小板中的效果[21],进一步为冻干血小板提供了参考。杨宏伟等通过光镜、电镜酶组织化学方法探讨了冻干角膜内皮细胞的有效性,该方法有望成为角膜长期保存的新手段。[22]近年来,计算机模拟技术、显微技术以及传感测量技术等新兴科技在冻干上的应用,使得冻干技术有了很大的发展,不过即使如此,依旧存在很多机理性问题需要继续探究。

4.1.2.2 冷冻干燥过程中存在的问题

尽管细胞冷冻干燥已经获得了很多突破性的进展,然而,该技术一直难以真正运用到临床治疗上。究其原因,主要可分为以下四个方面:

1. 冻结过程中的低温损伤

在冻结过程中,低温损伤主要为降温速率过快导致的胞内冰损伤和降温速率过慢导致的溶质损伤。[23]降温速率过快,胞外溶液开始结冰,胞内水分来不及渗透出胞外而过冷形成了胞内冰,会给细胞带来不可逆的机械损伤;同时,快速降温形成了数量较多、体积较小的冰晶,而冰晶尺寸较小并不利于传质的进行,增大了传质阻力,减缓了干燥速率,增加了一次干燥的时间。降温速率过慢,胞外溶液开始结冰,胞内水分有足够的时间进行渗透,而经过长时间的脱水,细胞体积减小发生皱缩,蛋白质发生变性,细胞膜以及细胞器形成一定损伤。因此,寻找最佳降温速率是减小低温损伤的关键。

2. 干燥过程的损伤

细胞在干燥过程中受到的损伤主要来自囊泡融合[24]、细胞膜相变[25]和自由基诱导损伤[26],因此,细胞膜是干燥和复水主要的损伤部位之一。细胞膜是由磷脂、胆固醇和蛋白质的复杂混合物组成的。正常条件下,磷脂双分子层中的亲水性极性基团与水分子发生相互作用从而使得它们互相独立排开,同时脂质相转变的发生有着特定的温度,低于相变温度则以紧密堆积的凝胶态存在,酰基链相对固定在紧密堆积的阵列中。而在液晶状态下,存在更多的为相对紊乱的构象。[27]除了温度,脂质亲水性极性基团的水合状态也决定了脂质相的状态。当细胞脱水被干燥时,如图 4-2 所示,磷脂亲水性极性基团发生堆积,密度增加,导致烃链之间的范德华力的相互作用增加,此时细胞膜之间的距离变小易发生融合反应。同时,脱水使细胞膜的相转变温度增强,导致液晶相转化为了凝胶相,很可能导致膜成分的相分离。[28] 而且,当细胞再水合时,脂质又从凝胶相转成了液晶相,细胞膜的通透性加强,膜内物质大量泄漏,细胞完整性遭到破坏。因此,需要在冻干过程中添加合适的保护剂以防止细胞在干燥过程中发生形态学改变、离子通道运输能力丧失、胞内物质泄漏、生物活性消失等问题。

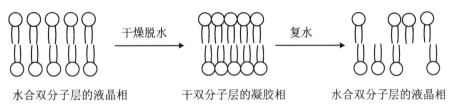

图 4-2 细胞膜干燥损伤机理

3. 工艺设计问题

由于生物活性成分的不尽相同,每种生物样品一般都有自己特有的保护剂配方。为了使生物样品在冻干后最大限度保持原有的活性和成分以及尽量高的恢复率,保护剂的相容性、最佳的降温速率、搁板温度、一次干燥时间的控制等,都需要详尽考虑。

4. 理论模型问题

为了优化冷冻干燥过程,研究者们通过建立一些数学模型更好地解决在冻干过程中出现的传热传质问题。这些研究对实际冻干操作起到了重要的指导作用,然而这些理论值和实际工艺参数值仍存在较大的差距,仍需不断地探索。

4.1.3 差示扫描量热法的应用及升华干燥工艺优化研究

4.1.3.1 利用差示扫描量热技术优化冻结参数

在自然科学和工程设计等各种行业间,物料的物理化学特性,尤其是热物理性质参数,对人类社会发展和科技进步有着相当重要的作用,而针对物料的热物性所做出的理论探究和实验研究一直是科研热点。热分析技术是指能够检测样品在设定的程序控温下发生的物理、化学性质的改变,进一步对样品做出温度和物理量关系之间的分析。[29,30]

在各种热分析技术中,差示扫描量热法(differential scanning calorimeter,DSC)在冷冻干燥过程中的应用是最为广泛的,如物质鉴定、测量样品的比热、相变、玻璃化转变温度、焓值、共晶温度、熔融温度、过冷度、动力学研究、状态图测绘等。该方法是指在一个程序设定中,对样品提供一个可控的温度变化环境,并对该温度条件下流入样品和参比物的热流差进行测量的技术,具有灵敏度高、测量范围广、测量速度快、样品消耗小等优势。[31,32] 此外,在对样品进行热效应重复试验时,其结果也有很高的重现性和一致性,比如在对样品进行连续比热的测定等。[33]

由于样品的热物理性质是与冻结过程以及干燥过程有着密不可分的联系,这些数据是实验定性和定量分析的基础,因此国内外在对物质的热物性上做了很多基础性研究和分析。

1955年,荷兰的Boersma探索出了热流型DSC装置。[34]随后,美国的Watson等第一次将功率补偿型DSC技术带到人们面前。[35]之后,DSC被广泛应用于物质分析研究中。Karunakar等用差示扫描量热法以及探针法分别在-30~30℃的温度范围内对虾肉的表观比热容和导热率进行了测量和计算,并与实测值进行比较,以检验现有模型和他本人提出模型的准确性。[36]Gupta等描述了软木、软木树皮和其中衍生的软木炭的比热容和颗粒导热率的测量,为以后的研究提供了相应的数据资料。[37]高才等在控制了乙二醇和它的50%水溶液结晶度的条件下,采用DSC和低温显微镜结合的方式对玻璃化转变温度和结构焓松弛变化进行了研究。[38]此外,DSC在冷冻干燥技术中同样应用颇多。左建国等在研究冻干溶液降温速率和玻璃化转变温度之间的关系时发现,随着降温速率的加快,玻璃化转变温度则会显著降低。[39]由于最大冷冻浓缩溶液的浓度和相应的玻璃化转变温度以及熔融温度是开发冻干过程的关键参数,因此,Xu等通过差示扫描量热法测定了多元冻干保护剂的最大冻结浓缩溶液的未冻水份额,并讨论了它的分子基础和适用性。[40]

从以上对物质基础特性的研究中发现,差示扫描量热法对物质的热学性质有着良好的重复性和准确性,尽管实验对象有所差别,但是根据其他研究者探讨出的经验方法同样可以进行实验研究。在对冻干样品的研究中,热物性与样品的结构和成分有着相当强烈的关系,并且有些特性是冻结过程中独有的。因此,利用差示扫描量热法对于保护剂冻结过程中冻结参数和热物性的研究是具有可行性的。

4.1.3.2 升华干燥过程工艺优化研究

冷冻干燥过程是具有移动界面的热量和质量同时传递的过程,由于传热方式、干燥室压力和过程参数的不同,以及物料热物性参数的多样性,使得冷冻干燥过程的影响因素较多,导致传热、传质过程比较复杂。

为了更好地研究冷冻干燥过程,国内外研究者想出了很多数学模型去模拟冻干过程,以期在理论上有个更深的了解。第一个冻干数学模型是在1970年提出的,同时也是在对冻干理论研究中使用较为频繁的一个:冰峰均匀退却模型(URIF)。[41]King在该模型中指出,假设在干燥过程中,干燥区和未干燥区之间的升华界面厚度能够不计;冰峰均匀后退;对升华界面加热后,冰晶从物料中升华成水蒸气留下多孔物料为绝干物质,那么该模型对于一次干燥过程中自由水去除情况的模拟是较为合适的,常被用来计算分析样品干燥速率,设计节时节能的冻干工艺。[42]然而,整个模型过于简单化,仅仅是针对升华界面温度和物料表面温度恒定不变,并且干燥层中水蒸气分压处于恒定的稳态之中的情况,不能够全面地解释整个冻干过程。

另一类应用较多的模型是,Liapis[43,44]和Litchfield[45]在URIF模型的基础上进一步归纳总结和优化,提出的"吸附-升华"模型。该模型不但解释了冰晶在升华界面上发生的升华过程,还表明了在多孔隙的干燥层中又会进行着解析干燥,水蒸气在经过孔隙过程中的传质和传热都会有所改变。该模型在对于冻干的预测上更为准确,数据更加可靠,然而由于参数的变化导致数据难以测定,求解变得异常复杂。

升华界面和干燥速率在冻干中的研究依然是国内外学者的重点探讨对象。

1994年,Nail等描述了用于观察冻结和冻干升华过程的显微镜。[46]该冻干显微镜采用热电(珀耳帖效应)加热器分两级配置,循环流体作为高温侧的散热片,可获得的最低样品温度约为-47℃。1996年,Meredith等使用带有低温附件的扫描电镜研究升华过程中形成的结构形态。[47]1997年,Mascarenhas等应用模型计算并通过实例验证发现该模型可以精确模拟升华前沿位置,并演示了它的代表性应用。[48]2001年,Nastaj研究了关于升华动力学方面的模型,讨论了关于升华界面前沿热量产生、温度和水蒸气浓度的移动边界问题。[49]2004年,Xiang等探究了不同的降温速率、干燥室温度、干燥室压力和有无退火经历对升华速率的影响。[50]研究表明,干燥室温度和压力对冷冻干燥过程中的样品温度有显著影响,经历退火的样品通常保留了较好的冻干结构。2008年,罗瑞明建立了升华层厚度、时间和样品表面温度的数学模型,探讨了最大升华速率下的冻干工艺。[51]2016年,Diakun等利用添加一个冷阱的方式对多孔物料中游离冰和冰的升华速率差异展开了进一步研究,并发现添加冷阱后升华速率明显加大。[52]

综上,国内外研究者对升华界面、干燥速率和温度有了很多数学模型进行模拟计算,然而多数缺少实际测量值进行校正和参考,应用显微技术的研究极少,单纯的实验数据和分析结果较为少见。

4.1.4 冻干保护剂的种类及作用机理

4.1.4.1 冻干保护剂的种类及特性

冻干保护剂按照物质的种类通常分为糖/多元醇类、聚合物类、表面活性剂类、氨基酸类和其他添加剂等。[1]

1. 糖/多元醇类保护剂

糖/多元醇类保护剂的特性和应用如表4-1所示。

2. 聚合物类保护剂

常见聚合物类保护剂的特性和实例如表4-2所示。

表4-1 糖/多元醇类保护剂的种类和特性及举例

种类		特性	举例
单糖	如:葡萄糖、半乳糖、甘露糖等	单糖提供的稳定作用极其弱小,导致其通常不会在冻干配方中单独使用	Rindler等在研究保护剂对细胞冻干的效果时发现,葡萄糖的作用没有麦芽糖的效果好[53]
低聚糖	如:蔗糖、海藻糖、麦芽糖等	在冻结和干燥过程均起到良好的保护作用[54]	Wolkers利用衰减全反射FTIR在控制相对湿度条件下实时监测海藻糖对鸡蛋磷脂酰胆碱脂质体的脱水动力学和残余水分含量影响。添加海藻糖后,脱水效率降低,残余水分含量较高[55]
多元醇	如:甘露醇、山梨醇、丙三醇等	含有羟基,可以与水分子形成氢键	周新丽发现用40%甘油预处理的红细胞冻干回收率高达55.3%[56]

表 4-2　常见聚合物类保护剂的特性和举例

名　称	特　性	举　例
聚乙二醇		Carpenter 等比较了不同分子量的 PEG 和蔗糖对乳酸脱氢酶的冻干保护效果,发现 PEG 的保护能力远强于蔗糖[57]
羟乙基淀粉	冻结过程优先析出; 具有良好的表面活性; 在蛋白质分子间会有位阻作用; 增大溶液黏度; 提高玻璃化转变温度; 抑制小分子赋形剂的结晶; 抑制溶液的 pH 降低	Crowe 等研究了羟乙基对膜稳定性的影响,结论表明羟乙基淀粉和葡萄糖一起作用可以有效防止膜融合以及相转变[58]
聚乙烯吡咯烷酮		Imamura 等通过傅里叶变换红外光谱(TS-FTIR)检测 PVP 对无定形糖基质中的氢键以及玻璃化转变温度 T_g 的影响。[59] 结果表明:PVP 的加入显著降低了氢键形成的程度,且大多数情况下增大了无定形糖的 T_g
右旋糖酐		Gloger 等选择小分子质量的右旋糖酐,发现它可以显著提高蛋白质活性[60]

3. 表面活性剂类、氨基酸类以及其他添加剂

由于表面活性剂具有减小生物样品在冻结和干燥过程中由固-液界面张力而导致的变性,且在复水过程中也有良好的润湿作用,因此,逐渐应用到了生物样品的冻干中。常用的表面活性剂有蔗糖脂肪酸酯、吐温 80 等。

氨基酸类保护剂可以防止活性成分因 pH 的改变而导致的变性,因此常常添加到生物样品冻干保护剂配方中。常用的氨基酸类保护剂有甘氨酸、β-丙氨酸等。

除以上几类常用的保护剂以外,还有抗氧化剂、缓冲剂、冻干加速剂等,在生物样品的冻干中也有一定的应用。

4.1.4.2　冻干保护剂的保护机理

在低温状态下,"优先作用"是目前被广泛应用的保护机理。[61] 该机理认为:在冻结过程中,蛋白质还没有达到最大冻结浓缩浓度时,首先与水分子结合,而保护剂则会优先被排斥到蛋白质范围外。这样作用的结果为蛋白质的外表面比内部会结合更多的水分子而不是保护剂分子,从而可以维持蛋白质本身的构象稳定。

在干燥状态下,保护剂的保护机理目前主要为两大假说:一是"玻璃态假说";二是"水替代假说"。

"玻璃态假说"[1] 是指当添加了保护剂后,保护剂分子和生物分子处于一种无序的非晶态的玻璃体,物质黏度达到 $10^{12} \sim 10^{14}$ Pa·s,此时物质运动速率降低、流动性差、分子扩散受阻、化学反应进程极其微弱,避免了膜融合和相变的发生。根据这个假说,如果要使物质以玻璃态冻干,那么就要求干燥温度需低于整个体系的玻璃化转变温度,保护剂则应选择具有较高玻璃化转变温度的低聚糖类、聚合物类等。

"水替代假说"[62] 是指在正常环境下,生物分子表面会有一层水膜,当经历干燥过程时,细胞膜脱水,与水分子结合的氢键位点暴露,此时,保护剂分子的添加使得这些氢键位点与保护剂分子的羟基相结合,从而重新在生物分子表面形成了一层膜替代之前失去的水膜,因而能够保持生物分子原有结构以及特有功能。

4.1.4.3 肝癌细胞 HepG2 冻干保护剂的选择

通过以上分析发现，有些保护剂仅仅在某一方面起到保护效果，而其他方面则难以兼顾，而在细胞的冷冻干燥保存中，添加的保护剂需要在冻结和干燥两个过程中都起到保护作用，并且达到长期保存的目的，因此本研究选择了多种保护剂组合以达到该目的。

研究发现，对于干燥过程的保护效果，与其他糖比较时，海藻糖似乎存在明显优势。例如，Crowe 研究了从龙虾肌肉中分离的具有特征性形态的膜。[63]当这些膜在没有海藻糖存在的情况下干燥、复水，结果特征性形态消失，如发生融合、胞内颗粒被置换、运输 Ca 能力丧失等；而当海藻糖存在的情况下干燥时，形态完整、运输能力不变，与干燥前膜的性质相差不大。海藻糖这些优越的保护效果可能与它本身的特性有关，如具有较高的玻璃化转变温度、具有玻璃形成性能以及很好的稳定作用、吸湿性小、水合半径异常大，至少是其他糖的 2.5 倍。[64]如此一来，在冻结过程中，海藻糖通过优先作用机理被完全排斥到蛋白质外表面，在干燥过程中可以降低 T_m，从而维护生物样品的结构和性质。然而海藻糖仅仅在胞外作用，并不能达到很好的保护效果，因此，将海藻糖载入胞内并达到多少含量才可以起到有效作用，是目前问题的关键。

在冻干过程中，虽然糖类的稳定效果强，但通常形成的是具有低玻璃化转变温度的无定型基质[65]，所以仅仅只有糖类的保护剂，效果往往并不理想。Crowe 等证明了糖类氢键对膜的直接作用需要和玻璃化一起才能够提供好的保护效果。[66]而聚乙烯吡咯烷酮（PVP）和海藻糖相互组合，既能够保持生物样品的稳定性，又能显著提高玻璃化转变温度，是冻干保护剂配方的合适选择。然而由于海藻糖的非渗透性，导致无法进入胞内而起到保护效果。因此，通过热孵育的方法载入海藻糖，探究胞内海藻糖在冻干中的作用。

近年来，二甲基亚砜（Me_2SO）作为低温保护剂在冻结过程中被广泛使用。这主要由于它作为渗透性保护剂，易发生水合作用，能够弱化水的结晶过程，降低胞内水含量，减少浓缩溶质对细胞的破坏作用，避免胞内冰损伤，达到保护细胞的目的。

另外，甘油在细胞保存中，具有无毒的特性，长期以来受到研究者的追捧。

综上，本章选用了海藻糖、聚乙烯吡咯烷酮、二甲基亚砜、甘油以及胎牛血清作为冻干保护剂，探究在冷冻干燥过程中合适的肝癌细胞 HepG2 的保护剂。

4.1.5 本章研究意义及内容

4.1.5.1 本章研究意义与目的

近年来，人体细胞恶性肿瘤发生率越来越高，死亡率逐渐增加，其中，肝癌是世界范围内因肿瘤导致死亡的第二大原因。[67]为了摆脱人类疾病的困扰，研究者们探索了各种治疗手段，然而治疗效果一直并未有实质性的突破和提高[68]，其中重要原因是细胞、组织和器官一旦离体就难以存活，而移植需求仍然在不断加大，导致人体细胞的长期保存问题急需探究和解决。此时，研究设计和改进人体细胞的冷冻干燥保存对于提高样品质量、长期存储样品具有重大意义。

冷冻干燥技术已经在食品、药品和生物领域有了广泛的应用和发展，然而对于人体细胞

保存的应用仍然存在不少问题,致使目前人们还处于探索阶段。如果人体细胞能顺利进行冷冻干燥,是具有十分深远重大的意义:

(1) 用于肿瘤疾病的诊断和治疗研究。将人体细胞通过冻干保存之后,最大限度地保留了原有的生物信息和活性,可以对其进行药物筛选探索而获得最相近的结论。

(2) 用于生物型人工肝细胞来源。[69]成功冷冻干燥的肝癌细胞 HepG2 具有正常肝细胞的代谢和生物学功能,可以用于人工肝的细胞来源与长期保存运输,有助于临床医学的发展。

(3) 用于细胞移植和细胞治疗。成功冻干后的细胞可以长期有效保存,使得具有分裂分化能力的体细胞在复水后可以进行自我重建,有助于机体恢复。

(4) 解决了运输成本高昂、设备占地面积大导致急用时携带和拿取造成的不便以及在运输过程中因震荡造成的样品损害问题。冷冻干燥后的细胞呈粉末状,小瓶封装,轻巧易携带。

(5) 降低了细胞存储条件难度。冷冻干燥后的细胞可以在 4 ℃下长期保存,取用便捷,复水即可使用。

4.1.5.2 研究内容

细胞冷冻干燥是一个多步骤的过程,为了减小在降温过程中受到的冰晶损伤、干燥过程的溶质损伤以及后续保存中细胞活性维持等问题,冻干保护剂的添加尤为重要。选用合适配方的冻干保护剂可以有效提高细胞冷冻干燥的成功率。由于肝癌细胞 HepG2 可以连续传代不断增殖,培养周期短,而且具有肝细胞的各种特异性功能和体细胞的基本特征,因此本文以肝癌细胞 HepG2 为研究对象,研究了冻结过程中冻干保护剂的保护机理,分析了干燥过程中升华温度对一次干燥速率的影响,优化了细胞冻干的工艺设计,达到节时节能的目的。由于海藻糖在冷冻干燥中独特的优势,又对胞内海藻糖在细胞冻干中的作用进行了探究,以期实现肝癌细胞 HepG2 的冷冻干燥,从而在冻干保护剂配方选择以及机理上的认知提供了一定的参考,更有利于今后拓展其他体细胞的冻干保存。具体内容如下:

(1) 利用 DSC 实验探究不同体积分数的 Me_2SO、丙三醇及不同质量浓度的 PVP、复方保护剂在冻结过程中的热物性和未冻水份额,分析了各种保护剂在低温环境下的保护机理,为冻干保护剂的初步筛选以及后续冷冻干燥工艺设计提供了理论支持;同时,通过细胞冻存实验,对以上不同保护剂的台酚蓝存活率和 24 h 贴壁率进行检测,进一步验证了 DSC 实验,优化了保护剂的配方。

(2) 以缩短样品一次干燥时间、降低能耗以及提高样品质量为目的,采用冻干显微镜实时观察冻干保护剂的一次干燥过程。探究了升华界面移动距离和时间的关系,拟合了一次干燥速率和温度的函数,测定了样品临界温度,并由此优化了一次干燥参数,确立了一次干燥温度和时间。

(3) 通过前两节的实验探究,设计了肝癌细胞 HepG2 的冷冻干燥实验。对不同配方冻干保护剂的肝癌细胞 HepG2 进行冷冻干燥保存,筛选出最佳保护剂配方。此外,将细胞在不同物质的量浓度的海藻糖溶液中孵育,通过检测细胞回收率、存活率和 24 h 贴壁率,探究胞内海藻糖对细胞冷冻干燥的影响。

4.2 冻结过程冻干保护剂对肝癌细胞 HepG2 保护机理研究

细胞的冷冻干燥通常分为预处理、冻结、一次干燥、二次干燥和封装储存五个步骤。[1]然而冻结过程中,冰晶的形成可能会影响细胞质结构,甚至细胞骨架基因组相关结构。此外,冻结过程中冰晶形成的大小、形态对干燥速率、时间以及样品冻干完成后的品质产生重大的影响。一般通过添加保护剂来减少细胞冻结或脱水带来的伤害。保护剂的冷冻保护能力取决于渗透系数、不成对电子数量、溶解度和保护剂对细胞膜结构的影响。[70,71] Maryam Akhoondi[72]发现二甲基亚砜(Me_2SO)虽然不能在冻结过程中阻止细胞膜相变,但可以降低水分运输活化能,从而对细胞起到保护作用。甘油作为渗透性保护剂,可以在冻结期间调节细胞脱水的速率和程度。[73]而糖类和高聚物的组合能有效防止膜的泄漏[58],因此二者的组合常用作为冻干保护剂。

细胞存活率的高低直接在宏观上体现出保护剂的保护效果;24 h 贴壁率则进一步对存活下的细胞进行了是否还保留基本功能的检验。因此,本章利用 DSC 测量了以上不同质量(体积)浓度的冻干保护剂(二甲基亚砜、甘油、PVP 和复方保护剂)在冻结过程的热学特性的参数,包括共晶温度、共晶焓、熔融相变温度、熔融焓以及未冻水份额,从而对保护剂在冻结过程的筛选做出了理论分析和参考;再以肝癌细胞 HepG2 为冻存对象,通过对台酚蓝存活率和 24 h 贴壁率的检测结果分析比较,对其加以实验验证。

4.2.1 材料与设备

4.2.1.1 材料与试剂

材料:人肝癌细胞 HepG2(中国科学院上海生命科学研究院)。
试剂:如表 4-3 所示。

表 4-3 试剂

名称及缩写	生产厂家
二甲基亚砜(dimethyl sulfoxide,DMSO)	德国 APPLICHEM 公司
聚乙烯吡咯烷酮(polyvinyl pyrrolidone,PVP)	国药集团化学试剂有限公司
丙三醇(又称甘油)	国药集团化学试剂有限公司
胎牛血清(fetal bovine serum,FBS)	法国 Biowest 公司
海藻糖(Trehalose)	国药集团化学试剂有限公司
胰蛋白酶(Trypsin)	美国 HyClone 公司
Dulbecco's Modified Eagle Medium (DMEM)培养基	GIBCO 公司
台盼蓝染色液(2X)	碧云天生物技术公司

续表

名称及缩写	生产厂家
氯化钠(NaCl)	国药集团化学试剂有限公司
氯化钾(KCl)	国药集团化学试剂有限公司
磷酸氢二钠(Na_2HPO_4)	国药集团化学试剂有限公司
磷酸氢钾(KH_2PO_4)	国药集团化学试剂有限公司
葡萄糖(D-glucose)	国药集团化学试剂有限公司
酚红	国药集团化学试剂有限公司
碳酸钠(Na_2CO_3)	国药集团化学试剂有限公司
青链霉素(Penicillin-streptomycin)	华北制药

4.2.1.2 仪器与设备

仪器与设备如表4-4所示。

表4-4 仪器与设备

名　　称	生产厂家
BS-124S型电子天平	德国Sartorius公司
DSC200F3差示扫描量热仪	德国耐驰公司
二氧化碳培养箱	上海博讯实业有限公司
低速台式离心机	上海安亭科学仪器厂
程序降温盒	北京赛默飞世尔生物化学制品有限公司
DW-8GL388A型超低温冰箱	青岛海尔特种电器有限公司
SW-CJ-1B超净工作台	苏州净化有限公司
光学显微镜	日本尼康公司
安捷伦34970A数据采集器	美国是德科技公司

4.2.2 实验方法

4.2.2.1 冻干保护剂的配制

实验分组:保护剂基础液均为DMEM,将保护剂分为12组,根据保护剂不同种类又分为五大组,第一组序号为0,是对照组,保护剂组成为15% FBS(v/v)+20% 海藻糖(w/w);第二组序号为1～3,是Me_2SO组;第三组序号为4～8,是PVP组;第四组序号为9～10,是甘油组;第五组序号为11,是根据第1～4大组实验的结果选出的配方,为复方组,如表4-5所示。

表 4-5 保护剂分组

序号	命名	DMSO (v/v)	PVP (w/v)	FBS (v/v)	丙三醇 (v/v)	海藻糖 (w/v)
0	对照组	0	0	15%	0	20%
1	5% Me₂SO 组	5	0	15%	0	20%
2	10% Me₂SO 组	10%	0	15%	0	20%
3	15% Me₂SO 组	15%	0	15%	0	20%
4	20% PVP 组	0	20%	15%	0	20%
5	30% PVP 组	0	30%	15%	0	20%
6	40% PVP 组	0	40%	15%	0	20%
7	50% PVP 组	0	50%	15%	0	20%
8	60% PVP 组	0	60%	15%	0	20%
9	10% 甘油组	0	0	15%	10%	20%
10	20% 甘油组	0	0	15%	20%	20%
11	复方组	0	40%	15%	10%	20%

注:表中 v/v 为体积分数; w/v 为质量浓度。

4.2.2.2 降温速率的测定

由于细胞冷冻干燥的预冻步骤是将样品放入深低温冰箱中冻结,因此,为了明确降温速率,对样品在深低温冰箱中的降温速率进行了测量。

步骤:将安捷伦数据采集器的探头插入保护剂中,放入 -80 ℃ 深低温冰箱。对样品 2 h 内的温度变化进行测量,每 1 秒采集一个温度。

4.2.2.3 DSC 实验

以五组(12 种)保护剂作为研究对象,样品质量为 20~25 mg,精确到 0.01 mg。根据降温速率测定的结果,DSC 程序设定为:20 ℃ 等温 10 min,以 5 ℃/min 降到 -80 ℃,平衡 10 min,再以 5 ℃/min 升温到 30 ℃。参比侧放置空白小坩埚,实验时每个样品做三个平行样。采用 DSC 分析软件 NETZSCH-Proteus,读取共晶温度和共晶焓,熔融起始温度(onset)和熔融焓。通过分析保护剂冻结过程的 DSC 热流曲线,进而分析保护剂的低温损伤机理以及对保护剂配方筛选进行理论指导。

4.2.2.4 细胞获取及冻存实验

(1) 细胞获取实验:以肝癌细胞 HepG2 为冻存研究对象,对前期 DSC 结果进行验证。

从二氧化碳培养箱中取出细胞培养皿,取对数生长期的细胞(为一个皿的 80%~90% 最好),抽取培养皿中培养基(10% 胎牛血清 + 1% 双抗 + 89% DMEM 培养基),每个皿均加入 2 mL D-Hank's 液,清洗 2 遍,接着用 0.5 mL 胰酶进行消化 1~2 min 后,当在显微镜下观察细胞呈圆粒状并较均匀的分布在培养皿中时,每个皿加入 2 mL DMEM 培养基终止消化,并将所有细胞吸入到同一个离心管中,转速为 1 000 r/min,离心 5 min,倒去上清液。

将肝癌细胞 HepG2 用等渗 PBS 溶液离心(1 000 r/min,离心 5 min)、洗涤 3 遍,收集肝癌细胞备用。

(2) 细胞冻存实验:将上述配好的 12 种冻干保护剂,分别取 3 mL 加入到细胞中,摇晃均匀,平衡 5 min 后,分别取 1 mL 到三支冻存管中,并标号以示区别。将冻存管放入 -80 ℃ 深低温冰箱,冻存 12 h 后进行细胞检测。

4.2.2.5 细胞检测

冻存 12 h 后将冻存管从深低温冰箱中取出,于 37 ℃ 的水浴锅中快速摇晃复温,离心(1 000 r/min,5 min),去上清液,加 1 mL 培养基吹打均匀,再取样进行台酚蓝存活率和 24 h 贴壁率的检测。

(1) 台酚蓝染色法检测存活率[74]:取 20 μL 0.4%台酚蓝溶液和 20 μL 复水后细胞悬浮液,混匀,滴加在细胞计数板上,在 3 min 内插入细胞计数仪中,对其进行计数。按以下公式计算存活率:

$$细胞存活率 = \frac{活细胞总数}{活细胞总数 + 死细胞总数} \times 100\% \tag{4-1}$$

(2) 24 h 贴壁率检测:复温后的细胞,加入 2 mL DMEM,于 1 200 r/min,离心 10 min,弃去上清液,加 4 mL DMEM,接种到培养皿中,放入 37 ℃、5% CO_2 培养箱中培养,24 h 换液后,将培养皿中培养液吸入到离心管中,计数未贴壁细胞。接着用胰酶消化后,加 2 mL DMEM,计数贴壁细胞。计算公式如下:

$$24\ h\ 贴壁率 = \frac{贴壁细胞数}{贴壁细胞数 + 未贴壁细胞数} \times 100\% \tag{4-2}$$

4.2.2.6 数据分析

用 Origin 8.5 进行图像处理,SPSS Statistics 软件进行统计分析,所有实验数据均采用平均值±标准差的形式。

4.2.3 结果与分析

4.2.3.1 冻结过程的降温速率

保护剂在深低温冰箱中 2 h 内温度变化如图 4-3 所示。

由图 4-3 所示,样品在 0~550 s 内,温度变化非常快,降温速率大,大约为 5.3 ℃/min(前 550 s 温度和时间拟合函数为:$y = -0.088\,01x - 16.572\,5, R^2 = 0.914$)。在 550~4 200 s 范围内,样品温度在 -60~-61 ℃ 之间,温度变化很小,降温速率减慢,表明样品逐渐接近终温。在 4 200~7 200 s 范围内,样品一直保持 -62 ℃,温度几乎没有变化,表明此时样品已达到终温。可能由于冰层厚度、样品摆放位置等原因,样品温度达不到 -80 ℃。

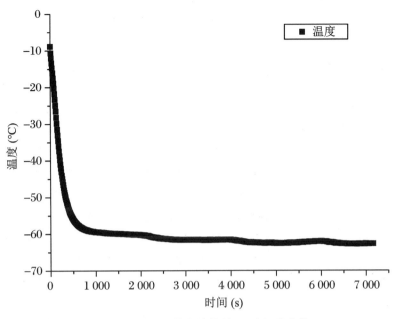

图 4-3　深低温冰箱中保护剂 2 h 内温度变化

4.2.3.2　五组(12 种)冻干保护剂降温过程热物性分析

根据 DSC 的热流曲线图,可以获得每种冻干保护剂的共晶焓值和熔融焓值。图 4-4 表示的是五组(12 种)冻干保护剂降温阶段共晶焓、共晶温度的变化。

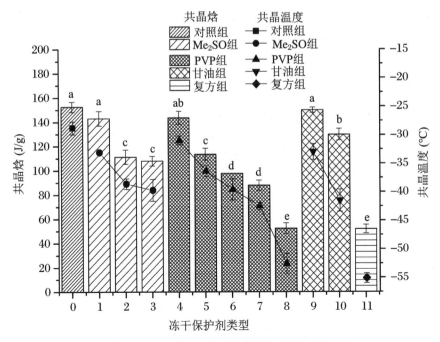

图 4-4　五组(12 种)保护剂的共晶焓、共晶温度变化

由图 4-4 可以看出,当添加了 Me_2SO、PVP、甘油的保护剂组以及复方组的共晶温度和

共晶焓有着相似的趋势,即与对照组相比,添加了 Me_2SO、PVP、甘油的保护剂组以及复方组的共晶温度和共晶焓均有着不同程度的降低,且每组保护剂中,随着保护剂浓度的增大,共晶温度和共晶焓均逐渐降低。这表明,1~11号的保护剂相变开始的温度比对照组低,冰晶成核的温度低,热焓值小,因此受到冰晶的机械损伤减小。这可能与保护剂的玻璃化性质和官能团有关。

Me_2SO 组中,10% Me_2SO 组(序号2)和15% Me_2SO 组(序号3)的共晶温度和共晶焓明显低于5% Me_2SO 组(序号1)($P<0.05$),说明相较于5% Me_2SO 组(序号1),10% Me_2SO 组(序号2)和15% Me_2SO 组(序号3)在冻结过程中成核温度更低,释放的热量更少,形成的冰晶量少,且 Me_2SO 分子的增多更易发生水合作用形成更多的结合水,从而减小了体系中的自由水浓度,弱化了水的结晶过程。

PVP 组中,随着 PVP 质量浓度的增大,共晶温度和共晶焓逐渐减小,且60% PVP 组(序号8)的共晶焓和共晶温度显著低于其他浓度的 PVP($P<0.05$),说明在冻结过程中,高浓度的 PVP 可以抑制冰晶的生长,减小冰晶造成的机械损伤,但过高浓度的 PVP 会给体系带来较高的渗透压,且一旦没有冰晶生成或存在很少冰晶,后续的升华干燥过程则难以进行。

对于甘油组,10% 甘油组(序号9)和20% 甘油组(序号10)的共晶温度和共晶焓均与对照组差异有统计学意义($P<0.05$)。这说明甘油与水分子结合形成了氢键,占据了自由水含量,从而降低了冰晶生成概率,表明10% 甘油组(序号9)和20% 甘油组(序号10)对溶液都具有一定的保护效果。

如图4-5所示,比较五组(12种)保护剂的降温过程 DSC 热流曲线图发现,复方组(序号11)的共晶温度和共晶焓与对照组差异有统计学意义($P<0.05$),且与其他保护剂组也有显著差异。这表明在降温过程中,复方组(序号11)相变发生的温度最低,释放的热量最少,与水的结合能力最强,溶液黏度最大,由冰晶造成的物理损伤最小。

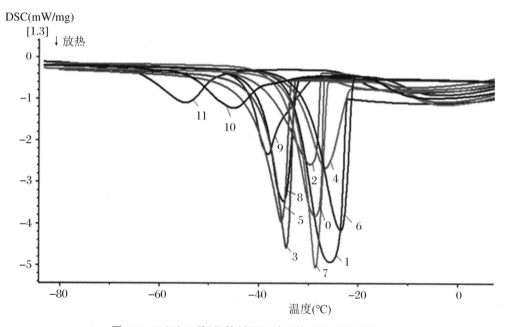

图 4-5　五组(12种)保护剂降温过程的 DSC 热流曲线

4.2.3.3 五组(12种)冻干保护剂熔融相变过程分析

利用 DSC 测得五组(12种)冻干保护剂在升温过程中的热物性参数,观察相变过程,筛选保护剂以期获得最优配方。

比较图 4-6 可以发现,五组(12种)保护剂的熔融起始温度和熔融焓值变化有着类似的走向,即同种保护剂中,随着添加的保护剂浓度增大,熔融起始温度和熔融焓值呈下降的趋势。同时,与对照组相比,均有显著差异($P<0.05$)。

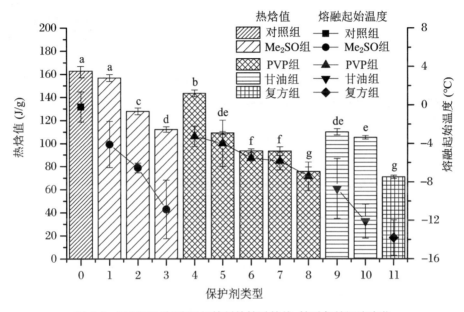

图 4-6 五组(12种)冻干保护剂的熔融焓值、熔融起始温度变化

根据图 4-7 可以看出,相较于其他组的保护剂,在保护剂的升温过程,复方组(序号 11)的熔融起始温度降低,熔融焓值减小,峰面积最小,且与对照组相比,熔融焓值减小了 56.38%,这表明复方组(序号 11)中 40% PVP 和 10%甘油的组合强烈影响了保护剂的熔融相变过程,温度跨度减小,意味着当保护剂加入到细胞中,在升温过程中,细胞所经历的危险温区减小。因此,复方组(序号 11)要优于其他四组的保护剂。

综上,通过 DSC 研究了五组(12种)保护剂在冻结和升温过程中的热学性质,发现与对照组相比,四组(11种)保护剂仍会发生相变,但温度范围更广、更平缓,这对在冻干的预冻步骤中保护剂的筛选提供了一个理论上的支持和参考。

4.2.3.4 五组(12种)保护剂未冻水份额比较

由 DSC 热流图可以观察出保护剂结晶焓值的变化,利用经验公式,从而得到五组(12种)保护剂的未冻水份额[75],见表 4-6。其公式如下:

$$\alpha = 1 - \frac{\Delta H(T_f)_{DSC}}{\Delta H(T_f)} \cdot \frac{1}{\omega} \tag{4-3}$$

其中,α 为未冻水份额;ω 为样品水分含量,单位为 g/g;T_f 为样品在冻结过程中的结晶温度,单位为℃;$\Delta H(T_f)_{DSC}$ 为利用 DSC 测得的样品在 T_f 温度下的结晶焓,单位为 J/g;$\Delta H(T_f)$ 为纯水的结晶焓,单位为 J/g,其与温度的公式为

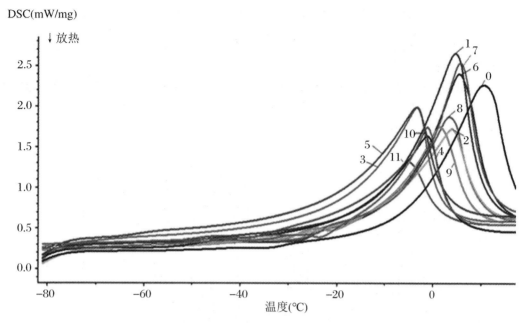

图 4-7　五组(12 种)保护剂升温过程的 DSC 热流曲线

$$\Delta H(T_f) = 333.88 + 2.05 \times T_f \tag{4-4}$$

表 4-6　五组(12 种)保护剂的未冻水份额

序号	命　名	T_f(℃)	$\Delta H(T_f)_{DSC}$ (J/g)	$\Delta H(T_f)$ (J/g)	ω(g/g)	α(g/g)
0	对照组	-28.8	152.50	261.88	0.7819	0.2553
1	5% Me₂SO 组	-33.1	143.00	251.13	0.7803	0.2703
2	10% Me₂SO 组	-38.6	111.20	237.38	0.7325	0.3605
3	15% Me₂SO 组	-39.7	107.90	234.63	0.7236	0.3645
4	20% PVP 组	-31.0	143.60	256.38	0.7531	0.2563
5	30% PVP 组	-36.4	113.50	242.88	0.6311	0.2596
6	40% PVP 组	-39.6	97.67	234.88	0.6829	0.3911
7	50% PVP 组	-42.5	87.83	227.63	0.6527	0.4088
8	60% PVP 组	-52.6	52.36	202.38	0.6196	0.5824
9	10% 甘油组	-33.0	150.00	251.38	0.5828	—
10	20% 甘油组	-41.5	129.80	230.13	0.5412	—
11	复方组	-55.1	51.86	196.13	0.5611	0.5288

由表 4-6 可以看出,与对照组相比,其他四组(11 种)保护剂的未冻水份额均有不同程度升高,且同种保护剂中,随着保护剂浓度增大,未冻水份额增大。其中,复方组(序号 11)的未冻水份额与对照组相比,差异有统计学意义($P<0.05$),表明复方组(序号 11)对冻结过程中

未冻水份额有显著影响。这主要是和复方组(序号11)中含有能与水分子键合的甘油以及具有多种保护特性的PVP有关。

4.2.3.5 细胞实验

对照组、添加四组(11种)保护剂的细胞冻存复温后的台酚蓝存活率和24 h贴壁率结果见表4-7。

由表4-7可知,添加四组(11种)保护剂的细胞冻存复温后的台酚蓝存活率和24 h贴壁率均与对照组(0号)差异有统计学意义($P<0.05$),这表明添加体积分数为5%~15%的Me_2SO和10%~20%的甘油,以及质量浓度为20%~60%的PVP保护剂对肝癌细胞冷冻干燥的冻结过程有一定的保护作用。其中,20%~40%的PVP组(序号4~6)和复方组(序号11)的存活率与其他组差异有统计学意义($P<0.05$),而复方组(序号11)的24 h贴壁率也与其他各组差异有统计学意义($P<0.05$)。这表明复方组(序号11)对细胞在冻结过程中的保护效果最佳,这与DSC实验结果是一致的。在显微镜下观察细胞形态发现,Me_2SO组中细胞几乎都发生了不同程度的皱缩,甘油组(序号9、10)、20%~40%的PVP组(序号4~6)和复方组(序号11)中细胞形态完整,表现为细胞体积较大,呈圆球状,在视野中明亮(均为被胰酶消化后的细胞),这可能与Me_2SO的毒性有关。

表4-7 添加不同保护剂的细胞冻存复温后的存活率和24 h贴壁率

序号	保护剂	存活率	24 h贴壁率
0	0	$(14.79\pm1.84)\%^a$	$(14.09\pm1.37)\%^a$
1	5% Me_2SO	$(29.41\pm1.09)\%^b$	$(21.29\pm1.99)\%^c$
2	10% Me_2SO	$(33.16\pm1.83)\%^c$	$(23.60\pm1.99)\%^d$
3	15% Me_2SO	$(35.3\pm1.99)\%^c$	$(23.32\pm1.12)\%^d$
4	20% PVP	$(49.41\pm1.03)\%^d$	$(18.66\pm1.12)\%^b$
5	30% PVP	$(52.49\pm1.38)\%^d$	$(23.99\pm2.84)\%^d$
6	40% PVP	$(44.23\pm1.50)\%^d$	$(26.73\pm0.89)\%^e$
7	50% PVP	$(38.91\pm1.05)\%^c$	$(25.03\pm1.12)\%^e$
8	60% PVP	$(24.89\pm0.17)\%^b$	$(23.22\pm0.79)\%^d$
9	10% 甘油	$(36.83\pm1.15)\%^c$	$(31.65\pm2.17)\%^f$
10	20% 甘油	$(34.89\pm2.87)\%^c$	$(27.60\pm1.76)\%^e$
11	40% PVP+10% 甘油	$(45.62\pm0.31)\%^d$	$(44.56\pm2.73)\%^g$

注:采用Duncan法进行多重比较,同列标有相同字母的表示相互没有显著区别($P>0.05$),没有相同字母表示互相有显著区别($P<0.05$)。

综上所述,在细胞冻存实验中,通过台酚蓝存活率和24 h贴壁率检测五组(12种)保护剂的保护效果,结果发现,与对照组相比,四组(11种)保护剂对细胞冻存有一定保护作用,其中复方保护剂组在肝癌细胞冻干的冻结过程中保护效果最好,与DSC的实验结论相一致。

4.2.4 讨论

利用冷冻干燥技术保存细胞时,细胞会经历冻结和干燥两个颇为激烈的过程,对细胞膜及胞内物质均带来了巨大的损伤,往往造成了细胞的死亡或者功能的丧失。[76]其中,细胞膜是冻结和熔融期间细胞冻存的主要损伤部位。在冻结过程中,细胞由冷冻引起的损伤主要有两个方面:机械损伤和溶质损伤。[77]机械损伤即低温所引起细胞内外冰晶的生长,从而产生的机械剪切导致细胞膜和胞内物质受到巨大损伤。而溶质损伤则为在冻结过程中,由于细胞外先结冰,胞外浓度增大,胞内外产生了一定的浓度差,胞内水分则会向胞外渗透,同时在高浓度的胞外溶液中所经历的时间过长,则会导致蛋白质变性或细胞严重脱水、皱缩,甚至死亡。Oldenhof 等发现冻结引起的细胞膜脱水的程度取决于冰核温度,并显示出 Arrhenius 行为[78],Wolkers 等利用低温显微镜观察 LNCaP 前列腺肿瘤细胞冻结过程中细胞损伤时,发现膜的相变开始与冰的成核温度是高度一致的。[79]这些表明,细胞存活和温度历程与细胞生物物理学脱水和胞内冰的形成高度相关,为此,本实验利用 DSC 观察不同保护剂的热学性质,探究其保护机理和效果,最后通过细胞冻存实验对其进行验证。

为了实现细胞的冷冻干燥保存,通常会加入冻干保护剂。Me_2SO 为渗透性保护剂,分子中含有 2 个甲基,由于甲基可以与水键合形成氢键,且自身不会发生键合[80],因此可以结合更多的水分子,使溶液黏度增大,玻璃化趋势增强,阻碍了冰晶的生长,且在一定浓度范围内,随着 Me_2SO 体积分数的增大,分子中甲基含量逐渐增多,结合的水分子就会越多,冰晶生长就会越困难,释放的热量则越少,同样的,在升温时,融化的冰晶量随之减少,热焓值则相应减小。本实验中,图 4-4 和图 4-6 表现出 Me_2SO 保护剂组中,共晶温度和共晶焓都随着保护剂体积分数的提高而下降,同时,在升温段,熔融焓也随之下降,与该说法结论一致。细胞实验中,10% Me_2SO 组(序号 2)和 15% Me_2SO 组(序号 3)的存活率和贴壁率也是显著高于 5% Me_2SO 组(序号 1),间接表明在一定体积分数内,Me_2SO 体积分数越大,Me_2SO 结合水的能力更强。然而,与甘油组相比,Me_2SO 组的 24 h 贴壁率明显降低,而甘油的分子量要高于 Me_2SO,因此 Me_2SO 组 24 h 贴壁率低下很可能是 Me_2SO 的毒性作用而不是因为渗透伤害。

同样地,甘油也是渗透性保护剂,且对人体没有毒性,可以提供胞内保护,因为他们优先排除在生物分子表面之外,从而稳定生物分子内部自然状态。Wang 等发现甘油可以增加蛋白质的稳定性,盐水溶液洗涤后消失。[81]何晖等将红细胞用甘油预处理后,发现红细胞回收率可以达到 55.3%。[82]根据 Brian 等的观点,分子中的羟基可以与水分子键合形成氢键,而甘油分子中含有 3 个羟基,因此甘油作为保护剂,在冻结过程中可以将更多的自由水替换成结合水,减少冰晶的生成[83],与图 4-4、图 4-6 和表 4-7 的结果一致。同时,细胞冻存实验的结果表明,添加体积分数为 10%～20% 甘油的保护剂,对细胞冻存是有一定保护作用的。

聚乙烯吡咯烷酮(PVP)是一种非渗透性保护剂,在冻干中往往因能和糖类键合形成氢键且能提高玻璃化程度而一起作用。Shamblin 研究发现,在相对湿度高于 20% 时,加入 20% PVP 到蔗糖中,可以提高玻璃化转变温度。[84]Tomczak 发现酰基链填充的变化会减小膜渗透性泄漏。[85]在本实验中,图 4-4、图 4-6 和表 4-6 的数据表明,与对照组相比,当添加了 PVP 后,保护剂的共晶焓、熔融焓降低,未冻水份额显著增高。这可能是因为 PVP 分子中含有羰基和酰胺基团,既可以和水分子水合,同时也可以与低分子量的糖类水合。由于 PVP

的存在,使保护剂溶液中海藻糖游离的羟基增多,从而使海藻糖结合水的量增大,溶液黏度大大提升,玻璃化程度增高[86],大大减小了样品受到来自冻结过程的伤害。且在细胞冻存实验中,添加质量浓度为20%～60% PVP的保护剂与对照组相比,差异有统计学意义($P<0.05$)。

在冻结过程中,未冻水份额的多少可以间接表明保护剂结合水能力的强弱。根据表4-6,40% PVP组(序号6)的未冻水份额高于5%～10% Me_2SO组的未冻水份额,说明40% PVP组(序号6)结合水的能力强于15% Me_2SO组(序号3)。细胞冻存实验中,10%甘油组(序号9)中观察到细胞形态最佳,存活率和贴壁率也明显高于对照组;而Me_2SO组的细胞均有不同程度的形变,可能是由于Me_2SO毒性太高。因此,本实验中选择了40% PVP和10%甘油为复方组,由图4-5、图4-7和表4-6、表4-7发现,复方组(序号11)的共晶焓、熔融焓最低,未冻水份额与对照组差异有统计学意义($P<0.05$),保护效果最佳,随后的细胞冻存实验结果也与其一致。

本 节 小 结

本节利用差示扫描量热仪测量了冻结过程中冻干保护剂的热物性参数和未冻水份额,又通过细胞冻存实验值去验证DSC实验的结果,旨在探究冻干保护剂在冻结过程的保护机理,以及为不同配方保护剂的筛选和后续冻干工艺提供理论支持和参考。具体结论如下:

(1) DSC结果显示,与对照组相比,添加了Me_2SO、PVP、甘油的保护剂组以及复方保护剂组仍会发生相变,且每组保护剂中,随着保护剂浓度的增大,共晶温度、共晶焓、熔融起始温度和熔融焓逐渐减小。其中,复方保护剂组的共晶焓和熔融焓最小,熔融焓值减小了56.38%。

(2) 未冻水份额体现了保护剂与水的键合能力。实验发现,添加了Me_2SO、PVP、甘油的保护剂组以及复方保护剂组结合水能力比对照组强。细胞冻存实验中,复方保护剂组的存活率和24 h贴壁率与对照组有统计学差异($P<0.05$),验证了DSC实验结论。

4.3 冻干保护剂升华干燥工艺优化研究

冷冻干燥是生物科技领域中常用的技术之一,通常用该技术获得较长保质期的产品或提高产品的稳定性。该过程主要包括冻结、一次干燥和二次干燥,其中,在真空条件下使冰直接升华的一次干燥是需要很长时间且消耗大量能量的。因此,用较高的传热速率进行一次干燥从而达到最短的干燥时间和更高的样品温度是提高冷冻干燥过程的关键因素。此外,在避免样品结构瓦解的前提下,尽可能地提升样品温度也是优化冻干技术的重要因素。为此很多研究者致力于研究理论模型来预测样品温度和优化实验设计。Ho和Roseman探究了冷冻干燥动力学的理论物理模型,推导出了当冻干为基质控制时,失水量和升华边界移动距离与时间的平方根成线性关系。[87]Kuu等通过监测一次干燥中样品温度曲线来确定影响样品温度和时间的重要因素。[88]然而大多数研究使用的是微量天平法,并不能实时监测冷冻干燥行为。

冻干显微镜可以实时观察生物样品在冻结和干燥过程中的变化,包括低温对生物样品的影响、加热过程中传热传质模型、样品结构坍塌等。例如,何立群等利用低温显微镜研究了降温过程中冰晶的形成及生长变化规律。[89]Kochs 等开发了一种冻干显微镜装置,能以一定规律间隔产生柱状冰晶,通过该柱状冰晶的宽度研究冷冻干燥中升华过程。[90]Zhai 等研究利用冻干显微镜测得溶液的有效扩散系数,从而得到一次干燥速率。[91]但很少有研究者使用冻干显微镜确定一次干燥时间和温度的关系。

为此,本研究通过冻干显微镜观察一次干燥中升华界面移动距离和时间的关系,拟合出一次干燥速率和温度的函数,以及通过微观技术测定样品最高允许温度,从而预测样品冻干时间,为细胞冷冻干燥实验的制定,提高样品质量以及降低能耗提供可靠参数。

4.3.1 材料与设备

4.3.1.1 材料与试剂

同 4.2.1.1 小节。

4.3.1.2 仪器与设备

冻干显微镜,如图 4-8 所示。

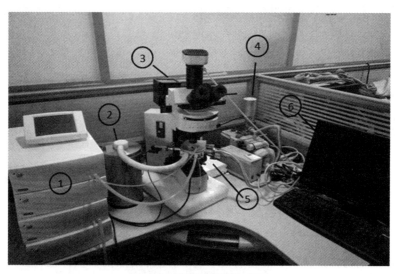

图 4-8 冻干显微镜构成图
① T95 程序温度控制器; ② 液氮; ③ BX51TRF 型显微镜; ④ 真空泵;
⑤ BCS196 生物冻干台; ⑥ Linksys32 温度控制软件。

冻干显微镜主要由 T95 程序温度控制器、BCS196 生物冻干台、Linksys32 温度控制软件、BX51TRF 型显微镜、自动冷却系统以及真空泵组成。T95 程序温度控制器可以实现样品在 $-196 \sim 125\ ℃$ 的范围内,以 $0.01 \sim 150\ ℃/min$ 的速率进行冷冻和复温;BCS196 生物冻干台核心部分主要由银块制成,在放置样品的小坩埚和冻干台的银块之间涂有 5 μL 硅油,以加强从银块到小坩埚的热传导;Linksys32 温度控制软件通过贴在载物台上的热电阻获得样品的实时温度,又通过调节氮气流量而精确控制冷却速率;BX51TRF 型显微镜则可观察整个冷冻干燥的变化过程,是因为干燥区和未干燥冰区之间存在巨大的折射率差异造成了明显的散射,因此两个区域的边界显而易见;自动冷却系统可以将低温液氮抽到冻干台上,将夹在小坩埚和盖玻片之间的样品冷却,整个过程可以由 CCD 相机捕捉从而实现实时监控;真空泵则提供了冷冻干燥过程中所需的真空环境。

4.3.2 实验方法

4.3.2.1 样品准备和程序设定

为了确定肝癌细胞 HepG2 一次干燥的时间,以复方组保护剂作为研究对象,利用冻干显微镜进行模拟研究。

样品制备如下:配制复方组保护剂,即 40% PVP(w/v) + 10% 甘油(v/v) + 15% FBS(v/v) + 20%海藻糖(w/v),吸取 5 μL 样品溶液滴到冻干显微镜的小坩埚中,随后用直径为 12 mm 的圆形盖玻片覆盖,显微镜放大倍数为 200 倍。

程序设定:样品以 5 ℃/min 从环境温度降到 -80 ℃,平衡 30 min,以保证完全冻实;接着,打开真空泵,压力设定为 5 Pa,此时,以 1 ℃/min 的速率升温到不同的温度(-39 ℃、-37 ℃、-35 ℃、-33 ℃和 -31 ℃),该过程导致冰直接升华成水蒸气,为了更好地得到升华前沿的变化过程以及干燥参数估计值,将每个温度下干燥的实验时间延长到了 1 h,每隔 10 s 拍摄一张照片。

4.3.2.2 升华界面临界温度的测定

程序设定:考虑到深低温冰箱中的预冻速率,故样品的预冻速率为 5 ℃/min,从环境温度降到 -80 ℃。加热速率为 1 ℃/min,同时抽真空,压力为 5 Pa,当出现结构改变时,此时的温度则为临界温度,每隔 5 s 拍摄一张照片。

4.3.2.3 升华干燥速率的测定

利用 Digimizer 软件测定样品的升华速率。在冻干显微镜同种放大倍数下对总长为 1 mm 的标尺进行了拍摄,确立了像素点和长度(mm)之间的关系,随后的图片软件则自动计算了线段长度(mm)。先利用 Image J 对图片(图 4-9(a))进行处理,使干燥区和未干燥区易于分辨(图 4-9(b)),黑白交界处则为升华前沿;接着利用 Digimizer 在图片上选取 5 个等距的坐标,构建升华前沿的直线,沿着该线进行追踪。多条线是为了确定沿前方不同位置进展的均匀性。然后在每个连续的图片上同一个坐标继续构建直线,记录每条线的长度。升华前沿距离(mm)则为后连续的每张图片中同一个坐标的线段长度减去第一张图片的线段长度,然后绘制其与时间(min)的函数。

4.3.2.4 一次干燥时间的确定

为了优化冻干工艺,提供冻干参数,需要预测冻干机中一次干燥时间,从而提高整体冷冻干燥的效率。因此,对在冻干机中的冻干实验,测量了样品厚度 s(mm),重复 3 次,取平均值。具体步骤:取 1 mL 配好的冻干细胞混合液加入到容积为 5 mL 的西林瓶中冻干,测量该 1 mL 样品厚度。

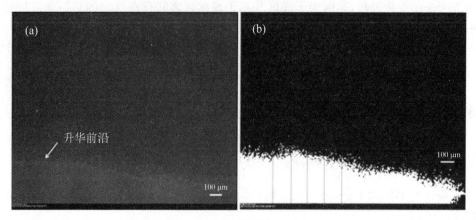

图 4-9 升华界面前沿示意图

(a) 复方组保护剂以 1 ℃/min 的速率升温,升华温度为 −39 ℃,压力为 5 Pa 时的升华界面图;
(b) 利用 Image J 处理后的图 A,升华前沿为黑白交界处,并建立了多条直线追踪升华前沿。

4.3.2.5 数据处理与分析

采用 Origin 8.5 软件进行图像处理分析,Digimizer 软件进行像素和长度的换算,计算所需的升华距离以及标尺的建立。每组实验至少重复 3 次。

4.3.3 结果与讨论

4.3.3.1 临界温度

由于一次干燥是整个冷冻干燥效率最低的阶段,因此对于优化和改进该过程做了很多研究。其中,一次干燥中温度的设定显得尤为重要。温度过低,造成一次干燥速率低下,升华时间过长,耗能过大;温度过高,则会出现样品塌陷或者融化,致使样品残留水分高,样品发生降解,二次干燥时间延长等问题。因此,确定样品升华界面的临界温度可以有效提升冷冻干燥效率。通常一次干燥的临界温度为塌陷温度。冰和水蒸气界面经过样品的特定区域后,由于非晶相的表面张力引起的黏性流动造成了样品塌陷,而刚出现结构变化(如升华界面边出现的间隙、孔等)则为起始塌陷温度 T_{oc}(图 4-10(a)),完全塌陷温度则是指样品结构完全丧失,干燥区域和升华界面相邻处出现巨大的孔洞(图 4-10(b))。Meister 和 Gieseler 利用冻干显微镜研究了蛋白质/糖混合物的塌陷温度随成核温度、升华速率、蛋白质/糖摩尔比变化的关系。[92]他们发现塌陷温度会随蛋白质浓度升高而改变。并且,升华速率对塌陷温度也有一定影响,在数据分析时必须加以考虑。利用 DSC 观察的共晶温度或玻璃化转变温度作为升华界面的临界温度,通常会有 1~3 ℃ 的差别,甚至 5~10 ℃ 也有报道。[93]因此,本研究中选用冻干显微镜代替 DSC 来探测临界温度,获得更加精准的数据。

冻干显微镜观察下,在降温阶段,复方组溶液在 −41.1 ℃ 的完全变黑,此时的温度即为共晶温度(图 4-11(a))。而 DSC 测得共晶温度为 −53.2 ℃,相差 12.1 ℃,这可能是冻干显微镜中银块和小坩埚间热阻过大造成的差异。而 DSC 用来评估临界温度的方法在冷冻干燥配方和设计研究中已经使用多年[94],如共晶温度、共晶熔融温度、玻璃化转变温度等热学转变,其值更加精准。因此,当设计冷冻干燥实验时,可以以 DSC 测得的共晶温度为参考值。

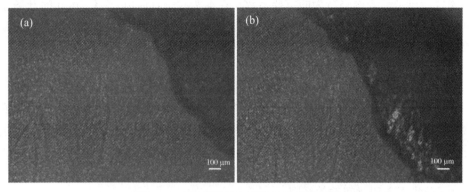

图 4-10　冻干显微镜下水溶液的升华界面
(a) 起始塌陷温度,-37.2 ℃;(b) 完全塌陷温度:-35.9 ℃。

图 4-11　复方组溶液结构变化前后图
(a) 复方组溶液在-41.1 ℃时的冻干显微镜图像;(b) 复方组溶液在-30 ℃时的冻干显微镜图像。

在升温阶段,当温度上升到-30 ℃时,复方组溶液发生了融化,结构丧失,此时,共晶熔融温度为该溶液的临界温度(图 4-11(b))。复方组溶液为非玻璃化溶液,因此该溶液的共晶熔融温度则为塌陷温度。共晶温度和共晶熔融温度的差别可能是由于降温速率过快造成了低温台和样品之间温差较大。左建国在对二元水溶液的塌陷温度进行探究时发现,若溶液发生共晶行为,则升华界面的临界温度不能超过共晶熔融温度,否则样品结构发生改变,出现融化现象。[95] 同样地,在本研究中复方组溶液在降温时发生共晶现象,在一次干燥时,当温度升到共晶熔融温度时,则发生了融化,证明了左建国的结论。

近年来,一次干燥中塌陷温度的测量以及冻干显微镜方法的合理设计仍然是各种研究的重点。例如,GRECO 等开发了一种光学相关的断层摄影冻干显微镜,可以准确表征冷冻干燥过程中的塌陷温度。[96] Ohori 和 Yamashita 通过冻干显微镜探究了升温速率对塌陷温度的影响,他们发现过慢的升温速率反而不利于升华的进行,而以 1 ℃/min 升温速率得到的冻干样品质量更好,干燥时间也显著减小。[97] 对于代表性的塌陷测量和冷冻干燥过程的后续优化,样品的塌陷检测必须可能精确,在实验过程中必须了解和考虑影响参数,否则很难把握这个温度值。由于成核的随机性[98],导致了冻干显微镜实验重复性差,即使相同的实验参数,在实验过程中仍会观察到样品之间冰晶大小的差异。这种现象导致了在用冻干显微镜观察临界温度时,由于冰晶形成的不同,导致升华干燥期间形成大小不同的孔隙,这些孔隙会影响蒸气扩散的阻力,从而又可能影响了干燥速率和塌陷行为。除此之外,溶液的总固体含量也是影响塌陷行为的重要参数。在本实验中,同样以 1 ℃/min 的升华速率测量塌陷温度,成功检测到了样品的崩溃行为,为探究样品在一次干燥过程中最高允许温度以此来设计和改进冷冻干燥工艺提供了有利数据和参考价值。

4.3.3.2 一次干燥速率

一次干燥是传热、传质同时进行的过程,而样品在传热、传质过程中会受到各种限制导致一次干燥极其费时。因此,确定一次干燥速率和温度的关系,便可以确定一次干燥的时间。

冻干显微镜可以直接观察一次干燥过程,干燥区和冻结区之间的升华前沿的运动速度即为一次干燥速率。图 4-12 为不同的一次干燥温度(-39 ℃、-37 ℃、-35 ℃、-33 ℃ 和 -31 ℃)下升华距离和时间的关系图。

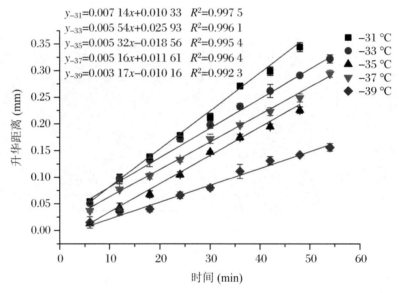

图 4-12 不同的一次干燥温度(-39 ℃、-37 ℃、-35 ℃、-33 ℃ 和 -31 ℃)下升华距离和时间的关系

由图 4-12 可以发现,通过拟合,复方组保护剂在五种不同的一次干燥温度下,升华前沿距离随着时间的变化呈线性增长。当一次干燥温度为 -39 ℃ 时,升华速率是 0.003 17 mm/min,而当一次干燥温度上升到 -37 ℃ 时,一次干燥速率明显提高。这是因为在产品结构不发生崩塌的情况下,一次干燥温度的升高加快了分子扩散速度,单位时间传热增大,同时,冰晶升华量也增多。在一次干燥过程中,样品存在两种状态,多孔干燥层空隙中的气体以及正在升华的固体基质,除非结构发生塌陷,否则样品中不存在液体。此时,多孔干燥层空隙中的气体传质是通过蒸气扩散,而固体基质中,主要为分子扩散。而在温度固定不变的情况下,随着干燥层厚度的增大,阻力随之增大,一次干燥速率是逐渐减小的。Purnima Ray 等利用冻干显微镜观察乳糖的一次干燥过程,发现边缘阻力(至少在短时间内)对一次干燥速率有显著影响,所以此时,一次干燥速率可以近似看作蒸气扩散阻力的定性指标。[99] 众所周知,在一次干燥过程中,冻干机中的蒸气主要是水蒸气,本研究中使用的冻干显微镜中的蒸气组成可能是残余水和氮气的混合物,因此,该实验中的升华速率可能会比在冻干机中的略高

一些。

为了更好地观察一次干燥温度和速率的关系,将五种一次干燥温度和对应的速率进行拟合,由图 4-13 所示,一次干燥速率随着温度的升高而随之增大。这意味着,在温度允许的范围内,尽可能地提升一次干燥温度,则一次干燥的时间将大大缩短。Roth 等利用微量天平法监测失水量和一次干燥的瞬时干燥速率,发现干燥温度变化会对干燥速率曲线上的干燥时间产生影响。[100] 周国燕在研究猕猴桃的冷冻干燥实验中发现,一次干燥温度对干燥速率有显著影响,且温度越高越有利于干燥进行。[101] 对此,本实验中也证明了这一点,在压力恒定的情况下,一次干燥温度和一次干燥速率有着较强的相关性(相关系数为 0.821 2),一次干燥温度升高,干燥速率增大。但可能由于在一次干燥过程中,随着升华的进行,干燥层厚度随之变化,水蒸气通过干燥层孔隙中的长度增加,伴随着传质阻力的增大,温度和速率之间的关系也会相应变化,从而相关性并未很高。

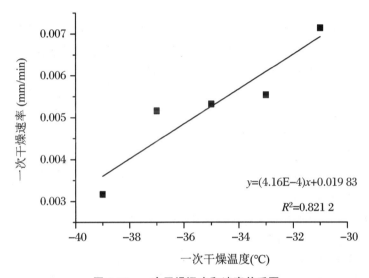

图 4-13　一次干燥温度和速率关系图

4.3.3.3　一次干燥时间

测量冻干瓶中 1 mL 样品,其厚度为 5 mm,根据图 4-13 一次干燥温度和速率的关系,算出该样品在不同一次干燥温度下的时间如表 4-8 所示。

表 4-8　不同一次干燥温度下的干燥时间

一次干燥温度 $T(℃)$	−31	−33	−35	−37	−39	−41.1
一次干燥速率 v(mm/min)	0.007 14	0.005 54	0.005 32	0.005 16	0.003 17	0.002 73
样品厚度 s(mm)	5	5	5	5	5	5
一次干燥时间 t(h)	11.671 34	15.042 12	15.664 16	16.149 87	26.288 12	30.525 03

根据表 4-8 可以看出，一次干燥时间随着温度的升高而减小。一般情况，样品一次干燥温度为共晶温度或共晶熔融温度。根据冻干显微镜观察的结果，样品在 $-41.1\ ℃$ 时，结构并未发生改变，此时一次干燥时间为 30.5 h；当温度达到 $-30\ ℃$ 时，样品发生融化，造成样品质量下降，冻干失败。因此，一次干燥温度应低于 $-30\ ℃$，避免出现结构塌陷。由于冻干机中干燥速率会略慢于冻干显微镜观察的结果，且阻力增大，为了尽可能地提高一次干燥速率，缩短升华时间，一次干燥温度确定为 $-40\ ℃$，一次干燥时间为 26 h。有实验指出，在一次干燥过程中温度每升高 $1\ ℃$，通常可使一次干燥时间减少约 10%[102]，在本实验中，若 $-40\ ℃$ 作为一次干燥温度，在此温度下的干燥时间为 26.1 h，比在 $-41.1\ ℃$ 时，时间提升了 14.4%，这与 Pikal 预测时间结论较为一致。

本 节 小 结

本节利用冻干显微镜实验观察了一次干燥中升华界面的移动情况，测量了样品的临界温度，计算了不同温度下的一次干燥速率，旨在探究干燥过程中温度和一次速率之间的关系，以及为后续冻干工艺提供理论参数。具体结论如下：

（1）样品的临界温度对冷冻干燥温度的控制具有指导意义，因此，本实验中对临界温度进行了探测。结果表明：当温度上升到 $-30\ ℃$ 时，在冻干显微镜下可以发现冰晶明显融化，结构出现改变，说明 $-30\ ℃$ 为该保护剂的临界温度。

（2）通过升华前沿距离和时间的关系得到了 $-39\ ℃$、$-37\ ℃$、$-35\ ℃$、$-33\ ℃$ 和 $-31\ ℃$ 这 5 种温度下的一次干燥速率。为了进一步明确温度对一次干燥速率的影响，又对一次干燥温度和速率数据进行了拟合。实验结果发现：在这 5 种不同的一次干燥温度下，升华界面前沿是匀速移动的，升华前沿的距离随着时间的增加而增加。一次干燥温度和速率有着较强的相关性，在压力一定的条件下，随着温度的升高，一次干燥速率是增大的。

（3）测量了冻干瓶中样品的厚度，确立了样品冻干的一次干燥温度和时间。实验结果显示：当样品以 $1\ ℃/min$ 升温到不同的温度（$-39\ ℃$、$-37\ ℃$、$-35\ ℃$、$-33\ ℃$ 和 $-31\ ℃$），压力为 5 Pa 的升华过程中，由样品的临界温度和一次干燥速率确定了细胞冷冻干燥实验的一次干燥温度为 $-40\ ℃$，一次干燥时间为 26 h。

4.4　人肝癌细胞 HepG2 冷冻干燥保存

相比于细胞的低温保存，真空冷冻干燥有显著优势：去除样品中 90% 以上的水分，使样品可以长期保存；同时，避免了微生物的滋长；质量轻便，大大降低了运输保存的难度；冻干后的样品形态外观基本没有改变，极大地保存了细胞原有的活性和特性等。所以，利用冻干的方法保存细胞也受到了研究者的极大关注。肝癌细胞 HepG2 不但可以连续传代不断增殖，而且具有肝细胞的各种特异性功能以及体细胞的基本特征，实现冷冻干燥，对冻干保护剂配方选择以及机理上的认知提供了一定的参考，更有利于今后拓展其他体细胞的冻干保存。

在生物样品冻干的过程中，常常需要添加冻干保护剂。糖类，尤其是海藻糖，因其自身特殊的结构,可以在冻干过程中有效保护细胞内部结构不受破坏,保持生物膜的完整性而成为生物制品冻干中常用的保护剂之一。[103]聚乙烯吡咯烷酮(PVP)是一种非渗透性冻干保护剂,因可以提高溶液的黏度,显著提高溶液的玻璃化程度而被广泛应用[104];胎牛血清(FBS)中含有大量细胞生长所需的营养物质[105],可以在复水过程中大大提高细胞存活率,因此受到研究者们的青睐;甘油作为渗透性保护剂,可以进入胞内而提供良好的保护效果[82,106],也是近年来冻干保护剂选择的热点;而低体积分数的二甲基亚砜(Me_2SO)更是在冻结过程中对细胞起到巨大的保护作用。[107]

尽管海藻糖具有很多独特的物化性质,但由于它是非渗透性保护剂,细胞膜上没有相应的糖蛋白,无法自由地穿梭进出细胞导致无法在细胞内提供很好的保护。大多研究者认为将海藻糖载入细胞内,使细胞内外都形成玻璃态才会提高细胞冷冻干燥的成功率。[108]因此,如何使海藻糖进入细胞内部且达到一定浓度成了细胞保存的关键。Zhang等发现由低温引起的渗透压变化和流体与膜的相互作用可以使非渗透性海藻糖进入胞内,在最佳的冷却速率为40 ℃/min时能促进细胞的低温保存。[109]Elliott等利用ATP刺激J774A1细胞增加海藻糖载入量从而改善细胞的脱水耐受性。[110]Guo Ning已经研究出可以表达海藻糖合成基因的转基因细胞系。[111]Lynch研究发现生物聚合物介导的膜通透性改变能促进海藻糖有效传递到细胞内。[112]此外,还有遗传工程造孔蛋白[113],纳米颗粒介导的海藻糖进入胞内[114]等,然而这些方法会因为细胞的特定种类或者较高的技术条件等难以普及,而热孵育法操作简单,效果较为理想,因此本章选择了热孵育法将海藻糖载入胞内,同时探讨胞内海藻糖是否能在冻干中发挥作用。

因此,本节以肝癌细胞HepG2为对象,初步探索肝癌细胞HepG2的真空冷冻干燥,选取了海藻糖、PVP、FBS、甘油及Me_2SO作为保护剂,根据前两节的内容,设计合适的冷冻干燥方案,探讨不同种类和不同质量浓度或体积浓度的保护剂效果,寻找合适的冻干保护剂配比,同时,将细胞置于不同物质的量浓度的海藻糖溶液中,以肝癌细胞复水后的回收率、存活率及24 h贴壁率为指标,探讨胞内海藻糖对冻干肝癌细胞的影响,为今后冻干其他细胞提供一定的参考。

4.4.1 材料与设备

4.4.1.1 材料与试剂

同4.2.1.1小节。

4.4.1.2 仪器与设备

主要仪器与设备:真空冷冻干燥机(Advantage 2.0 Benchtop Freeze Dryer,美国SP Industries公司),二氧化碳培养箱(上海博讯实业有限公司),低速台式离心机(上海安亭科学仪器厂),Countess II FL细胞计数仪(赛默飞世尔科技有限公司),低温台(BCS196 Biological Cyro-stage),BX51TRF显微镜(Olympus,日本)。

4.4.2 实验方法

4.4.2.1 肝癌细胞的获取

同 4.2.2.4 小节。

4.4.2.2 冻干保护剂配方优化

实验分组同 4.2.2.1 小节。

将备用的肝癌细胞分装 1 mL 到 12 个 1.5 mL 的离心管中,保证每个样品中有足够量的细胞,离心(1 600 r/min,离心 4 min),去掉上清液,分别按表 2-3 加入冻干保护剂。

4.4.2.3 肝癌细胞 HepG2 的冻干与复水

冻干:将细胞与保护剂以 1∶4 的体积比配制成冻干细胞混合液。取 1 mL 配好的冻干细胞混合液加入容积为 5 mL 的西林瓶中并计数,放入冻干机中进行冻干,每次实验共设 3 个平行组。根据 DSC 实验确定冻结过程中的工艺参数,前期冻干显微镜实验则提供了干燥过程中的工艺参数。因此,最终的冻干工艺:预冻速率约为 5 K/min,预冻温度为 −65 ℃,时间为 2 h,保证样品全部冻结;接着进行一次干燥,温度保持 −40 ℃,持续 26 h,压力为 5 Pa;二次干燥温度为 20 ℃,时间为 10 h,压力为 5 Pa。冻干完成后,样品密封保存。

复水:复水液的配制将 PVP 溶于 PBS 缓冲液中,PVP 终质量浓度为 10%(w/v)。在 37 ℃ 水浴下,将 2 mL 复水液加入冻干样品中,轻轻振动,直到样品完全溶解,取样再对其进行细胞计数。

4.4.2.4 胞内海藻糖的载入、提取与测定

胞内海藻糖的载入:用双蒸水分别配制 400 mmol/L、600 mmol/L、800 mmol/L、1 000 mmol/L 四种不同物质的量浓度的海藻糖溶液。将肝癌细胞置于 4 种不同物质的量浓度的海藻糖溶液中,并在 37 ℃、5% CO_2 的培养箱中孵育 7 h。经孵育之后的肝癌细胞,于 1 200 r/min 离心 5 min,去除上清液,用等渗的 PBS 缓冲液洗涤,反复 3 次,用细胞计数仪计数,并计算平均体积。

胞内海藻糖的提取:为防止提取液中其他组分的影响,加三倍体积的 10% 三氯乙酸于细胞悬浮液中,常温下抽提细胞内海藻糖 3 次[115],收集 3 次的抽提液,可以获得较为单一的含海藻糖组分。

胞内海藻糖的测定:采用硫酸-蒽酮法测定各萃取液中海藻糖质量浓度。[116]

4.4.2.5 负载海藻糖的细胞冻干及回收率、存活率和 24 h 贴壁率检测

冻干保护剂为前期实验筛选出来的最佳保护剂:基础液为 DMEM,组分为 40% PVP(w/v) + 10% 丙三醇(v/v) + 15% FBS(v/v) + 20% 海藻糖(w/v)。随后进行冻干。冻干结束后,在 37 ℃ 水浴下进行复水,再取样进行回收率、存活率及 24 h 贴壁率的检测。至少重复 3 次。

冻干细胞回收率[117]检测:

$$\text{冻干细胞回收率} = \frac{\text{复水后细胞数}}{\text{冻干前细胞悬浮液细胞数}} \times 100\% \qquad (4\text{-}5)$$

存活率检测[75]:采用台酚蓝染色法,取 20 μL 0.4%台酚蓝溶液和 20 μL 复水后细胞悬浮液,混匀,滴加在细胞计数板上,在 3 min 内,插入细胞计数仪中计数。按以下公式计算存活率:

$$\text{细胞存活率} = \frac{\text{活细胞总数}}{\text{活细胞总数} + \text{死细胞总数}} \times 100\% \qquad (4\text{-}6)$$

24 h 贴壁率检测:复水后的细胞,加入 2 mL DMEM,1 200 r/min 离心 10 min,弃上清液,加 4 mL DMEM 接种到培养皿中,放入 37 ℃、5% CO_2 培养箱中培养,24 h 换液后,将培养皿中培养液吸入到离心管中,计数未贴壁细胞。接着用胰酶消化后加 2 mL DMEM,计算 24 h 贴壁率。计算公式如下:

$$24\ \text{h 贴壁率} = \frac{\text{贴壁细胞数}}{\text{贴壁细胞数} + \text{未贴壁细胞数}} \times 100\% \qquad (4\text{-}7)$$

4.4.2.6 数据处理与分析

用 SPSS Statistics 软件进行统计分析,所有实验数据均采用平均值±标准差的形式。

4.4.3 结果与分析

4.4.3.1 保护剂配方的优化

1. Me_2SO 组细胞回收率、存活率和 24 h 贴壁率

对照组、添加 Me_2SO 体积分数(v/v)为 5%、10%、15% 的保护剂组细胞复水后的回收率、存活率和 24 h 贴壁率结果见表 4-9。

表 4-9 添加不同体积分数 Me_2SO 保护剂细胞冻干复水后的回收率、存活率和 24 h 贴壁率

序号	保护剂	回收率	存活率	24 h 贴壁率
0	0	$(1.53\pm0.22)\%^a$	$(5.68\pm0.44)\%^a$	$(0.26\pm0.08)\%^a$
1	5% Me_2SO	$(20.77\pm0.36)\%^b$	$(44.04\pm0.7)\%^b$	$(2.21\pm0.47)\%^b$
2	10% Me_2SO	$(17.32\pm3.28)\%^b$	$(57.74\pm1.17)\%^c$	$(3.22\pm0.20)\%^c$
3	15% Me_2SO	$(16.01\pm2.29)\%^b$	$(63.34\pm2.52)\%^c$	$(3.88\pm0.17)\%^c$

注:采用 Duncan 法进行多重比较,同列标有相同字母的表示相互没有显著区别($P>0.05$),没有相同字母表示互相有显著区别($P<0.05$)。

由表 4-9 可知,添加 Me_2SO 保护剂组细胞冻干的回收率、存活率和 24 h 贴壁率均与对照组有显著差异($P<0.05$),这表明添加体积分数为 5%~15% 的 Me_2SO 保护剂对冻干肝癌细胞有一定的保护作用。添加了 5%~15% Me_2SO 后,回收率并没有显著差异,但 10% Me_2SO 组(序号 2)和 15% Me_2SO 组(序号 3)的存活率及 24 h 贴壁率要显著高于 5% Me_2SO 组(序号 1)。而 10% Me_2SO 组(序号 2)和 15% Me_2SO 组(序号 3)的回收率、存活率和 24 h 贴壁率均无显著差异($P>0.05$)。这表明 10% Me_2SO 组(序号 2)和 15% Me_2SO 组(序号 3)的保护效果优于 5% Me_2SO 组(序号 1),且两者保护效果相近。

2. PVP组的细胞回收率、存活率和24 h贴壁率

对照组、添加PVP质量浓度(w/v)为20%、30%、40%、50%、60%的保护剂组细胞复水后的回收率、存活率和24 h贴壁率结果如图4-14所示。

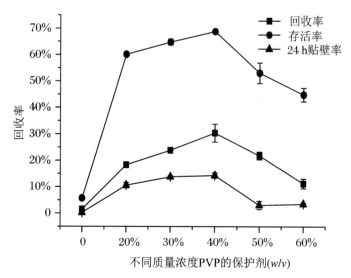

图4-14 添加不同质量浓度PVP保护剂细胞冻干复水后的回收率、存活率和24 h贴壁率

添加不同质量浓度PVP保护剂的肝癌细胞HepG2冻干复水后,测定其回收率、存活率和24 h贴壁率(图4-14)。由图1可知,PVP对肝癌细胞的冻干过程有明显的保护作用,其作用效果随着质量浓度的增大而先增高后降低。当PVP质量浓度为20%时,肝癌细胞回收率、存活率和24 h贴壁率明显高于对照组。当PVP质量浓度增大为40%时,肝癌细胞回收率、存活率和24 h贴壁率都达到了峰值,此后,随着PVP质量浓度增大,回收率、存活率和24 h贴壁率都有着不同程度的下降,表明40%PVP质量浓度的保护剂冻干效果最佳,能产生较好的保护作用。

3. 甘油组的细胞回收率、存活率和24 h贴壁率

对照组、添加丙三醇体积分数(v/v)为10%、20%的保护剂组细胞复水后的回收率、存活率和24 h贴壁率结果见表4-10。

表4-10 添加不同体积分数甘油保护剂细胞冻干复水后的回收率、存活率和24 h贴壁率

序号	保护剂	回收率	存活率	24 h贴壁率
0	0	$(1.53\pm0.22)\%^a$	$(5.68\pm0.44)\%^a$	$(0.26\pm0.08)\%^a$
9	10%甘油	$(16.61\pm0.96)\%^c$	$(37.97\pm2.18)\%^b$	$(8.94\pm0.52)\%^c$
10	20%甘油	$(14.50\pm0.47)\%^b$	$(42.48\pm1.95)\%^b$	$(5.32\pm0.79)\%^b$

注:采用Duncan法进行多重比较,同列标有相同字母的表示相互没有显著区别($P>0.05$),没有相同字母表示互相有显著区别($P<0.05$)。

由表4-10可知,添加了体积分数(v/v)为10%～20%甘油的保护剂与对照组在回收率、存活率和24 h贴壁率上差异均有显著性($P<0.05$),表明添加10%～20%甘油的保护剂对肝癌细胞冻干存在积极作用。10%甘油组(序号9)的细胞存活率与20%甘油组(序号10)没有显著差异($P>0.05$),但两者的24 h贴壁率却有显著差异($P<0.05$),说明10%甘

油组(序号9)的冻干效果要优于20%甘油组(序号10)。

4. 复方保护剂组的细胞回收率、存活率和24 h贴壁率

由于Me_2SO的冻干效果不佳,因此以下结果均不再进行比较。挑选前三组最优保护剂,进行复方保护剂组实验,并比较它们的回收率、存活率和24 h贴壁率。

表4-11 添加不同保护剂细胞冻干复水后的回收率、存活率和24 h贴壁率

序号	保护剂	回收率	存活率	24 h贴壁率
0	0	$(1.53\pm0.22)\%^a$	$(5.68\pm0.44)\%^a$	$(0.26\pm0.08)\%^a$
6	40% PVP	$(30.34\pm3.38)\%^c$	$(68.71\pm0.18)\%^c$	$(14.29\pm0.98)\%^c$
9	10%甘油	$(16.61\pm0.96)\%^b$	$(37.97\pm2.18)\%^b$	$(8.94\pm0.52)\%^b$
11	40% PVP+10%甘油	$(29.58\pm1.41)\%^c$	$(42.18\pm2.25)\%^b$	$(18.71\pm2.96)\%^d$

注:采用Duncan法进行多重比较,同列标有相同字母的表示相互没有显著区别($P>0.05$),没有相同字母表示互相有显著区别($P<0.05$)。

由表4-11可知,添加了保护剂的细胞冻干复水后与对照组在回收率、存活率和24 h贴壁率上差异均有显著性($P<0.05$),说明冻干保护剂的添加对肝癌细胞冻干有明显的保护作用。10%甘油组(序号9)在回收率、存活率和24 h贴壁率上都要低于其他两组(序号6和序号11),说明甘油在冻干过程中的保护效果最差。40% PVP组(序号6)的存活率高于复方保护剂组(序号11),但复方保护剂组的贴壁率明显高于40% PVP组,这表明虽然40% PVP的保护剂可以大大提高冻干复水后细胞的存活率,但多数细胞已失去其贴壁能力,而复方保护剂能较好维持肝癌细胞的基本功能。

综上所述,复方保护剂在冻干肝癌细胞过程中保护效果最好。

4.4.3.2 孵育载入肝癌细胞海藻糖的物质的量浓度

采用硫酸蒽酮法测定海藻糖物质的量浓度,其中萃取液的质量浓度与胞内物质的量浓度成正比的关系[118],因此,萃取液的质量浓度也可以反映胞内海藻糖物质的量浓度的大小。当细胞放在等渗的海藻糖溶液中时,胞内几乎没有负载海藻糖。所以,该实验选择了一系列高渗溶液:400 mmol/L、600 mmol/L、800 mmol/L、1 000 mmol/L海藻糖溶液作为负载液。图4-15所示为不同物质的量浓度胞外海藻糖对肝癌细胞的影响。在37℃的条件下,通过孵育的方式,萃取液海藻糖浓度呈现先增高后降低的趋势。当胞外物质的量浓度在400~600 mmol/L的区间时,以相对较快的速率增加对海藻糖的摄取量,海藻糖物质的量浓度明显加大;当胞外物质的量浓度在600~800 mmol/L的范围时,萃取液海藻糖物质的量浓度增加趋势减缓,此时可能细胞吸取的海藻糖物质的量浓度达到饱和;当胞外物质的量浓度为1 000 mmol/L时,细胞对海藻糖的摄取量减小,可能是过高物质的量浓度的胞外环境提供了水从胞内向胞外流动的推动力,从而形成了细胞膜内外的渗透梯度,对细胞造成了一定的渗透损伤。[119]

4.4.3.3 冻干肝癌细胞的回收率、存活率和24 h存活率

将肝癌细胞放置在不同物质的量浓度海藻糖溶液中,通过热孵育载入细胞内后进行冻干,测得的回收率、存活率和24 h贴壁率如表4-12所示。

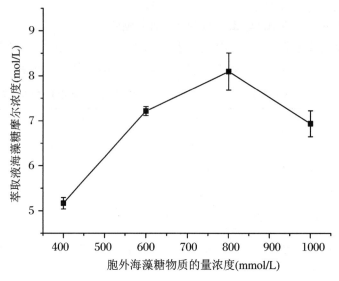

图 4-15　不同物质的量浓度胞外海藻糖对肝癌细胞的影响

表 4-12　胞外不同物质的量浓度海藻糖载入肝癌细胞后冻干的回收率、存活率和 24 h 贴壁率

编号	胞外海藻糖浓度(mmol/L)	回收率	存活率	24 h 贴壁率
0	0	(29.58±1.41)%[b]	(44.18±2.25)%[b]	(21.71±2.96)%[b]
1	400	(26.60±1.43)%[b]	(47.34±2.67)%[b]	(21.88±2.69)%[b]
2	600	(36.62±1.27)%[c]	(41.97±4.54)%[b]	(25.95±2.29)%[b]
3	800	(27.81±2.31)%[b]	(66.65±2.08)%[c]	(33.68±0.57)%[c]
4	1000	(16.43±2.09)%[a]	(26.97±1.21)%[a]	(3.08±4.35)%[a]

注：采用 Duncan 法进行多重比较，同列标有相同字母的表示相互没有显著区别($P>0.05$)，没有相同字母表示互相有显著区别($P<0.05$)。

由表 4-12 可知，当胞外物质的量浓度为 400 mmol/L 时，回收率、存活率和 24 h 贴壁率均与对照组无明显差异，可能是由于进入细胞的海藻糖物质的量浓度太低而不足以对细胞提供保护作用。[111]当胞外物质的量浓度为 600 mmol/L 时，回收率要明显高于对照组，但存活率和 24 h 贴壁率并没有显著差异($P>0.05$)。当胞外物质的量浓度为 800 mmol/L 时，存活率和 24 h 贴壁率均大大高于其他组($P<0.05$)，说明该组具有活性的细胞明显多于对照组。当胞外海藻糖物质的量浓度为 1 000 mmol/L 时，肝癌细胞冻干的回收率、存活率和 24 h 贴壁率差异均有显著性($P<0.05$)，明显低于其他组。

综上所述，当胞外海藻糖物质的量浓度为 400 mmol/L 或 600 mmol/L 时，肝癌细胞冻干效果与不添加海藻糖组基本无变化；当胞外海藻糖物质的量浓度为 800 mmol/L 时，与对照组相比，冻干效果有显著差异($P<0.05$)，冻干效果最好；当胞外海藻糖物质的量浓度为 1 000 mmol/L 时，冻干效果低于对照组。

4.4.4 讨论

肝脏是人体代谢的重要器官,但由于人肝脏细胞在生理条件下获取困难、个体差别大、传代培养不易,而肝癌细胞 HepG2 培养传代较为容易,且有正常肝细胞的很多功能以及体细胞的基本特征[120],因此,本研究以肝癌细胞 HepG2 为模型,探索肝癌细胞的真空冷冻干燥以及海藻糖对肝癌细胞冻干的影响。

保护剂在生物制品冻干过程中是不可或缺的,二甲基亚砜(Me_2SO)为常见的低温保护剂,添加 Me_2SO 后冻存,可以降低溶液的冰点,减少胞内冰的形成,从而有效地减少了由冰晶带来的机械损伤。[121]真空冷冻干燥细胞前的预冻过程,为了减小细胞的冷冻损伤,因此选择加入一定体积分数的 Me_2SO 作为保护剂。杨波等在冻存人肝细胞实验中,添加 10% $Me_2SO(v/v)$ 作为保护剂,贴壁率高达 81.05%。[122] HanYing 等在研究红细胞冻干保存实验中,将 Me_2SO、PVP 等加入保护剂配方中,发现有积极的冻干效果,细胞和血红蛋白复水后的恢复率达到 80% 以上。[8]本研究发现,加入 Me_2SO 的保护剂对细胞冻干虽然产生了积极保护作用,但保护效果并不理想,这可能是由于 Me_2SO 体积分数过高不利于干燥过程的进行。

权国波等发现随着 PVP 质量浓度的增高,体系的结晶起始点随之降低,玻璃化程度增高,有利于整个体系度过危险温区,从而减少了细胞在冻干过程中受到的机械损伤。[123]但随着 PVP 质量浓度的进一步升高,游离血红蛋白质量浓度只有 0.5 g/L 左右,表明过高质量浓度的 PVP 并不利于冻干。本研究中,当 PVP 质量浓度达到 40% 时,细胞的回收率、存活率和 24 h 贴壁率显著提高,但当 PVP 质量浓度增大为 50% 时,细胞的回收率、存活率和 24 h 贴壁率均有不同程度的下降,和权国波等的结论一致。这可能是由于对细胞造成了较高的渗透压以及 PVP 的亲水性质的影响。[124]

甘油由于可以渗透到细胞内部提供良好的保护作用,因而一直被广泛应用于细胞的冻存中,20%(v/v)的甘油可以在冻存肝癌细胞中取得较理想的效果。[125]本研究亦发现,与对照组相比,加入了体积分数为 10%、20% 甘油的保护剂与可以使细胞回收率、存活率和 24 h 贴壁率均显著提高。其中,体积分数为 10% 甘油的保护效果较好。

在细胞冻干过程中,糖类往往与大分子聚合物一起作为保护剂,为细胞膜提供优良的保护作用,尤其是海藻糖。[126] Stokich 等在分子层面研究了海藻糖对肝癌细胞分子层的影响,当海藻糖加入到低温保护剂中时,会改变冰晶形成特征。[127] Han Ying 等配比了 0%~15%(w/v)的海藻糖保护剂,冻干红细胞后发现,血红蛋白和红细胞的恢复率与对照组并没有显著差异,因此,得出结论:胞外海藻糖在冻干过程中并没有起到保护作用。[8]对于海藻糖是否必须进入胞内才能提供膜的保护作用,很多学者对于胞内海藻糖的保护效果进行了研究。Chen 等利用基因重组成的通道将海藻糖引入胞内,使细胞在复水后质膜的恢复率高达 90%。[128]何晖等通过孵育的方法将海藻糖载入胞内,细胞回收率最高达到 51.8%。[129]本研究中,将肝癌细胞置于不同物质的量浓度的海藻糖溶液中孵育 7 h 后冻干,当胞外海藻糖物质的量浓度为 800 mmol/L 时,与对照组相比,细胞存活率和 24 h 贴壁率差异显著($P<0.05$),冻干效果最佳。

本 节 小 结

采用真空冷冻干燥的方法保存肝癌细胞 HepG2,根据前两节的内容,设计了冷冻干燥方案,对不同体积分数的 Me_2SO、甘油及不同质量分数的 PVP、复方保护剂筛选出最优保护剂配方,并通过测定细胞回收率、存活率和 24 h 贴壁率来探究海藻糖对肝癌细胞冻干的影响。具体结论如下:

(1) 确定的冷冻干燥工艺:预冻速率约为 5 K/min,预冻温度为 -65 ℃,时间 2 h;一次干燥温度保持 -40 ℃,持续 26 h,压力为 5 Pa;二次干燥温度为 20 ℃,时间 10 h,压力为 5 Pa。

(2) 选用不同的保护剂对肝癌细胞 HepG2 冻干后,测定细胞回收率、存活率和 24 h 贴壁率,结果表明:添加 40% PVP(w/v) + 10% 甘油(v/v) + 15% FBS(v/v) + 20% 海藻糖(w/v)的保护剂的细胞,在复水后回收率、存活率和 24 h 贴壁率分别为 29.58%、42.18% 和 18.71%,与对照组差异显著,对细胞保护效果最佳,最终确定了复方保护剂组为肝癌细胞 HepG2 的冻干保护剂。

(3) 对细胞进行海藻糖孵育后再冻干,测定细胞回收率、存活率和 24 h 贴壁率,结果表明:当胞外海藻糖物质的量浓度为 800 mmol/L 时,冻干效果最好,肝癌细胞 HepG2 在复水后回收率、存活率和 24 h 贴壁率分别为 27.81%、66.65% 和 33.68%,存活率和贴壁率显著高于其他组。

总之,该结论对冻干肝癌细胞 HepG2 的可能性提供了初步证明,对其他体细胞的冻干工艺也具有一定的借鉴价值。

4.5 结论、主要创新点与展望

4.5.1 结论

本章以肝癌细胞 HepG2 为研究对象,对细胞冷冻干燥保存进行了初步探索,包括冻结过程中冻干保护剂的机理分析,干燥过程中临界温度的确定、升华温度对一次干燥速率的影响、升华时间的确定,冻干中冻干保护剂的筛选,胞内海藻糖在细胞冻干中的作用进行了探究,最终优化了细胞冻干的工艺设计,达到节时节能的目的。得到如下结论:

(1) 利用差示扫描量热仪测量了冻结过程中冻干保护剂的热物性参数和未冻水份额,又通过细胞冻存实验值去验证 DSC 实验结果的有效性。结果表明:与对照组相比,添加了 Me_2SO、PVP、甘油的保护剂组以及复方保护剂组仍会发生相变,且每组保护剂中,随着保护剂浓度的增大,共晶温度、共晶焓、熔融起始温度和熔融焓逐渐减小,其中复方保护剂组的共晶焓和熔融焓最小,熔融焓值减小了 56.38%;添加了四种(11 组)保护剂的未冻水份额增大,结合水能力比对照组强,且细胞冻存实验中,复方保护剂组的存活率和 24 h 贴壁率与对照组有统计学差异($P<0.05$),验证了 DSC 实验结论。

(2) 利用冻干显微镜实验观察了一次干燥中升华界面的移动情况,通过升华前沿距离和时间的关系得到了 $-39\ ℃$、$-37\ ℃$、$-35\ ℃$、$-33\ ℃$ 和 $-31\ ℃$ 这5种温度下的一次干燥速率。为了进一步明确温度对一次干燥速率的影响,对一次干燥温度和速率数据进行了拟合。样品的临界温度对冷冻干燥温度的控制具有指导意义,因此,本实验中对临界温度进行了探测。接着,测量了冻干机中小瓶冻干的样品厚度,确立了样品冻干的一次干燥温度和时间。实验结果显示:当样品以 $1\ ℃/\mathrm{min}$ 的速率升温到不同的温度($-39\ ℃$、$-37\ ℃$、$-35\ ℃$、$-33\ ℃$ 和 $-31\ ℃$),压力为 5 Pa 的升华过程中,升华界面前沿是匀速移动的,升华前沿的距离和时间呈线性关系,升华前沿的距离随着时间的增加而增加;一次干燥温度和速率有着较强的相关性,在压力恒定条件下,且随着温度的升高,一次干燥速率是增大的。当温度上升到 $-30\ ℃$ 时,在冻干显微镜下可以发现冰晶明显融化,结构出现改变,该温度则为样品的临界温度。因此,确定了细胞冷冻干燥实验的一次干燥温度为 $-40\ ℃$,一次干燥时间为 26 h。

(3) 采用真空冷冻干燥的方法保存肝癌细胞 HepG2,根据前两章的内容,设计了冷冻干燥方案,对不同体积分数的 Me_2SO、甘油及不同质量分数的 PVP、复方保护剂筛选出最优保护剂配方,并通过测定细胞回收率、存活率和 24 h 贴壁率来探究海藻糖对肝癌细胞冻干的影响。结果表明:确定的冷冻干燥工艺为预冻速率约为 5 K/min,预冻温度为 $-65\ ℃$,时间为 2 h;一次干燥温度保持 $-40\ ℃$,持续 26 h,压力为 5 Pa;二次干燥温度为 $20\ ℃$,时间为 10 h,压力为 5 Pa。添加 40% PVP(w/v) + 10% 甘油(v/v) + 15% FBS(v/v) + 20% 海藻糖(w/v)的保护剂的细胞,在复水后回收率、存活率和 24 h 贴壁率分别为 29.58%、42.18% 和 18.71%,与对照组差异显著,对细胞保护效果最佳,最终确定了复方保护剂组为肝癌细胞 HepG2 的冻干保护剂。当胞外海藻糖物质的量浓度为 800 mmol/L 时,冻干效果最好,肝癌细胞 HepG2 在复水后回收率、存活率和 24 h 贴壁率分别为 27.81%、66.65% 和 33.68%,存活率和贴壁率显著高于其他组。该结论对冻干肝癌细胞 HepG2 的可能性提供了初步证明,对其他体细胞的冻干工艺也具有一定的借鉴价值。

4.5.2　主要创新点

本章以人肝癌细胞 HepG2 为研究对象,对细胞的冷冻干燥保存进行了实验研究,主要创新点如下:

(1) 关注细胞在冻结过程中受到的损伤,利用差示扫描量热仪对保护剂冻结过程的保护机理进行了研究,包括保护剂的热物性参数的测量、机理分析以及和实验值进行了对比,丰富了保护剂的冻结物性参数数据。

(2) 利用冻干显微镜实时监测了干燥过程中升华界面的变化情况,并对冻干机中细胞冻干预测了干燥时间,改善了升华干燥实验值极度缺乏的现状。

(3) 成功对人肝癌细胞 HepG2 进行了冷冻干燥保存,包括了冻结、干燥过程机理和实验值研究,开发了完整的人肝癌细胞 HepG2 冷冻干燥保存的工艺,并可根据该工艺,对其他体细胞进行冻干保存。

4.5.3 展望

本章对人肝癌细胞 HepG2 冷冻干燥保存进行了研究,但仍有内容有待进一步优化研究。

人肝癌细胞 HepG2 的冻干虽然取得了初步成功,但仅仅是对细胞的活性进行了检测,因此可以对细胞功能及内部基因进行更深一步的研究。

复水过程仍会对细胞造成巨大的损伤,本章利用的是前人复水红细胞的工艺,要想进一步优化冻干保存结果,可以对复水过程影响细胞存活的因素进行实验和理论探究。

从人肝癌细胞 HepG2 冻干复水后的存活率、贴壁率结果来看,体细胞的冻干是很有可能成功实现的,但目前的保存效果仍有很多不足,可能是该冻干保护剂配方不一定是最优的,要想从成千上万的保护剂中探索最佳的配方,仍需要大量的实验去探究。

参 考 文 献

[1] 华泽钊.冷冻干燥新技术[M].北京:科学出版社,2006:2-4.

[2] Fissore D,Pisano R,Barresi A A. Applying quality-by-design to develop a coffee freeze-drying process[J].Journal of Food Engineering,2014,123(2):179-187.

[3] Nasirpour A,Landillon V,Cuq B,et al. Lactose crystallization delay in model infant foods made with lactose,beta-lactoglobulin,and starch[J].Journal of Dairy Science,2007,90(8):3620.

[4] 李维杰,宋萍,李先明,等.葡萄的真空冷冻干燥工艺研究[J].食品与发酵科技,2016,52(2):27-29.

[5] Crowe J H,Tablin F,Wolkers W F,et al. Stabilization of membranes in human platelets freeze-dried with trehalose[J]. Chemistry & Physics of Lipids,2003,122(1-2):41-52.

[6] 封永辉,马晓茜,产正平.细菌活疫苗冷冻干燥的主要影响因素探讨[J].安徽农业科学,2013,41(11):4849-4851.

[7] 武华丽,胡一桥.冷冻干燥制剂的稳定性研究进展[J].中国药学杂志,2001,36(7):436-438.

[8] Han Y,Liu M,Ma E,et al. Preservation of human red blood cells by lyophilization[J]. Bulletin of the Academy of Military Medicalences,2005,51(2):152-164.

[9] Torok Z,Satpathy G R,Banerjee M,et al. Preservation of Trehalose-loaded red blood cells by lyophilization[J]. Cell Preservation Technology,2005,3(2):96-111.

[10] Wolkers W F,Walker N J,Tamari Y,et al. Towards a clinical application of freeze-dried human platelets[J]. Cell Preservation Technology,2003,1(3):175-188.

[11] Ward M A,Kaneko T,Kusakabe H,et al. Long-term preservation of mouse spermatozoa after freeze-drying and freezing without cryoprotection1[J]. Biology of Reproduction,2003,69(6):2100-2108.

[12] Röpke T,Oldenhof H,Leiding C,et al. Liposomes for cryopreservation of bovine sperm[J]. Theriogenology,2011,76(8):1465.

[13] Arnold P,Djerassi I,Farber S,et al. The preparation and clinical administration of lyophilized platelet material to children with acute leukemia andaplastic anemia[J].Journal of Pediatrics,1956,49(5):517-522.

[14] Meryman H T. The mechanisms of freezing in biological systems. Recent research in freezing and drying[J]. Ann Y Acad Sci,1960,85:729-734.

[15] Goodrich R P, Williams C M, Franco R S, et al. Lyophilization of red blood cells[P]. US4874690,1989.

[16] Sowemimocoker S O, Goodrich R P, Zerez C R, et al. Refrigerated storage of lyophilized and rehydrated,lyophilized human red cells[J]. Transfusion,1993,33(4):322-329.

[17] Wolkers W F, Walker N J, Tablin F, et al. Human platelets loaded with trehalose survive freeze-drying[J]. Cryobiology,2001,42(2):79-87.

[18] 肖洪海,李军,华泽钊,等. 人脐带血有核细胞冷冻干燥保存实验初步研究[J]. 中国细胞生物学学报,2003,25(6):389-393.

[19] Satpathy G R, Török Z, Bali R, et al. Loading red blood cells with trehalose:A step towards biostabilization[J]. Cryobiology,2004,49(2):123-136.

[20] Zhang S, Fan J, Xu X, et al. An experimental study of the use of ultrasound to facilitate the loading of trehalose into platelets[J]. Cryobiology,2009,59(2):135-140.

[21] 范菊莉,张绍志,徐梦洁,等. 超声波预处理的人血小板冻干保存实验[J]. 南京航空航天大学学报,2012,44(3):420-424.

[22] 杨宏伟,陈晓隆,黄永刚. 应用酶组织细胞化学技术对真空冷冻干燥保存兔角膜内皮细胞的研究[J]. 中国医科大学学报,2004,33(3):221-222.

[23] Mazur P, Leibo S P, Chu E H. A two-factor hypothesis of freezing injury. Evidence from Chinese hamster tissue-culture cells[J]. Experimental Cell Research,1972,71(2):345.

[24] Crowe J H, Hoekstra F A, Crowe L M. Anhydrobiosis[J]. Annual Review of Physiology,1992,54:570-599.

[25] Sassi P, Caponi S, Ricci M, et al. Infrared versus light scattering techniques to monitor the gel to liquid crystal phase transition in lipid membranes[J]. Journal of Raman Spectroscopy,2015,46(7):644-651.

[26] Oliver A E, Leprince O, Wolkers W F, et al. Non-disaccharide-based mechanisms of protection during drying[J]. Cryobiology,2001,43(2):151-167.

[27] Mantsch H H, Mcelhaney R N. Phospholipid phase transitions in model andbiological membranes as studied by infrared spectroscopy[J]. Chemistry & Physics of Lipids,1991,57(2-3):213-226.

[28] Quinn P J. A lipid-phase separation model of low-temperature damage to biological membranes[J]. Cryobiology,1985,22(2):128-146.

[29] 郭景文. 现代仪器分析技术[M]. 北京:化学工业出版社,2011:195-197.

[30] 程秀凤. $La_3Ga_5SiO_{14}$构型系列晶体的生长及其热学特性研究[D]. 青岛:山东大学,2008.

[31] 李秋萍,赵云峰,李晶森,等. 采用DSC法测定原油的比热容[J]. 石油化工,2012,41(8):954-957.

[32] 刘振海. 热分析简明教程[M]. 北京:科学出版社,2012:27-29.

[33] 钱柯贞,王贤华,杨海平,等. DSC法测定生物质的比热[J]. 可再生能源,2011,29(6):156-159.

[34] Boersma S L. A theory of differential thermal analysis and new methods of measurement and interpretation[J]. Journal of the American Ceramic Society,1955,38(8):281-284.

[35] Watson E S, O'Neill M J, Justin J, et al. A differential scanning calorimeter for quantitative differential thermal analysis[J]. Analytical Chemistry,1964,36(7):1233-1238.

[36] Karunakar B, Mishra S K, Bandyopadhyay S. Specific heat and thermal conductivity of shrimp meat[J]. Journal of Food Engineering,1998,37(3):345-351.

[37] Gupta M, Yang J, Roy C. Specific heat and thermal conductivity of softwood bark and softwood char particles[J]. Fuel,2003,82(8):919-927.

[38] 高才,王文华,胡桐记,等.不同结晶度的乙二醇及其水溶液玻璃化转变与焓松弛[J].物理化学学报,2004,20(7):701-706.

[39] 左建国,华泽钊,刘宝林,等.冻干溶液玻璃化转变温度的实验研究[J].食品科学,2006,27(2):58-60.

[40] Xu M, Chen G, Zhang C, et al. Study on the unfrozen water quantity of maximally freeze-concentrated solutions for multicomponent lyoprotectants[J]. Journal of Pharmaceutical Sciences, 2017, 106(1):83.

[41] Van Arsdel W B, Copley M J, Morgan A I. Food dehydration[M]. 2nd ed. Westport: Avi Pub Co, 1973.

[42] King C J. Freeze-drying of foods[J]. Journal of the Vacuum Society of Japan, 1971, 4(3):95-104.

[43] Litchfield R J, Liapis A I. An adsorption-sublimation model for a freeze dryer[J]. Chemical Engineering Science, 1979, 34(9):1085-1090.

[44] Liapis A I, Bruttini R. A theory for the primary and secondary drying stages of the freeze-drying of pharmaceutical crystalline and amorphous solutes: Comparison between experimental data and theory[J]. Separations Technology, 1994, 4(3):144-155.

[45] Liapis A I, Litchfield R J. Numerical solution of moving boundary transport problems in finite media by orthogonal collocation[J]. Computers & Chemical Engineering, 1979, 3(1):615-621.

[46] Nail S L, Her L M, Proffitt C P, et al. An improved microscope stage for direct observation of freezing and freeze drying[J]. Pharmaceutical Research, 1994, 11(8):1098-100.

[47] Meredith P, Donald A M, Payne R S. Freeze-drying: In situ observations using cryoenvironmental scanning electron microscopy and differential scanning calorimetry[J]. Journal of Pharmaceutical Sciences, 1996, 85(6):631-637.

[48] Mascarenhas W J, Akay H U, Pikal M J. A computational model for finite element analysis of the freeze-drying process[J]. Computer Methods in Applied Mechanics & Engineering, 1997, 148(1-2):105-124.

[49] Nastaj J F. Parabolic problem of moving boundary with relaxation of internal heat source capacity in vacuum freeze drying[J]. International Communications in Heat & Mass Transfer, 2001, 28(8):1079-1090.

[50] Xiang J, Hey J M, Liedtke V, et al. Investigation of freeze-drying sublimation rates using a freeze-drying microbalance technique[J]. International Journal of Pharmaceutics, 2004, 279(1-2):95-105.

[51] 罗瑞明,周光宏,乔晓玲.干切牛肉冷冻干燥中高速率升华条件的动态研究[J].农业工程学报,2008,24(2):226-231.

[52] Diakun J, Dolik K, Kopeć A. The influence of steam cold trap in the vacuum chamber installation on the ice sublimation speed[J]. Agricultural Engineering, 2016, 20(2):53-61.

[53] Rindler V, Lüneberger S, Schwindke P, et al. Freeze-drying of red blood cells at ultra-low temperatures[J]. Cryobiology, 1999, 38(1):2-15.

[54] Arakawa T, Prestrelski S J, Kenney W C, et al. Factors affecting short-term and long-term stabilities of proteins[J]. Advanced Drug Delivery Reviews, 2001, 46(1-3):307-326.

[55] Wolkers W F, Oldenhof H B. Dehydrating phospholipid vesicles measured in real-time using ATR Fourier transform infrared spectroscopy[J]. Cryobiology, 2010, 61(1):108-114.

[56] 周新丽,何晖,刘宝林,等.甘油预处理对冻干红细胞恢复率及抗氧化酶活性的影响[J/OL].中国科技论文在线,2007.

[57] Carpenter J F, Prestrelski S J, Anchordoguy T J, et al. Interactions of stabilizers with proteins during freezing and drying[J]. Cheminform, 1994, 26(4):134-147.

[58] Crowe J H, Oliver A E, Hoekstra F A, et al. Stabilization of dry membranes by mixtures of hydroxyethyl starch and glucose: The role of vitrification[J]. Cryobiology,1997,37(1):20-30.

[59] Imamura K, Ohyama K, Yokoyama T, et al. Temperature scanning FTIR analysis of interactions between sugar and polymer additive in amorphous sugar-polymer mixtures[J]. Journal of Pharmaceutical Sciences,2008,97(1):519-528.

[60] Gloger O, Witthohn K, Müller B W. Lyoprotection of aviscumine with low molecular weight dextrans[J]. International Journal of Pharmaceutics,2003,260(1):59-68.

[61] Timasheff S N. The control of protein stability and association by weak interactions with water: how do solvents affect these processes[J]. Annual Review of Biophysics & Biomolecular Structure, 1993,22(22):67.

[62] Carpenter J F, Crowe J H. An infrared spectroscopic study of the interactions of carbohydrates with dried proteins[J]. Biochemistry,1989,28(9):3916-3922.

[63] Crowe J H, Crowe L M, Carpenter J F, et al. Stabilization of dry phospholipid bilayers and proteins by sugars[J]. Biochemical Journal,1987,242(1):1-10.

[64] Sola-Penna M, Meyer-Fernandes J R. Stabilization against thermal inactivation promoted by sugars on enzyme structure and function: Why is trehalose more effective than other sugars?[J]. Archives of Biochemistry & Biophysics,1998,360(1):10-14.

[65] Imamura K, Ogawa T, Sakiyama T, et al. Effects of types of sugar on the stabilization of protein in the dried state[J]. Journal of Pharmaceutical Sciences,2003,92(2):266-274.

[66] Crowe J H, Carpenter J F, Crowe L M. The role of vitrification in anhydrobiosis[J]. Annual Review of Physiology,1998,60(60):73-103.

[67] Khan S A, Davidson B R, Goldin R D, et al. Guidelines for the diagnosis and treatment of cholangiocarcinoma: An update[J]. Gut,2012,61(12):1657.

[68] Siegel R, Naishadham D, Jemal A. Cancer statistics,2013[J]. Ca A Cancer Journal for Clinicians, 2012,62(1):10-29.

[69] 丁义涛,江春平.生物人工肝研究进展和应用前景[J].世界华人消化杂志,2008,16(26):2907-2915.

[70] Nash T. Chemical constitution and physical properties of compounds able to protect living cells against damage due to freezing and thawing[J]. Cryobiology,1966:179-211.

[71] Wu L, Zheng X, Luo Y, et al. Cryopreservation of stallion spermatozoa using different cryoprotectants and combinations of cryoprotectants[J]. Animal Reproduction Science,2015,163: 75-81.

[72] Akhoondi M, Oldenhof H, Stoll C, et al. Membrane hydraulic permeability changes during cooling of mammalian cells[J]. Biochimica et Biophysica Acta,2011,1808(3):642.

[73] Sieme H, Oldenhof H, Wolkers W F. Mode of action of cryoprotectants for sperm preservation[J]. Animal Reproduction Science,2016,169:2-5.

[74] 司徒镇强,吴军正.细胞培养[M].西安:世界图书出版公司,2007:196.

[75] Jabrane S, Létoffé J M, Claudy P. Vitrification and crystallization in the R(−)1,2-propanediol-S (+)1,2-propanediol system[J]. Thermochimica Acta,1995,258(7):33-47.

[76] 周新丽,陈光明,张绍志.血液细胞冷冻干燥保存的研究进展[J].国际输血及血液学杂志,2005,28 (5):428-431.

[77] Han B, Bischof J C. Direct cell injury associated with eutectic crystallization during freezing[J]. Cryobiology,2004,48(1):8-21.

[78] Oldenhof H, Friedel K, Sieme H, et al. Membrane permeability parameters for freezing of stallion sperm as determined by Fourier transform infrared spectroscopy[J]. Cryobiology,2010,61(1):115.

[79] Wolkers W F, Balasubramanian S K, Ongstad E L, et al. Effects of freezing onmembranes and proteins in LNCaP prostate tumor cells[J]. Biochimica Et Biophysica Acta,2007,1768(3):728-736.

[80] Fahy G M, Levy D I, Ali S E. Some emerging principles underlying the physical properties, biological actions,and utility of vitrification solutions[J]. Cryobiology,1987,24(3):196-213.

[81] Wang S,Oldenhof H,Dai X,et al. Protein stability in stored decellularized heart valve scaffolds and diffusion kinetics of protective molecules[J]. Biochimica Et Biophysica Acta,2014,1844(2):430.

[82] 何晖,刘宝林,华泽钊,等.甘油预处理对红细胞冷冻干燥保存作用的实验研究[J].制冷学报,2006, 27(4):54-58.

[83] Wowk B,Darwin M,Harris S B,et al. Effects of Solute Methoxylation on Glass-Forming Ability and Stability of Vitrification Solutions[J]. Cryobiology,1999,39(3):215-227.

[84] Shamblin S L,Zografi G. The effects of absorbed water on the properties of amorphous mixtures containing sucrose[J]. Pharmaceutical Research,1999,16(7):1119.

[85] Tomczak M M,Hincha D K,Estrada S D,et al. A mechanism for stabilization of membranes at low temperatures by an antifreeze protein[J]. Biophysical Journal,2002,82(2):874-881.

[86] Imamura K,Asano Y,Maruyama Y,et al. Characteristics of hydrogen bond formation between sugar and polymer in freeze-dried mixtures under different rehumidification conditions and its impact on the glass transition temperature[J]. Journal of Pharmaceutical Sciences,2010,97(3): 1301-1312.

[87] Ho N F H,Roseman T J. Lyophilization of pharmaceutical injections:Theoretical physical model [J].Journal of Pharmaceutical Sciences,1979,68(9):1170.

[88] Kuu W Y,Hardwick L M,Akers M J. Rapid determination of dry layer mass transfer resistance for various pharmaceutical formulations during primary drying using product temperature profiles[J]. International Journal of Pharmaceutics,2006,313(2):99-113.

[89] 何立群,张永锋,罗大为,等.生命材料低温保护剂溶液二维降温结晶过程中的分形特征[J].自然科学进展,2002,12(11):1167-1171.

[90] Kochs M,Körber C,Nunner B,et al. The influence of the freezing process onvapour transport during sublimation in vacuum-freeze-drying[J]. International Journal of Heat & Mass Transfer, 1991,34(9):2395-2408.

[91] Zhai S,Taylor R,Sanches R,et al. Measurement of lyophilisation primary drying rates by freeze-drying microscopy[J]. Chemical Engineering Science,2003,58(11):2313-2323.

[92] Meister E, Gieseler H. Freeze-dry microscopy of protein/sugar mixtures:Drying behavior, interpretation of collapse temperatures and a comparison to corresponding glass transition data[J]. Journal of Pharmaceutical Sciences,2009,98(9):3072.

[93] Fonseca F,Passot S,Lieben P,et al. Collapse temperature of bacterial suspensions:The effect of cell type and concentration[J]. Cryo Letters,2004,25(6):425-434.

[94] Liu J. Physical characterization of pharmaceutical formulations in frozen and freeze-dried solid states:Techniques and applications in freeze-drying development[J]. Pharmaceutical Development & Technology,2006,11(1):3-28.

[95] 左建国,李维仲,翁林崟.冷冻干燥中升华界面的临界温度实验[J].农业机械学报,2010,41(10): 126-128.

[96] Greco K,Mujat M,Galbally-Kinney K L,et al. Accurate prediction of collapse temperature using optical coherence tomography-based freeze-drying microscopy[J]. Journal of Pharmaceutical Sciences,2013,102(6):1773-1785.

[97] Ohori R, Yamashita C. Effects of temperature ramp rate during the primary drying process on the properties of amorphous-based lyophilized cake, Part 1: Cake characterization, collapse temperature and drying behavior[J]. Journal of Drug Delivery Science & Technology, 2017, 39: 131-139.

[98] Searles J A, Carpenter J F, Randolph T W. The ice nucleation temperature determines the primary drying rate of lyophilization for samples frozen on a temperature-controlled shelf[J]. Journal of Pharmaceutical Sciences, 2001, 90(7): 860-871.

[99] Ray P, Rielly C D, Stapley A G F. A freeze-drying microscopy study of the kinetics of sublimation in a model lactose system[J]. Chemical Engineering Science, 2017, 172: 731-743

[100] Roth C, Winter G, Lee G. Continuous measurement of drying rate of crystalline and amorphous systems during freeze-drying using an in situ microbalancetechnique[J]. Journal of Pharmaceutical Sciences, 2001, 90(9): 1345-1355.

[101] 周国燕, 陈唯实, 叶秀东, 等. 猕猴桃热风干燥与冷冻干燥的实验研究[J]. 食品科学, 2007, 28(8): 164-167.

[102] Pikal M J. Use of laboratory data in freeze drying process design: heat and mass transfer coefficients and the computer simulation of freeze drying[J]. Journal of Parenteral Science & Technology A Publication of the Parenteral Drug Association, 1985, 39(3): 115-139.

[103] Blake S, Quinn O, David G, et al. Cryopreservation of hepatocyte (HepG2) cell monolayers: impact of trehalose[J]. Cryobiology, 2014, 69(2): 281-290.

[104] 华泽钊. 低温生物医学技术[M]. 北京: 科学出版社, 1994: 153-154.

[105] Mendenhall C L, Theus S A, Roselle G A, et al. Biphasic in vivo immune function after low-versus high-dose alcohol consumption[J]. Alcohol, 1997, 14(3): 255-260.

[106] Kanias T, Acker J P. Biopreservation of red blood cells-the struggle with hemoglobin oxidation[J]. Febs Journal, 2009, 277(2): 343-356.

[107] Chesné C, Guillouzo A. Cryopreservation of isolated rat hepatocytes: a critical evaluation of freezing and thawing conditions[J]. Cryobiology, 1988, 25(4): 323-330.

[108] Cuber R, Eleutherio E C, Pereira M D, et al. The role of the trehalose transporter during germination[J]. Biochimica Et Biophysica Acta, 1997, 1330(2): 165.

[109] Zhang M, Oldenhof H, Sieme H, et al. Freezing-induced uptake of trehalose into mammalian cells facilitates cryopreservation[J]. Biochimica et Biophysica Acta (BBA) - Biomembranes, 2016, 1858(6): 1400-1409.

[110] Elliott G D, Liu X H, Cusick J L, et al. Trehalose uptake through P2X7 purinergic channels provides dehydration protection[J]. Cryobiology, 2006, 52(1): 114-127.

[111] Guo N, Puhlev I, Brown D R, et al. Trehalose expression confers desiccation tolerance on human cells[J]. Nature Biotechnology, 2000, 18(2): 168.

[112] Lynch A L, Chen R, Dominowski P J, et al. Biopolymer mediated trehalose uptake for enhanced erythrocyte cryosurvival[J]. Biomaterials, 2010, 31(23): 6096-6103.

[113] Eroglu A, Russo M J, Bieganski R, et al. Intracellular trehalose improves the survival of cryopreserved mammaliancells[J]. Nature Biotechnology, 2000, 18(2): 163-167.

[114] Rao W, Huang H, Wang H, et al. Nanoparticle-mediated intracellular delivery enables cryopreservation of human adipose-derived stem cells using trehalose as the sole cryoprotectant[J]. Acs Applied Materials & Interfaces, 2015, 7(8): 5017.

[115] 周俊, 刘景汉, 欧阳锡林, 等. 血小板胞内海藻糖测定方法的建立和评价[J]. 中国实验血液学杂志, 2004, 12(6): 837-840.

[116] Lillie S H, Pringle J R. Reserve carbohydrate metabolism in Saccharomyces cerevisiae: responses to nutrient limitation[J]. Journal of Bacteriology, 1980, 143(3): 1384-1394.

[117] 周新丽,刘建峰,周国燕,等.蛋黄卵磷脂对冻干红细胞恢复率的影响[J].制冷学报,2009,30(6):49-51.

[118] 杨维,姜曼,耿文鑫,等.大鼠皮肤的冷冻干燥保存[J].中国组织工程研究,2009,13(41):8080-8084.

[119] Lynch A L, Chen R, Slater N K. pH-responsive polymers for trehalose loading and desiccation protection of human red blood cells[J]. Biomaterials, 2011, 32(19): 4443-4449.

[120] Zannis V I, Breslow J L, Sangiacomo T R, et al. Characterization of the major apolipoproteins secreted by two human hepatoma cell lines[J]. Biochemistry, 1981, 20(25): 7089-7096.

[121] Dabos K J, Parkinson J A, Hewage C, et al. ^{1}H NMR spectroscopy as a tool to evaluate key metabolic functions of primary porcine hepatocytes after cryopreservation[J]. Nmr in Biomedicine, 2002, 15(3): 241-250.

[122] 杨波,周燕,刘宝林,等.肝细胞低温保存的实验研究[J].中国生物医学工程学报,2011,30(2):308-311.

[123] 权国波,刘敏霞,郭永,等.聚乙烯吡咯烷酮和葡萄糖在冰冻干燥保存人红细胞中的效果研究[J].制冷学报,2006,27(5):11-16.

[124] 权国波,韩颖,刘秀珍,等.保护液的玻璃化状态对红细胞冷冻干燥保存后回收率的影响[J].中国实验血液学杂志,2003,11(3):308-311.

[125] 姚岚,梁玮,刘宝林.人肝癌细胞 Hep-G_2 的低温保存研究[J].制冷学报,2015,36(2):95-100.

[126] Crowe J H, Crowe L M, Oliver A E, et al. The trehalose myth revisited: introduction to a symposium on stabilization of cells in the dry state[J]. Cryobiology, 2001, 43(2): 89-105.

[127] Stokich B, Osgood Q, Grimm D, et al. Cryopreservation of hepatocyte (HepG2) cell monolayers: impact of trehalose[J]. Cryobiology, 2014, 69(2): 281-290.

[128] Chen T, Acker J P, Eroglu A, et al. Beneficial effect of intracellular trehalose on the membrane integrity of dried mammalian cells[J]. Cryobiology, 2001, 43(2): 168-181.

[129] 何晖,刘宝林,华泽钊,等.胞内海藻糖对红细胞冷冻干燥保存效果的影响[J].制冷学报,2006,27(3):41-44.

第 5 章　羟基磷灰石纳米微粒辅助冷冻干燥人肝癌 HepG2 细胞研究

将纳米微粒添加到低温保护剂中以提高细胞保存效果的研究已取得一定效果,但应用于细胞冷冻干燥的研究较少。冻干后的样品可以在常温或 4℃下长期保存,等到需要使用时复水即可,既降低了设备、能耗的成本,也降低了操作难度。但是,生物样本的冻干技术还不是很成熟,还停留在初期探索阶段。本章是在原有冻干保护剂的基础上添加不同浓度的羟基磷灰石纳米微粒(nano-HAP),通过对纳米冻干保护剂热物性的研究,分析 nano-HAP 对保护剂溶液性质的影响。然后将其应用在人肝癌 HepG2 细胞的冻干,通过检测各个阶段细胞的活性分析 nano-HAP 对细胞的作用机理。最后从分子层面对细胞的凋亡基因进行检测,研究 nano-HAP 对细胞凋亡和凋亡基因表达的影响。

5.1　概　述

5.1.1　细胞冻干的意义

如果能够成功实现细胞的冷冻干燥,就可以将人体的细胞冻干成粉末,在 4℃冰箱或常温下保藏数年,甚至数十年,等到日后急需时使用。如今,细胞通常配合保护剂于深低温冰箱或液氮中保存,应用冻干方法保存的较少。[1]前两种方法在保存过程中需要昂贵的设备和复杂的操作,在运输过程中遭到诸多环境要素的影响,远远不能达到所需的目的。细胞经冷冻干燥后可在常温下长期保存,受周围环境的影响较小,且在运输过程中不需要特殊的储藏设备,可以大大降低成本。

5.1.2　细胞冻干的现状

细胞的冷冻干燥保存早在上世纪就进行了大量实验研究,但并没有取得重大进展。如果这种技术能够取得成功,将对生物医学领域带来重大变革,冻干物料的范围将更加广泛。

细胞结构复杂且比较脆弱,外界环境的细微变化都会造成其死亡,因此,相较于替他材料的冻干,细胞的冻干困难得多。但国内外仍有许多科学家致力于细胞冻干的研究,早在 1960 年,Meryman 就研究红细胞的冻干保存,在不添加任何保护剂的情况下细胞的恢复率可达到 30%～50%,如果用含有聚乙烯吡咯烷酮(PVP)的溶液来复水细胞,可以显著提高细胞的存活率。[2]虽然在此期间有报道在血浆中添加一定浓度的柠檬酸钠和聚乙二醇(PEG)

可以提高细胞的冻干效果[3],但 Mackenzie 和 Meryman 在之后的生物研讨会上报道说,冻干后的红细胞膜遭到严重破坏,几乎所有的细胞失去了活力。[4]在此之后,Goodrich 等采用糖类作为冻干保护剂,冻干红细胞的恢复率达到了 65%[5],但仍有许多学者对此数据保持怀疑。在其他细胞的冻干中也遇到了相似的问题,从 1956 年人们就开始研究血小板的冷冻干燥,也没有取得好的结果,冻干过程对血小板的结构造成破坏,使之失去了原有的止血功能。[6]同年,Leidl 等[7]和 Saacke 等[8]研究了牛精子的冻干,发现冻干精子的活力下降,基本丧失了其原有功能。

海藻糖作为一种非渗透性保护剂不能主动进入细胞膜内部,研究表明,通过孵育的方法将海藻糖载入细胞膜内能够提高冻干后细胞的存活率。[9]海藻糖能够促进溶液玻璃化的形成,当细胞膜内外的海藻糖达到一定浓度时可以有效防止细胞膜受到冰晶的损伤,所以如何提高胞内海藻糖的浓度将是急需解决的问题。[10]

将不同种类的保护剂互相搭配使用可以有效提高细胞的冻干效果。肖洪海等用 40% PVP+20%蔗糖的混合保护剂辅助冻干脐带血中的有核细胞,复水后细胞的存活率达到 55.67%。[11]Xiao 等则在肖洪海所用保护剂的基础上又添加了 10%的甘露醇,发现复水后细胞的回收率高达 75%,存活率增加到 69.37%。[12]Li 等再次向保护剂中添加 10%胎牛血清(FBS)用于单核细胞的冻干,细胞回收率与改善前相比增加了 8%。[13]宋萍等在此基础上对保护剂的成分进行了优化,最终研究出的复方保护剂(40%PVP+20%海藻糖+10%甘油+15%FBS)可以有效提高人肝癌 HepG2 细胞的冻干效果,复水后细胞存活率高达 66.65%。[14]杨鹏飞等羟乙基淀粉(HES)来替代上述保护剂中的甘油,用于冻干人骨髓干细胞,但复水后细胞的存活率只有 16.40%。[15]细胞个体之间的差异较大,不能用同一种保护剂来冻干不同种类的细胞,保护剂的选择主要还是依细胞而异。

5.1.3 纳米微粒的特性

5.1.3.1 纳米微粒的理化性质

纳米微粒指纳米级别的微观颗粒,其在一个维度上的尺寸小于 100 nm,只有通过电子显微镜才能观察到其结构。纳米微粒的形式多样,可以是晶体或非晶体,其应用也是越来越广泛。由于纳米微粒具有小体积和大表面积,这就使得其与宏观物质之间的性质大不相同。国内外的许多研究人员已经能够制备出多种纳米微粒,并对所涉及的理化性质进行了深入的研究,主要有以下四种效应。

1. 小尺寸效应

当微粒的尺寸等于或小于一些光波类的物理量时,微粒的比表面积增大且表面层周围的原子密度降低,晶体周期性的边界环境会被破坏[16],从而产生一些特殊性质。当纳米微粒作用于细胞时,一些微粒可能透过细胞膜或嵌入细胞膜内,其特殊性质会诱发氧化应激反应,细胞膜上的活性大分子被氧化变性[17,18],使得细胞膜结构破坏。另外,溶液中的溶质也会受到纳米微粒小尺寸效应的影响,使得溶液组成成分和性质发生显著变化,从而对细胞的正常代谢产生阻碍。

2. 表面效应

小体积和大表面积使得纳米微粒具有很大的比表面积,因此,纳米微粒具有很大的表面能。当纳米微粒作用于细胞时,大量的微粒会吸附于细胞膜表面,且微粒表面能越大吸附得越多[19],通过这种性质可以将纳米微粒应用于精准治疗中。研究发现,将叶酸修饰到纳米微粒表面,当纳米微粒吸附在癌细胞表面的同时也提高了药物作用细胞的概率,加快了治疗效果。[20]

3. 亲疏水性质

亲疏水性质使得纳米流体具有独特的理化特性。纳米微粒悬浮于溶液中时,微粒与水之间的相互作用能够直接改变溶液的理化性质。纳米流体在促进导热方面有着巨大的潜力,这一概念的提出在传统的热能工程领域开辟了一条新的途径。[21]同时,纳米微粒的这种性质可能对细胞产生直接影响。疏水纳米微粒会嵌入到细胞膜的疏水部分[22],改变细胞的固有结构和功能,如细胞膜的表面张力和膜上通透蛋白的功能。[23]一些亲水纳米微粒也会同细胞中的活性物质以氢键结合,以达到稳定细胞中活性物质的目的。

4. 生物相容性

虽然多数纳米微粒会导致细胞的死亡,但也有一些纳米微粒能够和机体有效结合,不会产生毒性,这就是生物相容性。研究者发现,当蛋白质与 Au 块相接触式,蛋白质会发生变性,但与 Au 纳米微粒结合却不会。[24]羟基磷灰石(HAP)是牙齿和骨质中的主要组成成分,其结构中的两个羟基能够与机体相结合,修复受损部位,表现出很好的生物相容性。

5.1.3.2 纳米微粒对溶液性质的改变

1. 纳米微粒对溶液黏度的影响

由于纳米微粒具有强的表面能,悬浮在溶液中的纳米微粒通常不能均匀分散,并且相邻的纳米微粒会彼此聚集,最终以团聚的形式存在。纳米微粒的性质会对溶液黏度产生重大影响,如纳米微粒的粒径、亲疏水性、表面能等。通常情况下,纳米流体的黏度与纳米微粒的浓度密切相关,纳米微粒占比越大,黏度越强。[25]如果纳米微粒不能均匀分散,就会造成溶液黏度分布的不均匀,李维杰等研究发现,将纳米流体用超声波作用 5 min 后能够使纳米微粒均匀分散。[26]

2. 纳米微粒对溶液导热性质的影响

当纳米微粒悬浮于溶液中时,布朗运动的速率加强,溶质分子的运动剧烈,使得溶液内部的热对流速率加快[27];纳米微粒本生的导热系数大于溶液,溶液分子之间的空隙由于固体微粒的插入而变小,溶液内部结构更加紧密,纳米微粒的含量越多,导热系数升高越明显[28];此外,纳米微粒的添加会影响溶液的接触性热阻,由于纳米微粒具有很大的表面能,大量的水分子被吸附在微粒周围而形成水膜,溶液中游离水的份额减小,溶质浓度增加且导热系数提高。[29]陈俊等通过 Green-Kubo 自相关函数从分子层面上对纳米流体的动力学进行了模拟,并通过实验来验证。[30]结果发现,Cu-Ar 纳米流体的导热系数随纳米微粒浓度的增加而提高,且增加幅度高于 Maxwell 关系式模拟出来的值。张璐迪等将 SiO_2 纳米微粒添加到 LMPS 盐中,分别用热混合法和超声法将纳米微粒在溶液中均匀分散。[31]结果表明,SiO_2 纳米微粒显著提高了盐溶液的比热,比热的提高程度与纳米微粒在溶液中的分散程度相关,分散越均匀比热越大,且超声法的分散效果要高于热混合法。

3. 纳米微粒对溶液成核温度的影响

冷冻过程中,如何避免或减少冰晶的形成是细胞冻干的主要挑战。当溶液温度低于其本身的成核温度时开始形成冰晶,均相成核和异相成核是冰晶形成的两大理论。当溶液中的溶质或能量不均匀分布,在分子的剧烈运动下就会相互聚集而自发成核,它在系统内各个部分的成核概率是一样的。在实际成核过程中,晶核的产生往往发生在溶液中的不均匀处,这些不均匀处可以是与容器的接触面,也可以是溶液中的固体微粒,冰晶以这些不均匀处作为晶核而形成冰晶,这个过程称为异相成核。晶体的成核和长大都需要一定的过冷度,如果在过冷度较大处结晶,常常形成尺寸小和微粒多的冰晶。冰的形成会导致潜热的快速释放而改变溶液的热不平衡,样品与环境之间产生显著的温度梯度,导致冷冻过程中不可控制的超快速冷却。[32]结果,胞内冰形成概率增加,冰晶通过直接作用或相关的体积膨胀机制损伤细胞的超微结构。[33]

降温时,冰晶可以借助纳米微粒作为成核介质,成核所需的能量减小。唐临丽等在乙二醇和丙三醇溶液加入不同质量浓度的 nano-HAP,实验发现,纳米微粒的添加显著降低了多元醇水溶液的过冷度,并随 nano-HAP 的粒径增大而减小。[34]徐海峰等将不同质量分数、粒径的 nano-HAP 添加到乙二醇溶液中,通过 DSC 对溶液的成核温度和结晶焓进行测量。[35]结果发现,nano-HAP 浓度显著影响溶液的成核温度和结晶焓,浓度越大,成核温度越高,表明 nano-HAP 起到促进晶核形成的作用。彭泉贵等研究了氧化石墨烯流体的过冷度和冰晶成核率,发现氧化石墨烯流体中的过冷度分布减小。[36]由于氧化石墨烯具有亲水性质,所以周围可以结合更多的水分子,成核概率增加,且成核所需的功降低 50%~60%。

4. 纳米微粒对溶液玻璃化温度的影响

玻璃态固体能够保持自己的形状,不像液体那样流动,其中的各个物质固定在分子水平,从而不会形成冰晶,是生物材料保存的理想状态。当材料的玻璃化转变温度越高,则越容易保存,通过添加纳米微粒可以改变溶液的玻璃化转变温度。郝保同等[37]等研究发现,nano-HAP 可以改变 PVP 溶液的玻璃化和反玻璃化温度,浓度越高,变化越显著。高志新等也进行了类似的研究,发现 nano-HAP 的粒径大小也会对玻璃化温度产生影响,粒径为 40 nm 的 nano-HAP 对温度影响最显著。[38]吕福扣等研究了乙二醇溶液的反玻璃化温度,当加入 nano-HAP 后,冰晶形态发生变化,0.4% 40 nm 的 nano-HAP 会显著提高溶液的反玻璃化温度。[39]于红梅等对磁纳米微粒的表明进行修饰,研究对 Vs55 溶液反玻璃化温度的变化。[40]结果发现,修饰后的磁纳米微粒会促进 Vs55 溶液的反玻璃化,但对玻璃化温度的改变不明显。

5.1.4 纳米微粒在低温生物中的应用及进展

5.1.4.1 纳米微粒在低温生物中的应用现状

纳米微粒在低温生物中已有大量的研究成果。李维杰等研究了不同浓度、不同粒径的 nano-HAP 对猪卵母细胞低温保存的效果。[41]研究发现,0.05% 60 nm 的 nano-HAP 可以在复温过程中减少重结晶量,减小了冰晶对卵母细胞的损伤。另外,将纳米微粒与细胞悬液混合,冷冻过程中通过外加磁场控制冰晶的形成,就可以实现杀死肿瘤细胞的目的。[42]有研究发现,纳米微粒能够提高复温过程中的升温速率和均匀程度。Etheridge 等在溶液中添加磁纳米微粒后,样品的升温速率显著提高,且升温速率随着纳米微粒浓度的增加而增加。[43]加入纳米微粒的溶液具有较高的热导率,可以显著提高最大降温速率,所以在肿瘤治疗方面也有广泛的应用。[44]冷冻保存细胞时,细胞内海藻糖的浓度极大地影响细胞的活率。[45]如果在孵育过程中添加磁性纳米粒子,再外加高强度的梯度磁场,以纳米微粒的运动带动细胞膜的运动,提升细胞膜的通透率,增加海藻糖的载入量。[46]此外,细胞外纳米微粒的定向移动可以带动胞外海藻糖主动靶向细胞,使得细胞与海藻糖分子有更多的接触,在低温状态下可以更好地保存细胞。

5.1.4.2 纳米微粒在低温生物中的发展前景

纳米微粒在低温生物中将具有广阔的应用空间和良好的发展前景。目前,科学家已经实现了精子[47]、卵子[48]等细胞的低温保存,皮肤[49]、人体角膜[50]等组织的低温保存也日渐成熟。然而,对于结构较为复杂的组织和器官的低温保存并没有取得实质性的进展,若想能够实现人体的低温保存还有很长的一段过程。生物体中的结构相较于细胞复杂得多,且不同种类细胞、组织的结构和性能差异大,不能用传统的单一的保存方法来保存整个生物体,这也是国内外专家致力于解决的难题。随着纳米技术与低温保存技术的相结合,纳米微粒在冰晶生长方面有着重要影响,这对冰晶成核机理的研究和实现生物样本的低温保存有着重要的意义,同时也为其他领域的科学研究提供借鉴。

5.1.5 本章研究意义及内容

5.1.5.1 研究意义和目的

目前,随着恶性肿瘤的发生率越来越高,人们的死亡率也逐年增加,其中,因得肝癌而死是主要原因之一。为了成功治疗癌症,患者的癌细胞、组织和器官是重要的生物样本资源。但细胞、组织、器官一旦离体就很难存活,因此,如何实现生物样本的长期保存是如今科学家急需解决的问题。

实现细胞的冷冻干燥保存将具有十分重要的现实意义。第一,降低保存成本和运输成本。冻干后的细胞可以在常温或4 ℃下长期保存,不需要液氮和特殊的超低温保存设备,减少了设备的投入成本和运输成本,而且可以减少占用空间;第二,用于细胞移植和细胞治疗。经过冻干后的细胞复水后就能正常生长、分化、繁殖,可用于机体的恢复。第三,用于疾病的诊断和治疗。将患者的细胞冻干保存,可以保留细胞原有的生物活性和信息,对其进行药物筛选并获得可行的治疗方案。

5.1.5.2 研究内容

纳米微粒的理化性质与宏观物质之间有着显著差异,由于将纳米微粒添加到溶液中可以改变其黏度、导热系数、成核温度、玻璃化温度等作用,因此,纳米保护剂将发挥独特的作用。将纳米微粒添加到低温保护剂中以提高细胞保存效果的研究已取得一定效果,但将纳米微粒应用于细胞冷冻干燥的研究鲜有报道。本章以肝癌细胞为研究对象,研究了纳米冻干保护剂的热物性和升华速率,分析了冷冻干燥过程中各个阶段对细胞活性的影响,探究了冻干细胞的凋亡及凋亡基因的表达量。具体内容如下:

(1) 通过DSC对各个浓度的纳米冻干保护剂进行热物性分析,测定保护剂溶液的结晶温度、玻璃化转变温度、熔融温度、结晶焓等。将各组保护剂放到 -80 ℃深低温冰箱中,利用热电偶每隔一段时间测量温度,观察保护剂溶液的相变温度和在冰箱中的降温速率。通过低温显微镜对 DSC 的数据进行验证,观察溶液的结晶现象,利用真空系统对溶液进行冻干,测定溶液的塌陷温度及冰晶升华情况。通过以上结果,分析 nano-HAP 在冷冻过程中对冰晶形成的影响,以及在升华过程中对冰晶升华速率的影响。

(2) 将不同浓度的 nano-HAP 与细胞培养 24 h,检测细胞的 24 h 贴壁率,分析纳米微粒对细胞的毒性。将配制好的纳米冻干保护剂与细胞悬液以一定比例混合均匀,分别检测静置 1 h 后、冷冻后、冻干后细胞的回收率、存活率和 24 h 贴壁率,分析纳米微粒在这三个阶段起到的作用和影响。将不同浓度的 nano-HAP 复水液复水冻干细胞,研究复水过程对细胞的损伤。

(3) 将冻干细胞样与新鲜细胞做对比,采用 CCK-8 来检测细胞的回收率和增值率。通过普通光学显微镜观察冻干细胞的形态,并利用荧光显微镜和流式细胞仪检测细胞的凋亡情况和各个凋亡时期的细胞比率。采用 RT-PCR 等仪器检测细胞相关凋亡基因的表达量,分析纳米微粒对细胞凋亡及凋亡基因表达量的影响。

5.2 羟基磷灰石纳米微粒对冻干保护剂冻结及升华特性的影响

细胞经冷冻干燥后可在常温下长期保存[51],受周围环境的影响较小,且在运输过程中不需要特殊的储藏设备,细胞的冻干保存将是一种理想的保存方法。由于冷冻干燥中冰晶的升华速率小,整个过程能耗大、时间长,如何优化和改进冻干过程是当前面临的一个重要问题。[52]

纳米微粒作为一种新型材料在生物医药领域已广泛使用[53],在细胞的低温保存方面也有相关研究,但利用纳米微粒来辅助细胞冻干方面的研究较少。通过纳米微粒来改变保护剂的性质,可以提高其对细胞的保存效果。李伽炜等通过一种新型的算法模型来模拟纳米微粒增强溶液导热系数的机理,该算法对 $Au-H_2O$ 纳米流体导热率变化趋势能够进行准确的预测,其结果与实验数据的偏差低于 1.5%。[54] Mjalli 等研究了不同温度、剪切速率和纳米微粒浓度对 Reline 的流变学特性的影响。[55]实验发现,在纳米微粒浓度较低时,微粒与溶液之间以静电力、范德华力和氢键相互作用,流体黏度增加;然而,高浓度纳米流体的黏度没有显著变化,因为粒子之间的作用将占据主导,与溶液分子之间的作用降低。Han 等研究了纳米微粒对多元醇溶液热物性的影响,同时研究了对冰晶形成的作用。[56]实验发现,纳米微粒能够有效地减小溶液的过冷度,降低复温过程中的反玻璃化温度。本节是将不同浓度的 nano-HAP 加入到冻干保护剂中,研究纳米微粒对溶液结晶、升华速率和塌陷温度方面的影响,为细胞的冷冻干燥提供一定的参考。

5.2.1 材料与方法

5.2.1.1 材料与试剂

材料与试剂见表 5-1。

表 5-1　材料与试剂

名称及缩写	生产厂家
聚乙烯吡咯烷酮（polyvinyl pyrrolidone，PVP）	国药集团化学试剂有限公司
丙三醇（甘油）	国药集团化学试剂有限公司
胎牛血清（fetal bovine serum，FBS）	上海博升生物科技有限公司
胰蛋白酶	上海励瑞生物科技有限公司
双抗（青霉素、链霉素）	上海靳弘生物科技有限公司
海藻糖（Trehalose）	国药集团化学试剂有限公司
Dulbecco's Modified Eagle Medium（DMEM）培养基	GIBCO 公司
羟基磷灰石纳米微粒（nano-HAP）	南京埃普瑞纳米材料有限公司

5.2.1.2　仪器与设备

安捷伦 34970A 数据采集器：美国是德科技公司。

冻干低温显微镜（FDM）：由 BCS196 生物冷冻台、T95 程序温度控制器、Linksys 32 温度控制软件、自动冷却系统（Linksys Scientific Instruments Limited，UK）、BX51TRF 显微镜（Olympus，Japan）以及真空泵组成。可控温度范围：$-196 \sim 125\ ℃$，压力：$1 \sim 100\,000$ Pa。

差示扫描量热仪为功率补偿型（DSC8500），以液氮来制冷，样品冲洗气体为高纯氮气和氦气（>99%），用两点法校准，常温段用纯水校准，低温段用环戊烷校准，流量为 20 mL/min 并保持稳定。

5.2.1.3　实验方法

1. nano-HAP 冻干保护剂的配制

选取冻干 HepG2 细胞的保护剂配方，15%FBS（v/v）+ 10%丙三醇（v/v）+ 40% PVP（w/v）+ 20%海藻糖（w/v），其余为 DMEM 培养液。称取一定质量的 nano-HAP 于配制好的保护剂中，搅拌均匀，最终使得保护剂中含纳米微粒的浓度为 0、0.01%、0.03%、0.05%、0.07%、0.1% 和 0.5%（w/v），见表 5-2。

表 5-2　低温保护剂分组

编号	基础保护剂	HAP 纳米微粒浓度（w/v）
1		0%
2		0.01%
3	15% FBS（v/v）+ 10%丙三醇（v/v）+ 40%PVP（w/v）+ 20%海藻糖（w/v）	0.03%
4		0.05%
5		0.07%
6		0.1%
7		0.5%

2. 降温曲线测量

将配制好的纳米冻干保护剂至于-80 ℃深低温冰箱中,通过安捷伦测温仪器每隔 1 min 检测各个样品的温度,当样品温度不变时则停止检测。

3. DSC 实验

采用环戊烷和双蒸馏水对 DSC 温度进行标定。称取 5 mg 左右样品于标准液体铝皿中,精度为 0.1 mg,用液体压片压制。样品以 10 ℃/min 的速率从 10 ℃降温至-80 ℃,等温 5 min;然后以 10 ℃/min 的速率升温至 10 ℃。

4. 冻干速率的测量

吸取 2 μL 的样品于冷冻台中,盖上直径为 12 mm 的圆形玻片。所有样品均以 10 ℃/min 的速率降温至-60 ℃,等温 5 min,然后抽真空至 1 Pa。选取样品边缘地带观察,采用系统自带的 CCD 摄像头采集图像并由计算机显示,每隔 30 s 拍摄一张照片。干燥区为高度多孔结构,当光线透过干燥区时比冻结区具有更大的散射,所以干燥区比冻结区暗,通过测量黑暗区的宽度来计算样品的升华速率,如图 5-1 所示。

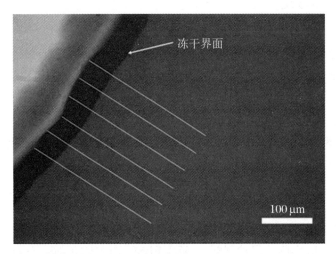

图 5-1　0% nano-HAP 冻干保护剂在-60 ℃、1 Pa 条件下冻干 1 h

5. 塌陷温度的测量

使样品在-60 ℃、1 Pa 的条件下冻干 1 h,然后以 0.5 ℃/min 的速率升温,当观察到升华界面处变亮,即开始塌陷。每隔 10 s 拍摄一张照片,记录下开始塌陷、微塌陷和完全塌陷的温度。

5.2.1.4　数据分析

采用 SPSS 16.0 软件中 ANOVA(analysis of variance)过程对数据进行方差分析、Duncan 法多重比较和双因素分析。

5.2.2　结果与讨论

5.2.2.1　nano-HAP 对溶液结晶的影响

将配制成的 nano-HAP 冻干保护剂置于-80 ℃的深低温冰箱中,通过安捷伦测温装置实时检测样品的中心温度。如 5-2 图所示,黑色实线为对照组(nano-HAP 浓度为 0%),其他颜色为添加 nano-HAP 组。随着保护剂中添加 nano-HAP 含量的增加,溶液的降温速率逐渐增加,在 $-5 \sim -45$ ℃ 之间降温速率差异明显,当低于 -60 ℃ 时各组温度趋于平稳,这与冰层厚度、样品摆放位置等因素相关。当温度下降到 -14 ℃ 左右时,各组样品的温度都有回升的趋势,表明溶液中有冰晶形成,并释放潜热。对照组开始回温时的温度低于其他各组,且开始回温时的温度到继续降温时的温度差比其他各组都大,表明对照组冰晶成核温度低于纳米保护剂组,并且具有更大的过冷度。从以上结果可以看出,nano-HAP 具有提高成核温度,降低过冷的作用。

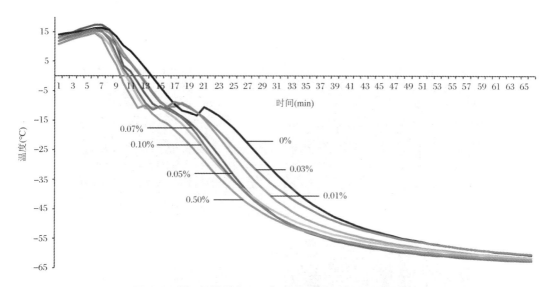

图 5-2 各组保护剂与 -80 ℃ 的冰箱中温度随时间的变化

DSC 结果显示,当以 10 ℃/min 的速率降温时,溶液的结晶温度(T_f)和结晶焓(ΔH)随着 nano-HAP 浓度的增加而上升,但对于熔融温度(T_m)基本没有影响,这与徐海峰等[57]所得出的结论一致,发现 nano-HAP 加入到 EG 溶液后,成核温度明显升高,nano-HAP 浓度越大,温度升高越显著。李方方等也进行了类似研究,发现纳米微粒能够有效减小多元醇的过冷度。[58] 从表 5-3 中 ΔH 的变化和图 5-3(参见彩图)可看出,纳米微粒的加入提高了溶液的结晶焓和成核温度,且浓度越大,提高越明显,表明纳米微粒具有促进冰晶生成的作用。无 nano-HAP 的冻干保护剂在冻结时容易形成多而细小的冰晶(图 5-3(a)),当加入 nano-HAP 后,冰晶的数量减少且生成的冰晶较大(图 5-3(b)),随着 nano-HAP 的浓度越高,冰晶的分支越加粗大(图 5-3(d))。当在相变点温度以下时,纳米微粒能够改变保护剂溶液的物理特性,如增加黏度,提高导热系数等,从而改变保护剂的冻结性质。此外,nano-HAP 的强亲水性会与水分子之间形成氢键,这些氢键的存在会影响冰晶形成所需的相变驱动力。[59] 0% 和 0.01% 的 nano-HAP 冻干保护剂的成核温度基本没有差异,因为较少的纳米微粒不会对溶液的组成成分产生巨大影响;随着 nano-HAP 浓度的增加,成核温度随之提高。

表 5-3 保护剂的结晶温度 T_f、熔融温度 T_m 和结晶焓 ΔH

浓度	T_f(℃)	T_m(℃)	ΔH(J/g)
0%	-40.7 ± 0.40^a	-15.5 ± 0.35^a	100.36 ± 1.04^a
0.01%	-40.3 ± 0.26^a	-15.2 ± 0.26^{ab}	120.00 ± 0.54^b
0.03%	-38.6 ± 0.44^b	-14.5 ± 0.30^c	121.83 ± 0.22^c
0.05%	-37.5 ± 0.20^c	-14.8 ± 0.46^{bc}	122.01 ± 0.94^c
0.07%	-36.8 ± 0.56^d	-14.7 ± 0.17^{bc}	122.86 ± 0.29^{cd}
0.1%	-36.1 ± 0.36^e	-14.6 ± 0.10^c	123.18 ± 0.47^d
0.5%	-34.4 ± 0.40^f	-14.9 ± 0.26^{bc}	123.28 ± 0.44^d

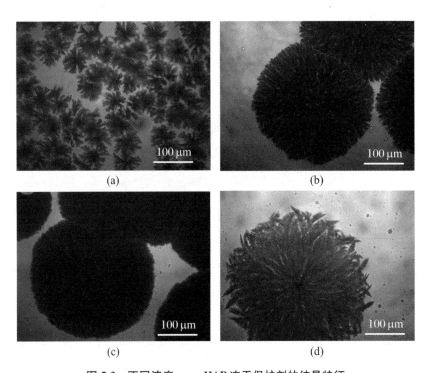

图 5-3 不同浓度 nano-HAP 冻干保护剂的结晶特征

(a) 为无 nano-HAP 的冻干保护剂;(b)、(c)、(d) 为分别含 0.01%、0.05%、0.1% nano-HAP 的冻干保护剂。

5.2.2.2 nano-HAP 对升华速率的影响

保护剂的冻干速率随着 nano-HAP 浓度的增加呈现先增大后减小的趋势,0.05% 纳米冻干保护剂的冻干速率最大,为 0.89 μm/min,如图 5-4 所示。升华干燥时,冰晶的大小和形状会极大影响升华速率。研究结果表明,若冷冻干燥时形成粗大的冰晶,传质阻力相较于细小冰晶要小,升华速率大。Ray 等在研究蔗糖溶液的升华动力学中发现,升华速率与冰晶形状具有很大关联,升华前进方向与冰晶生长方向平行时的升华速率大于垂直时的升华速率,随着升华界面的深入,平行时的传质阻力低于垂直的情况。[60]

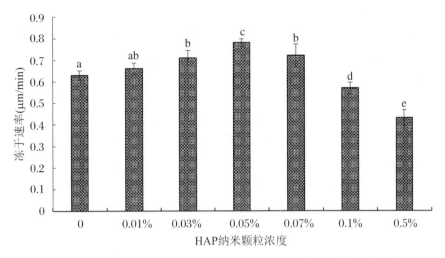

图 5-4　−60 ℃、1 Pa 下不同浓度 nano-HAP 冻干保护剂的冻干速率

降温时,当成核温度远低于结晶温度时就会造成较大的过冷度,溶液一旦开始结晶,就会释放大量潜热,温度急剧下降,形成许多细小的针状冰晶。[61]保护剂中的纳米微粒可以提高成核温度,减小过冷度,较慢的降温速率可形成少量粗大的冰晶。长期以来,水的蒸气压被认为是冻干系统中传质的主要驱动力,由于样品被玻片覆盖,升华后的蒸气只能从玻片的四周扩散。随着冰晶的逐渐升华,冻干区为高度密集的孔状结构,孔的数量、大小与冰晶的形状相对应,孔隙越大,对传质越有利(图 5-5),所以冻干速率随着 nano-HAP 浓度的增加而提高。当纳米微粒浓度大于 0.05% 时,微粒不能均匀分散而容易以团聚的形式存在,会对溶液的稳定性和分散性产生影响。随着冰晶的升华,团聚的微粒将遗留在形成的孔隙中,阻碍了传质的进程,减小了升华速率。

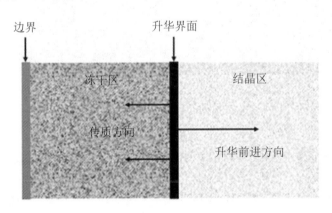

图 5-5　冻干过程中升华界面示意图

5.2.2.3　nano-HAP 对塌陷温度的影响

塌陷温度即为冻结样品失去原有结构时的温度,决定升华干燥中样品可设置的最高温度,是冷冻干燥过程中重要的指导参数,同时决定着样品的复水性质和储藏的稳定性。冻干时设定的升华温度直接影响冻干效率,对于发生玻璃化的样品来说,当样品发生塌陷时,在升华界面处的溶液会从玻璃态向橡胶态发生转变[62],溶液相的黏性减小导致界面处孔隙结

构的坍塌和破坏,且橡胶态的溶液会堵住水蒸气的逸出通道,不利于传质的进行。如何准确测量样品的塌陷温度是一大难题,目前常用 FDM 来测量冷冻干燥中样品的塌陷温度,由于保护剂具有较大的黏性,较快的升温速率会对塌陷温度的测量产生很大误差,升温速率在 0.5~1℃/min 之间时可以准确测量塌陷温度。

样品的塌陷温度可以分为微塌陷温度(T_{mc})和完全塌陷温度(T_c),前者是样品刚开始塌陷时的温度,后者则是样品结构完全塌陷时的温度。纳米微粒浓度为 0.03% 的冻干保护剂在 -46.5℃ 时结构完好,冻结区和干燥区的界面区分明显(图 5-6(a));当温度升到 -45.5℃ 时,升华界面处有细小且明亮的孔洞出现,温度越高,孔洞越明显,说明样品局部结构开始丧失(图 5-6(b));随着温度升高到 -43.4℃,升华界面处的孔洞越来越大且相互连结,边缘处的结构基本完全破坏,并且冻结区发生了重结晶而开始变暗(图 5-6(c));当温度达到 -42.2℃ 时,样品在升华界面处的结构完全丧失,冻结区和干燥区出现明亮的条带且不再相互连接,冻结区完全变暗(图 5-6(d))。

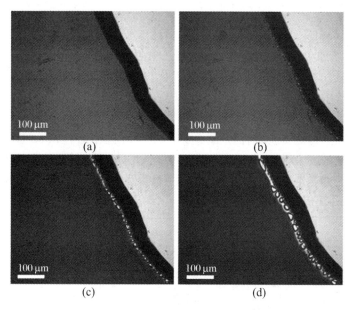

图 5-6 0.03% nano-HAP 冻干保护剂塌陷过程
(a) -46.5℃;(b) -45.5℃;(c) -43.4℃;(d) -42.2℃。

通过 FDM 对不同浓度的 nano-HAP 冻干保护剂的微塌温度(T_{mc})、完全塌陷温度(T_c)和重结晶温度($T_{g'}$)进行了比较。结果发现,每个样品的 T_{mc}、T_c、$T_{g'}$ 都随 nano-HAP 浓度的增加而升高,当浓度大于 0.07% 时,温度变化不显著。每个样品的 T_c 比 T_{mc} 高 3℃ 左右,而 $T_{g'}$ 在 T_{mc} 和 T_c 之间,比 T_c 低 1℃ 左右,如表 5-4 所示。nano-HAP 对塌陷温度的影响机理可能有以下两个方面:① 当物质一旦达到纳米级别后具有特殊的理化性质,其强大的表面能能够将周围的水分子吸附在周围而影响溶液性质,改变冻结样品的整体结构;② 羟基磷灰石的分子式为 $Ca_{10}(PO_4)_6(OH)_2$,其中的两个羟基极易与溶液中的水分子相互结合,体系中游离水的份额减少,溶液性质发生变化。冷冻干燥过程中,虽然在微塌温度(T_{mc})时对样品结构破坏不是很大,但若以塌陷温度(T_c)为临界温度来冻干,则冻结样品会发生重结晶而改变冰晶大小和形态,从而对所冻干的样品产生二次伤害,这不利于生物材料的冻干保存,因此以塌陷温度(T_c)作为冻干时的临界温度不太合理,而应选择微塌温度(T_{mc})作为样品的临界温度。

表 5-4 nano-HAP 冻干保护剂的微塌陷温度(T_{mc})、塌陷温度(T_c)和重结晶温度($T_{g'}$)

浓度	T_{mc}(℃)	T_c(℃)	$T_{g'}$(℃)
0%	-51.4 ± 0.26^a	-48.5 ± 0.40^a	-49.6 ± 0.26^a
0.01%	-47.1 ± 0.17^b	-44.3 ± 0.17^b	-45.8 ± 0.44^b
0.03%	-45.5 ± 0.30^c	-42.2 ± 0.35^c	-43.4 ± 0.26^c
0.05%	-44.2 ± 0.36^d	-42.5 ± 0.36^c	-43.3 ± 0.15^c
0.07%	-43.5 ± 0.17^{ef}	-40.7 ± 0.17^d	-41.9 ± 0.36^d
0.1%	-43.7 ± 0.35^{de}	-40.3 ± 0.26^{de}	-41.5 ± 0.26^{de}
0.5%	-43.1 ± 0.35^f	-40.1 ± 0.38^e	-41.2 ± 0.30^e

本 节 小 结

在冻干保护剂中添加适当浓度的 nano-HAP 有助于提高溶液冷冻干燥的效率,主要表现为以下几个方面:

(1) 在降温阶段,nano-HAP 能够辅助成核,提高溶液的成核温度,纳米微粒浓度越大,成核温度越高。

(2) 冻干速率与冰晶的形态和大小具有很大关联,nano-HAP 能够降低溶液的过冷度,促进冰晶的生长,粗大的冰晶能够形成大的孔洞而提高冻干速率,当纳米微粒浓度高于 0.05% 时,不利于冻干的进程。

(3) nano-HAP 能够提高冻干时样品的塌陷温度(T_c),若样品局部发生塌陷则会降低冻干效率,所以应以微塌陷温度(T_{mc})作为一次干燥时的临界温度。

5.3 羟基磷灰石纳米微粒对 HepG2 细胞冷冻干燥效果的影响

当纳米微粒添加到溶液中时,其强大的表面能会使纳米微粒以团聚的形式存在,从而很大程度上影响溶液的稳定性及分散性,间接地影响溶液的黏度[63]和导热效果。如今,细胞低温保存所面临的主要困难则是如何抑制或减少冰晶的形成,尤其是胞内冰的发生。细胞的低温保存主要是应用两步法,先以较慢的降温速率待样品到达某一温度,然后再将其直接投入液氮中进行长期保存。根据两因素假说,前者的目的是降低胞内冰的形成概率,后者是在溶液浓度逐渐提高的基础上快速实现部分玻璃化,而纳米微粒的加入可以提高细胞两步法的保存效果。同时,复温过程中纳米微粒也能够起到积极作用。Li 等研究了 nano-HAP 对猪卵母细胞低温保存效果的影响,发现 nano-HAP 不仅可以降低降温阶段冰晶对细胞的物理损伤,而且可以减少复温时的重结晶量,减小细胞的二次伤害程度。[64]

冻干过程比低温保存更加复杂,需要经历冷冻、升华干燥和复水三个过程,其中每个过程都会对细胞的存活率造成影响。"玻璃态"假说[65]和"水替代"假说[66]的作用基础是溶液实现部分或完全玻璃化,而纳米微粒能够促进玻璃化的形成,从而提高冻干后细胞的存活率。另外,界面层效应可以显著增强纳米流体的有效热导率[67],缩短了溶液的相变时间,减轻了冷冻和干燥过程对细胞的伤害。本节尝试将 nano-HAP 添加到冻干保护剂中,研究在静置、冷冻、干燥和复水各个阶段纳米冻干保护剂对 HepG2 细胞回收率、存活率和 24 h 贴壁率的影响。

5.3.1 材料和方法

5.3.1.1 试剂与仪器

相关试剂与仪器如表 5-5 和表 5-6 所示。

表 5-5 相关试剂

名称及缩写	生产厂家
人肝癌细胞 HepG2	中科院上海生命科学研究院
聚乙烯吡咯烷酮(polyvinyl pyrrolidone,PVP)	国药集团化学试剂有限公司
丙三醇(甘油)	国药集团化学试剂有限公司
胎牛血清(fetal bovine serum,FBS)	上海博升生物科技有限公司
胰蛋白酶	上海励瑞生物科技有限公司
双抗(青霉素、链霉素)	上海靳弘生物科技有限公司
等渗磷酸盐缓冲溶液(PBS)	上海励瑞生物科技有限公司
海藻糖(Trehalose)	国药集团化学试剂有限公司
Dulbecco's Modified Eagle Medium(DMEM)培养基	GIBCO 公司
羟基磷灰石纳米微粒(nano-HAP)	南京埃普瑞纳米材料有限公司
台盼蓝染色液(2X)	碧云天生物技术有限公司
CCK-8 试剂盒	东仁化学科技有限公司
RNAiso Plus	南京诺唯赞生物科技有限公司

表 5-6 相关仪器

仪器名称	型号	公司
超低温冰箱	DW-86L828	青岛海尔
CO_2 细胞培养箱	MCO 18AC	日本松下
低速台式离心机	TDL-80-2B	上海安亭
程序降温盒	5100-0001	赛默飞世尔
真空冷冻干燥机	Advantage2.0 Benchtop	美国 SP Industries 公司
光学显微镜	—	日本 Nikon

5.3.1.2 HepG2 细胞的收集

取 7 个长满细胞的培养瓶，用移液枪吸掉培养瓶中的培养基（10% FBS + 0.5%双抗 + 89.5% DMEM）。加入 2 mL 的 D-Hank's 清洗液清洗 2 遍，再在培养瓶中加入 1 mL 的胰蛋白酶，放入培养箱消化 2 min。放在显微镜下观察，当细胞呈现光亮的圆粒状且在溶液中漂浮时，加入 2 mL 的培养基终止消化，用移液枪吹打培养瓶上的细胞。将所有的细胞液转移到离心管中离心（转速为 1000 r/min，离心 4 min），倒掉上清液，收集细胞备用。

5.3.1.3 nano-HAP 冻干保护剂的配制

通过前期对 HepG2 细胞冻干实验的探索，选用胎牛血清（FBS）、聚乙烯吡咯烷酮（PVP）、海藻糖和丙三醇作为冻干保护剂的主要成分，其中保护剂中含 15% FBS(v/v)，10%丙三醇(v/v)，40% PVP(w/v)，20%海藻糖(w/v)，其余为 DMEM 培养液。称取一定质量的 nano-HAP 于配制好的保护剂中，搅拌均匀，最终使得保护剂中含 nano-HAP 的浓度为 0、0.01%、0.03%、0.05%、0.07%、0.1%和 0.5%(w/v)。

5.3.1.4 细胞冻干悬液的配制

在收集的细胞中加入一定量的 DMEM 培养基，吹打 1 min，使细胞在培养基中均匀分散。每组按照 1∶4 的比例，吸取 0.2 mL 细胞悬液于 0.8 mL 的 nano-HAP 冻干保护剂中，混合均匀，转移到 5 mL 的西林瓶中准备冻干。

5.3.1.5 nano-HAP 对细胞的毒性实验

nano-HAP 冻干保护剂对细胞的渗透损伤，考虑到样品处理结束到最终放置冻干机中的时间，将不同浓度的 nano-HAP 冻干保护剂与细胞液均匀混合后静置 1 h。然后去除保护剂，检测细胞的回收率及贴壁率。

5.3.1.6 HepG2 细胞的冷冻实验

降温阶段 nano-HAP 会对冰晶形成产生影响，将不同浓度的 nano-HAP 冻干保护剂与细胞的混合液置于 -80 ℃的冰箱中 4 h，然后取出，再在 37 ℃的水浴锅中快速复温，测其回收率、存活率和 24 h 贴壁率。

5.3.1.7 HepG2 细胞的冻干流程

样品冻结时，隔板温度设置为 -70 ℃，停留 4 h；一次干燥温度设置为 -45 ℃，持续24 h，压力为 5 Pa；二次干燥温度设置为 20 ℃，持续时间 10 h，压力为 5 Pa。

5.3.1.8 nano-HAP 复水液复水冻干细胞

细胞与无 nano-HAP 的冻干保护剂混合均匀后分成相同的 7 组于冻干机中冻干，将 2 mL 含不同浓度 nano-HAP 的 PBS 加入到冻干的样品中，在 37 ℃的水浴下轻轻摇晃，直到样品完全溶解。

5.3.1.9　检测方法

1．冻干细胞回收率的检测

冻干细胞复水后使用血球计数板计算细胞数,冻干细胞回收率,按下式计算:

$$回收率 = \frac{复水后细胞数}{冻干前细胞悬浮液细胞数} \times 100\% \tag{5-1}$$

2．冻干细胞存活率的检测

细胞液与台盼蓝 1∶1 混合均匀,滴在血球计数板上,在显微镜上分别计数活细胞和死细胞(活细胞无色透明,死细胞会被染成蓝色)。细胞的存活率,按下式计算:

$$存活率 = \frac{活细胞总数}{活细胞总数 + 死细胞总数} \times 100\% \tag{5-2}$$

3．贴壁率的检测

复水后的细胞按照上诉方法离心收集,加入 4 mL 的 DMEM 培养基混合均匀,然后放于培养箱中继续培养。24 h 后,收集上清液和 D-Hank's 清洗液于离心管中,并对液体中的细胞计数,为未贴壁细胞。然后将培养皿上的细胞消化下来并对其计数,为贴壁细胞。细胞的贴壁率,按下式计算:

$$贴壁率 = \frac{贴壁细胞数}{贴壁细胞数 + 未贴壁细胞数} \times 100\% \tag{5-3}$$

5.3.1.10　数据分析

采用 SPSS 18.0 软件中 ANOVA(Analysis of Variance)过程对数据进行单因素方差分析,$P<0.05$ 表示差异显著。

5.3.2　结果与讨论

5.3.2.1　培养过程中 nano-HAP 对细胞 24 h 贴壁率的影响

细胞传代培养时,在培养基中加入不同浓度的 nano-HAP,24 h 后观察细胞贴壁情况。当浓度低于 0.05% 时,nano-HAP 对细胞贴壁的影响较小,无显著变化。随着 nano-HAP 浓度的逐渐升高,细胞的贴壁率显著下降,其结果如图 5-7 所示。nano-HAP 的强表面能会吸附培养基中的营养物质,溶液成分、pH 等发生改变,使得培养基不利于细胞的生长。同时,nano-HAP 会进入细胞内部与细胞器、染色体等相结合,影响细胞的发育。[68]而且大量的 nano-HAP 会嵌入细胞膜内,从而改变膜的结构和生理功能[69],导致膜功能的丧失。

5.3.2.2　保护剂对细胞回收率、存活率和 24 h 贴壁率的影响

细胞与 nano-HAP 冻干保护剂混合 1 h 后,细胞的回收率(81.3%)和存活率(85.63%)都有所降低。将回收后的细胞继续培养 24 h,发现细胞的贴壁率(71.06%)显著下降,正如图 5-8 显示。nano-HAP 冻干保护剂中含有多种物质,具有较高的溶度和渗透压。当保护剂与细胞液混合后,由于高浓度保护剂渗透压较大,使得细胞严重脱水,造成细胞膜的损伤和细胞内某些蛋白质的变性,最终导致细胞的死亡。[70]当冻干保护剂中 nano-HAP 的浓度低于 0.05% 时,各组之间的回收率和 24 h 贴壁率没有显著差异。随着 nano-HAP 浓度的增

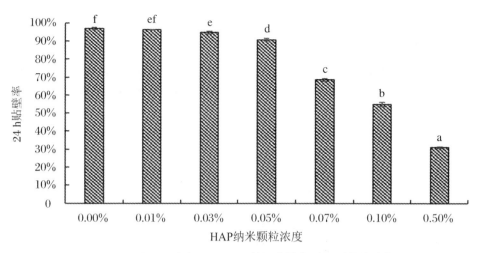

图 5-7 含不同浓度 nano-HAP 的细胞培养 24 h 后其贴壁率

加,细胞的回收率、存活率和 24 h 贴壁率都显著下降,其中可能的原因:① nano-HAP 会阻碍细胞的正常生长。nano-HAP 浓度越高,细胞表面吸附的 nano-HAP 也越多,这可能改变或破环细胞膜原有的结构,使细胞不能进行正常的生理代谢。② nano-HAP 具有一定的毒性。纳米微粒都有较强的表面活性,当 nano-HAP 黏附在细胞膜表面时,可能发生强的氧化作用,改变组成细胞膜的脂质分子[37]和蛋白质[36],使膜失去原有正常功能。

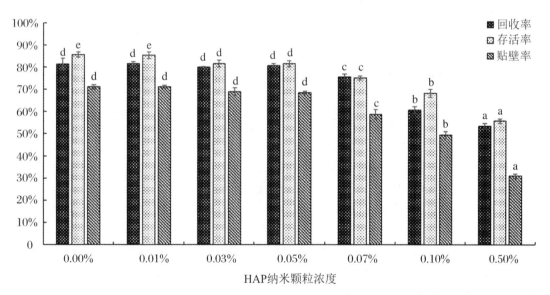

图 5-8 细胞在含有不同浓度 nano-HAP 保护剂中 1 h 后其回收率、存活率和 24 h 贴壁率

5.3.2.3 nano-HAP 对细胞冷冻后回收率、存活率和 24 h 贴壁率的影响

由图 5-9 可知,随着保护剂中 nano-HAP 浓度的增加,细胞的回收率和存活率都有所提高。当 nano-HAP 浓度为 0.05% 时,细胞的回收率(70.13%)和存活率(72.37%)达到最大值,与其他组之间都有显著性差异。然而,当 nano-HAP 浓度继续增加时,回收率和存活率逐渐下降。降温过程中,保护剂中的 nano-HAP 可以辅助成核,减小过冷度,避免胞内冰的

形成,减小冰晶对细胞的物理损伤。[71]冻干保护剂中的海藻糖、甘油、PVP等物质能够增加其黏度,在降温阶段实现部分玻璃化。但是,冰晶的形成不可避免,冰晶损伤仍然是造成细胞死亡的主要原因。[72]

低浓度的nano-HAP对溶液辅助成核的效果不明显,对细胞存活率的影响也不显著。nano-HAP浓度较高时,因其具有较强的表面能,在溶液中难分散且容易以团聚的形式存在[73],在降温过程中虽然能够避免胞内冰的形成,但会形成较大的胞外冰而使溶液离子浓度升高,对细胞造成渗透损伤。另外,nano-HAP本身对细胞就有很大的毒性,在细胞冷冻之前,保护剂中大量的nano-HAP已经对细胞活性产生了损伤,从而导致存活率的下降。

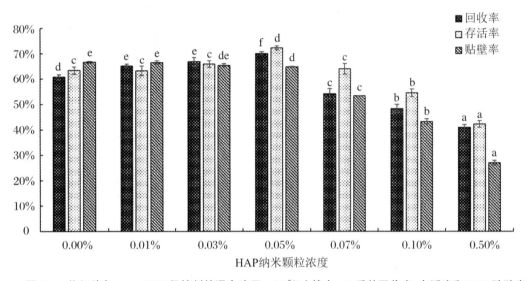

图5-9 将细胞与nano-HAP保护剂的混合液于-80 ℃冰箱中4 h后其回收率、存活率和24 h贴壁率

5.3.2.4 nano-HAP对细胞冻干后回收率、存活率和24 h贴壁率的影响

水分子起到保护活性物质的作用,大量水分子的去除使得细胞原有体系发生重大变化,如蛋白质空间结构的改变,会造成大分子物质的变性而使细胞死亡。[74]与图5-9的结果相比,冻干后细胞的回收率、存活率和24 h贴壁率显著下降。

冻干后细胞的回收率和存活率随着保护剂中nano-HAP浓度的增加而提高,当nano-HAP浓度为0.05%时,回收率(37.39%)和存活率(62.02%)都是所有组中最高的,与其他各组之间有显著性差异。随着nano-HAP浓度的增加,回收率和存活率都逐渐下降,正如图5-10所示。其保护细胞的机理为以下三点:① nano-HAP的强表面能将周围的水分子吸附在周围而使游离水的份额减少,溶液浓度增加,提高了溶液实现玻璃化的趋势[75];② nano-HAP与水分子之间有较强的氢键作用[76],使水成为物质中的一部分,减少了溶液中自由水的份额,这时细胞完全被一层保护剂溶液包围在其中,这有利于在干燥时维持细胞膜结构的完整性,充分达到保护细胞的效果。③ 在升华干燥中,nano-HAP能够替代去除的水分而维持细胞原有结构,稳定细胞内活性物质和细胞膜的正常功能,避免细胞因脱水而死亡。冻干后细胞的24 h贴壁率都较低,可能是在冻干过程中虽然没有对细胞造成直接的损伤而导致细胞死亡,但是随着细胞中结合水的去除,物质结构的改变会引起细胞原有性质的不同和一些功能的丧失,导致细胞无法正常生长而死亡。

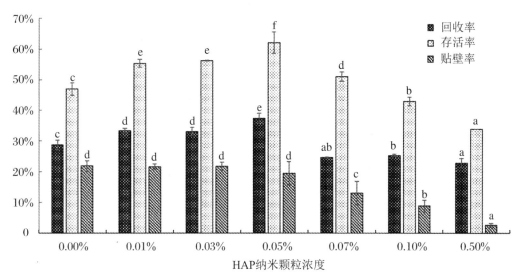

图 5-10　含不同浓度 nano-HAP 的保护剂与细胞混合冻干后其回收率、存活率和 24 h 贴壁率

5.3.2.5　复水过程中 nano-HAP 对细胞的影响

当固体物质溶于液体时会放出热量，所以在复水过程中，当冻干细胞溶于复水液时会产生强烈的复水热，导致细胞的解体死亡。

如果要检测冻干细胞的活性，必须将细胞进行复水，为了研究 nano-HAP 在复水过程中是否会对细胞的活性产生影响，使用不同浓度的 nano-HAP 复水液（0、0.01%、0.03%、0.05%、0.07%、0.1% 和 0.5%）复水冻干后的细胞（冻干细胞为同一批次，且细胞冻干时保护剂中均无 nano-HAP），浓度低于 0.05% 时各组之间的回收率和存活率都没有显著性差异，这说明 nano-HAP 的加入不能在复水环节提高细胞存活率，其真正起到作用是在冷冻和干燥阶段。当浓度高于 0.05% 时回收率和存活率都有所下降，其结果如图 5-11 所示。nano-HAP 提高了溶液的导热系数，使得溶液中物质之间的传热加快，产生的复水热使得细

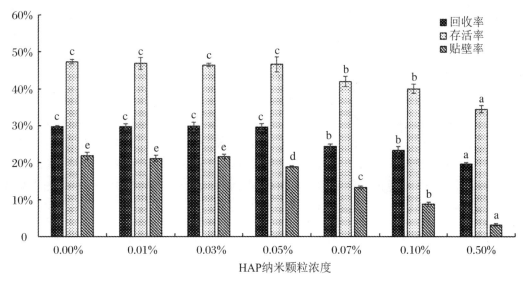

图 5-11　含不同浓度 nano-HAP 的复水液复水冻干细胞后其回收率、存活率和 24 h 贴壁率

胞膜受到更严重的损伤。结果表明，添加过多的 nano-HAP 不仅对细胞本身造成直接的损伤，也会间接地改变溶液或其他物质的性质而伤害细胞。

本 节 小 结

适当浓度的 nano-HAP 对细胞的冻干具有积极作用，可以显著提高细胞的存活率，具体结论如下：

（1）当 nano-HAP 浓度为 0.05% 时保护效果最好，复水后细胞的回收率为 37.39%，存活率为 62.02%，与各组之间具有显著差异。当保护剂中 nano-HAP 浓度高于 0.05% 时，nano-HAP 对细胞具有很强的毒性，使得回收率和存活率显著下降。

（2）适当浓度的 nano-HAP 对 HepG2 细胞的冷冻干燥的确起到了一定的作用，其机理为在细胞的冷冻阶段能够降低过冷，辅助成核，减小冰晶对细胞的损伤；在干燥阶段有助于维持细胞结构，避免脱水而导致细胞膜的破坏，而对于复水过程不起作用。以上研究对 nano-HAP 应用于生物材料的冻干保存提供了一些新的思路和方法，但更深层次的机理还需进一步的探索。

5.4 羟基磷灰石纳米微粒对 HepG2 细胞冷冻干燥后活性和凋亡的影响

HAP 因其很好的组织相容性[77]，在临床中常用于骨缺失的补充材料[78]，同时也广泛用作药物载体。[79] 然而，nano-HAP 会对细胞会产生一些不利因素，当 nano-HAP 吸附在细胞膜表面时，微粒会导致膜结构和性质发生变化，比如会导致膜上磷脂分子的重组或氧化，这些变化可能是可逆的，也可能是不可逆的。甚至有些 nano-HAP 会进入细胞内部，对细胞器直接造成破环。冷冻干燥时细胞受到低温效应、结晶效应、脱水效应的影响，这些效应都会促进细胞死亡。无论是 nano-HAP 的影响，还是结晶、脱水的影响，这些不仅会对细胞的存活率产生直接作用，而且会刺激细胞中的 DNA 或 RNA，导致遗传信息的改变，最后促进细胞的凋亡。

细胞凋亡即细胞慢性死亡的过程，是在基因控制的主动死亡。[80] 凋亡是细胞保存中的一个重要变化特征，只有消除基因在保存过程中的变化，才能确保细胞拥有原有的生理活性。Blc-2、Fas、Caspase-8 是研究细胞凋亡的重要基因[81]，通过这三种基因的相对表达量，可以更深层次地研究 nano-HAP 对细胞的影响。本文利用 CCK-8、荧光显微镜、流式细胞仪等仪器来检测冻干细胞的增值率和凋亡情况，然后通过 RT-PCR 来检测相关凋亡基因的表达，研究 nano-HAP 对冻干细胞遗传信息的影响。

5.4.1 材料与方法

5.4.1.1 试剂及相关溶液配制

相关试剂购买如表 5-7 所示。

表 5-7 相关试剂

名称及缩写	生产厂家
人肝癌细胞 HepG2	中科院上海生命科学研究院
聚乙烯吡咯烷酮(polyvinyl pyrrolidone,PVP)	国药集团化学试剂有限公司
丙三醇(又称甘油)	国药集团化学试剂有限公司
胎牛血清(fetal bovine serum,FBS)	上海博升生物科技有限公司
胰蛋白酶	上海励瑞生物科技有限公司
双抗(青霉素、链霉素)	上海靳弘生物科技有限公司
海藻糖(Trehalose)	国药集团化学试剂有限公司
等渗磷酸盐缓冲溶液(PBS)	上海励瑞生物科技有限公司
羟基磷灰石纳米微粒(nano-HAP)	南京埃普瑞纳米材料有限公司
细胞凋亡检测试剂盒	BD Biosciences
CCK-8 试剂盒	东仁化学科技有限公司
RNAiso Plus	南京诺唯赞生物科技有限公司
反转录试剂盒	南京诺唯赞生物科技有限公司
实时荧光定量 PCR 试剂盒	南京诺唯赞生物科技有限公司
AO/PI 双染试剂盒	上海励瑞生物科技有限公司

5.4.1.2 仪器与设备

相关仪器设备如表 5-8 所示。

表 5-8 相关仪器

仪器名称	型号	公司
超低温冰箱	DW-86L828	青岛海尔
CO_2 细胞培养箱	MCO 18AC	日本松下
低速台式离心机	TDL-80-2B	上海安亭
低温离心机	5414 R	德国艾本德
程序降温盒	5100-0001	赛默飞世尔
酶标仪	Asys UVM340	美国伯腾仪器有限公司
流式细胞仪	FACS CaliburTM	BD 美国

仪器名称	型号	公司
实时荧光定量 PCR 仪	QuantStudio 3	美国 Thermo
真空冷冻干燥机	Advantage 2.0 Benchtop	美国 SP Industries 公司
荧光显微镜	C-SHG1	日本 Nikon
光学显微镜	—	日本 Nikon

5.4.1.3 细胞的冻干和复水

将细胞与保护剂以 1∶4 的比例加入到西林瓶中,冻干机的隔板温度为 $-70\ ℃$,停留 4 h;一次干燥温度为 $-45\ ℃$,持续 24 h,压力为 5 Pa;二次干燥温度为 20 ℃,持续 10 h,压力为 5 Pa。

冻干的样品中加入 2 mL 的等渗磷酸盐缓冲溶液(PBS),在 37 ℃ 的水浴锅内轻轻晃动,直至冻干样品全部溶解。离心去除保护剂,并用 PBS 清洗 2 遍,收集细胞用于检测。

5.4.1.4 回收率与增殖率的检测

1. 细胞的回收率

采用 CCK-8 法对样品的回收率和增殖率进行检测,按照 CCK-8 试剂盒的操作要求,用酶标仪在 450 nm 处测定复苏培养 0 h 和 48 h 细胞悬液的吸光度。细胞 0 h 回收率和 48 h 回收率,计算如下:

$$0\ h\ 回收率 = \frac{复苏培养\ 0\ h\ 的\ OD\ 值 - 空白对照组\ OD\ 值}{新鲜对照组\ OD\ 值 - 空白对照组\ OD\ 值} \times 100\% \quad (5-4)$$

$$48\ h\ 回收率 = \frac{复苏培养\ 48\ h\ 的\ OD\ 值 - 空白对照组\ OD\ 值}{新鲜对照组\ OD\ 值 - 空白对照组\ OD\ 值} \times 100\% \quad (5-5)$$

2. 细胞的增殖倍数

48 h 增殖率反映的是细胞冻干复水后,经过 48 h 培养,细胞增殖能力的大小。计算公式如下:

$$48\ h\ 增殖倍数 = \frac{复苏培养\ 48\ h\ 的\ OD\ 值 - 空白对照组\ OD\ 值}{复苏培养\ 0\ h\ 的\ OD\ 值 - 空白对照组\ OD\ 值} \times 100\% \quad (5-6)$$

5.4.1.5 荧光显微镜检测

按照 AO/PI 双染试剂盒的操作说明,在细胞液中加入 AO 和 PI 两种荧光染料,避光孵育 15 min,在荧光显微镜的蓝光(488 nm)下进行观察。

5.4.1.6 流式细胞术

收集各组细胞,用 $1 \times$ Binding Buffer 缓冲液制成 1×10^6 个/mL 的细胞悬液。然后按照 Annexin V-FITC 细胞凋亡试剂盒的说明进行染色,上流式细胞仪检测。

5.4.1.7 实时定量荧光 PCR(RT-PCR)

应用 RNAiso Plus 提取各实验组的 RNA,然后参照反转录试剂盒的说明书去除其中混有的 DNA,以去除 DNA 的 RNA 为模板进行反转录,制备 cDNA。

选取 Blc-2、Fas、Caspase-8 作为研究对象(表 5-7),引物长度 0～20 bp,扩增产物在 100～200 bp,所有引物均由生工生物工程(上海)有限公司合成。

以 Actin 为内参基因,按照 qPCR 试剂盒的说明制备 2 μL 的反应液,振荡均匀后放入 qPCR 仪中检测。设置程序为:预变性阶段,95 ℃下作用 30 s;循环反应阶段,95 ℃下作用 10 s,60 ℃下作用 30 s,重复 40 个循环;溶解曲线阶段,95 ℃下作用 15 s,然后 60 ℃下作用 60 s,最后 95 ℃下作用 15 s 终止反应。所有数据用 $2^{-\Delta\Delta Ct}$ 法进行分析,其中新鲜细胞组结果为 1,所有结果均重复 3 次。

表 5-7　凋亡相关基因引物序列

相关基因	序　　列(5′—3′)
Blc-2	Forward:CGGTTCAGGTACTCAGTCATCC Reverse:GGTGGGGTCATGTGTGTGG
Fas	Forward:TCTGGTTCTTACGTCTGTTGC Reverse:CTGTGCAGTCCCTAGCTTTCC
Caspase-8	Forward:TTTCTGCCTACAGGGTCATGC Reverse:GCTGCTTCTCTCTTTGCTGAA
Actin(内参基因)	Forward:TCAGCAAGCAGGAGTATG Reverse:GTCAAGAAAGGGTGTAACG

5.4.2　结果与讨论

5.4.2.1　回收率与增殖率

通过研究冷冻干燥后细胞的回收率和增殖情况,来更好地评价 nano-HAP 对冷冻干燥 HepG2 细胞的活性和增殖的影响。如图 5-12 所示,冻干复水后的细胞培养 0 h 和 24 h 后,细胞回收率随 nano-HAP 浓度的变大先增加后减小,当 nano-HAP 的浓度为 0.05% 时,培养 0 h 和 24 h 后细胞的回收率达最大值,分别为 41.56% 和 55.59%,且与其他组之间都有显著性差异($P<0.05$)。nano-HAP 浓度低于 0.05% 时,细胞的回收率都有所增加,0.03% 与其他两组(0、0.01%)都有显著性差异($P<0.05$),但 0% 和 0.01% 之间没有显著性差异($P>0.05$)。nano-HAP 浓度大于 0.05% 时,回收率下降明显,且各组之间均有显著性差异($P<0.05$)。

细胞的增殖率能够反应冻干后细胞继续生长的能力,从而体现细胞的活性。由图 5-13 可知,nano-HAP 浓度为 0.05% 时,细胞的增殖倍数最大,培养 48 h 后的增殖率是 0 h 的 1.35 倍。当浓度低于 0.05% 时,各组之间的增殖倍数没有显著性差异($P>0.05$)。当浓度大于 0.05% 时,增殖倍数降低明显,与其他各组之间均有显著差异($P<0.05$)。

由以上结果可知,适当浓度的 nano-HAP 对细胞的冻干有积极作用,当浓度为 0.05% 时效果最佳,可以显著提高细胞的回收率和增殖倍数。由于 nano-HAP 辅助成核、降低过冷的作用,在冷冻阶段能够使细胞避免形成胞内冰,减小冰晶对细胞的损伤。另外,nano-HAP 的强表面能增强了溶液的导热系数、黏度等,有助于溶液在降温过程形成部分玻璃化,减小

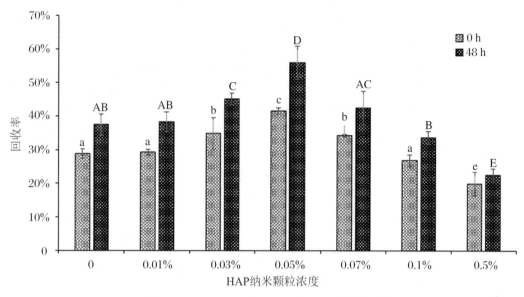

图 5-12 nano-HAP 对 HepG2 细胞回收率的影响

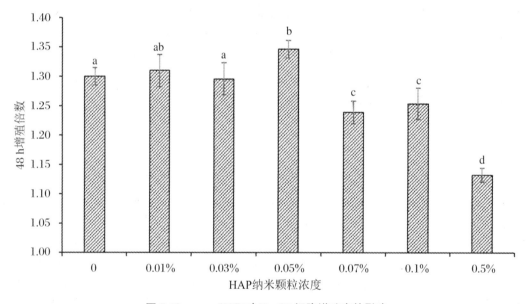

图 5-13 nano-HAP 对 HepG2 细胞增殖率的影响

胞外冰对细胞的损伤。在干燥阶段,nano-HAP 能够与细胞之间以氢键结合,维持细胞原有的空间结构,防止细胞因为脱水而发生变性,从而丧失原有的生理活性。当 nano-HAP 微粒浓度较高时,其强大的表面能能够吸附在细胞膜表面[82],阻碍细胞正常的生理活动和破坏细胞膜结构。部分 nano-HAP 会进入细胞内部[83],直接破坏细胞器,造成代谢功能的紊乱。

5.4.2.2 HepG2 细胞的光学显微镜观察

将新鲜细胞与冻干细胞分别在显微镜下进行观察发现,正常细胞的周围有一层明亮的白色光环,为细胞膜,光环内部为细胞内容物,如图 5-14(a)所示(参见彩图)。与新鲜对照组相比,冻干组中的细胞形态比较完整,但大多数细胞周围的光环变暗甚至消失,表明细胞膜已遭到破坏或完全消失,如图 5-14(b~h)所示。根据图中有光环的细胞数来看,nano-HAP 浓度为 0.05%时,图中膜完整细胞数在所有冻干组中比例是最高的。随着 nano-HAP 浓度增加,膜完整的细胞比例逐渐下降,表明活细胞数越来越少,这与上述细胞的回收率的检测结果相一致。

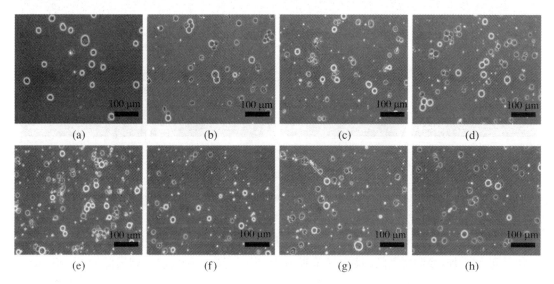

图 5-14　冻干细胞与新鲜细胞在光学显微镜下形态

(a) 为新鲜细胞对照组;(b)~(h) 为冻干组,nano-HAP 浓度分别为 0%、0.01%、0.03%、0.05%、0.07%、0.1%和 0.5%。

5.4.2.3　HepG2 细胞的凋亡检测

将冻干细胞用 AO/PI 双染后,通过荧光显微镜对冻干细胞进行检测,能够直观地表现细胞的凋亡情况。如图 5-15 所示(参见彩图),正常细胞被染成黄绿色荧光,而坏死细胞会使黄绿色减弱或消失;当细胞开始凋亡会呈现弱红色,凋亡越严重,红色越强。与正常新鲜细胞(图 5-15(a))相比,冻干细胞组(图 5-15(b)~(h))中的红色荧光明显增多,表明多数细胞已进入凋亡早期或坏死;部分黄绿色荧光减弱而呈现微红光或橙光,表明细胞进入凋亡早期。由图 5-15(b)~(e)可看出,随着 nano-HAP 浓度的增加,照片中的红色荧光逐渐减少,且黄绿色荧光更加清晰明显,其中 nano-HAP 浓度为 0.05%时(图 5-15(e)),凋亡细胞最少。nano-HAP 浓度大于 0.05%时(图 5-15(f)~(h)),正常细胞数量显著减小,且多数细胞呈现红色或深红色荧光,表明大多数细胞已进入凋亡晚期或坏死。

通过流式细胞仪检测冻干细胞各个时期的凋亡情况,能够更好地研究 nano-HAP 的作用机制,细胞凋亡率的结果如图 5-16 所示,各个时期细胞占比如图 5-17 所示。与新鲜对照组的正常细胞比率(92.22%)相比,其他经过冻干后正常细胞的比率显著降低($P<0.05$);与没有添加 HAP nano-HAP 组相比,添加少量的 nano-HAP 能够提高正常细胞的比率,当 nano-HAP 浓度为 0.05%时,正常细胞在冻干组中比率最大,为 67.11%;随着 nano-HAP 浓度的继续增加,正常细胞的比率急剧降低,各组之间均有显著性差异($P<0.05$)。新鲜对照组与冻干组中早期凋亡的细胞比率都普遍较低,且各组之间均都没有显著性差异($P<$

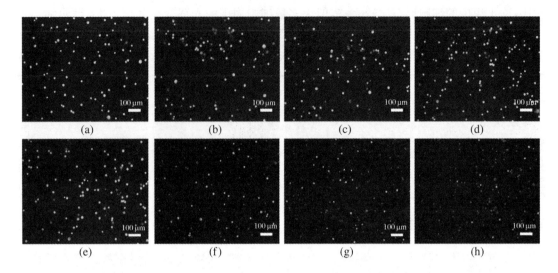

图 5-15 荧光显微镜检测冻干前后细胞凋亡结果

(a) 为新鲜细胞对照组；(b)～(h) 为冻干组，nano-HAP 浓度为 0%、0.01%、0.03%、0.05%、0.07%、0.1% 和 0.5%。

0.05)；冻干组晚期凋亡的细胞比率与新鲜对照组相比都显著增加($P<0.05$)；随着 nano-HAP 浓度的增加，晚期凋亡的细胞比率有所减少，当浓度为 0.05% 时达到最低值，为 29.00%；当浓度大于 0.05%，晚期凋亡细胞的比率又明显增加，浓度越大，增加越明显；nano-HAP 浓度为 0.05%、0.07%、0.1%、0.5% 各组的坏死细胞或碎片的比率与新鲜对照组之间没有显著性差异($P>0.05$)，但与浓度为 0%、0.01%、0.03% 各组之间均有显著性差异($P<0.05$)。

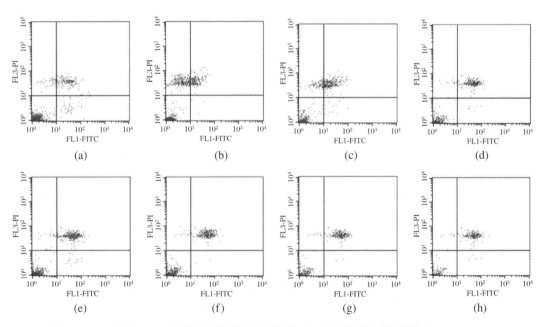

图 5-16 流式细胞仪检测冻干前后 HepG2 细胞凋亡情况结果

(a) 为新鲜细胞对照组；(b)～(h) 为冻干组，nano-HAP 浓度为 0%、0.01%、0.03%、0.05%、0.07%、0.1% 和 0.5%。左上象限代表坏死细胞或碎片，左下象限代表正常细胞，右上象限代表晚期凋亡细胞，右下代表早期凋亡细胞。

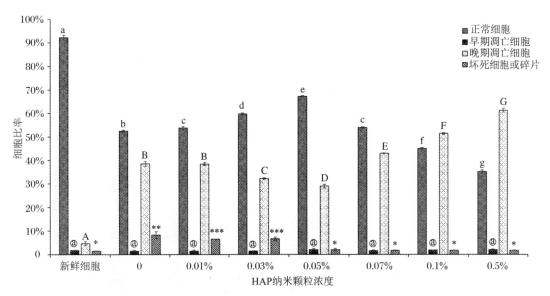

图 5-17 冻干前后细胞凋亡情况

通过上述结果可知,无论添加多大浓度的 nano-HAP,冷冻干燥过程中冷冻阶段和脱水阶段对细胞的损伤是不可避免的,都会造成细胞的大量死亡,但与空白对照组相比,添加适当浓度的 nano-HAP 能够增加正常细胞的比率,这与上述细胞回收率和增殖倍数的结果相对应。较低浓度(0%、0.01%、0.03%)组坏死细胞或碎片的比率明显高于其他几组,随着浓度的增加,其比率明显下降,说明 nano-HAP 的添加有效地减小了冷冻时冰晶对细胞的损伤,降低了晚期凋亡细胞的比率。资料表明,nano-HAP 对各种肿瘤细胞具有不同程度的抑制作用[84],唐胜利等研究了 nano-HAP 对人肝癌 BEL-7402 细胞毒性评价,发现 nano-HAP 能够抑制 BEL-7402 细胞的生长,并诱导其凋亡。[85] nano-HAP 以剂量依赖和时间依赖的方式抑制细胞的生长[86],当 nano-HAP 浓度大于 0.05% 时,晚期凋亡细胞比率逐渐上升,不利于细胞的冻干保存。

5.4.2.4 HepG2 细胞凋亡的相关基因的表达

通过 RT-PCR 检测冻干后 HepG2 细胞凋亡相关基因(Blc-2、Fas、$Caspase$-8)的表达量变化,如图 5-18 所示,nano-HAP 浓度的大小对 RNA 表达量的影响较大。Blc-2 是一类对肿瘤细胞凋亡起抑制作用的基因,与新鲜对照组相比,冻干组之间的 Blc-2 基因表达量差异较大。Blc-2 基因表达量随 nano-HAP 浓度呈先增加后减小的趋势,当浓度为 0.05% 时达到最大值,与其他组相比均有显著性差异($P<0.05$)。浓度为 0.05% 和 0.07% 时,Blc-2 基因表达量比新鲜对照组有所上调,浓度低于 0.05% 或高于 0.07% 时,则都有所下调。Fas 和 $Caspase$-8 是一类促凋亡基因,与新鲜对照组相比,这两种基因的表达量都显著增加($P<0.05$)。nano-HAP 浓度较小时,Fas 基因表达量增加不明显,当浓度为 0.1% 和 0.5% 时,Fas 基因表达量显著增加($P<0.05$);冻干组之间的 $Caspase$-8 基因表达量没有显著性差异($P>0.05$)。

单个基因表达量的上调或下调不能不是诱导细胞凋亡的唯一途径[87],凋亡是由细胞内各个基因相互作用共同控制的结果,采用抑制凋亡基因与促凋亡基因之间的比值能够更好地反应细胞凋亡的状态。[88]如图 5-19 所示,冻干组的 Blc-2/Fas 和 Blc-2/Caspase-8 比值都低于新鲜对照组,随着 nano-HAP 浓度的提高,其比值先增加后减小。0.05%的 Blc-2/Fas 和 Blc-2/Caspase-8 比值是所有冻干组中最高的,与其他组相比均有显著性差异($P<0.05$)。

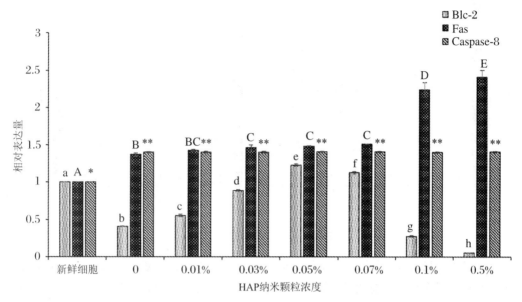

图 5-18　RT-PCR 检测冻干前后 HepG2 细胞相关凋亡基因表达量的变化

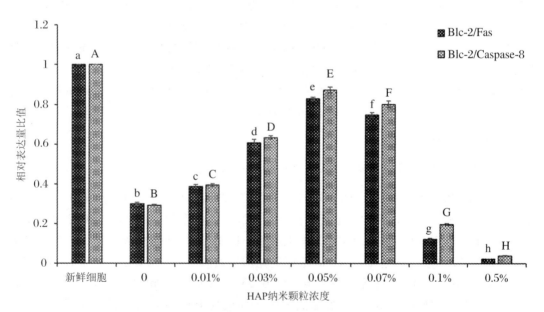

图 5-19　抑制凋亡基因表达量与促凋亡基因表达量的比值

与空白对照组相比,少量 nano-HAP 的添加对细胞的凋亡有抑制作用,浓度为 0.05%的效果最佳,高浓度的 nano-HAP 会促进细胞凋亡。冷冻过程和脱水过程是导致细胞凋亡的主要原因,当细胞受到外界环境刺激时自身会发生调节作用。Caspase 蛋白酶家族和死亡受体 Fas 抗原[89]是导致细胞凋亡的主要因素,Caspase-8 是细胞凋亡的启动者[90],能够激发 Caspase 的级联反应,导致 DNA 的降解,加速细胞的凋亡。[91]Fas 是通过激活 Caspase-8 传导死亡信号[92],Fas 相关死亡域蛋白(FADD)激活上游 Caspase(如 Caspase-8,10),进而活化下游 Caspase(如 Caspase-3,7),最终促进细胞死亡。[93,94]Blc-2 蛋白家族既有抑制凋亡基因又有促凋亡基因,它们决定了细胞对凋亡的敏感性。[95]Blc-2 蛋白家族可控制线粒体细胞色素 C(cyt C)的释放,从而激活 Caspase 通路导致细胞凋亡。[96]细胞在降温中受到的冷冻刺激和干燥时受到的脱水损伤使 *Caspase*-8 和 *Fas* 基因过表达,促进细胞凋亡。另一方面,nano-HAP 浓度过高时会改变细胞内环境,抑制端粒酶活性及激活 Caspase-3 等途径诱导细胞凋亡。[97]nano-HAP 浓度为 0.05%时,*Blc*-2 基因过表达,说明添加适当浓度的 nano-HAP 既能减小细胞的冷冻和脱水损伤,又能避免 nano-HAP 的毒性损伤,从而有效抑制了细胞的凋亡。

本 节 小 结

在冻干保护剂中添加适当浓度的 nano-HAP 有助于提高冻干后 HepG2 细胞的回收率和增殖倍数,抑制细胞的凋亡。具体结论如下:

(1) nano-HAP 浓度为 0.05%时,细胞的回收率和 24 h 增殖倍数最大,0 h 和 24 h 的回收率分别为 41.56%和 55.59%,24 h 后的增殖细胞为 0 h 的 1.35 倍。

(2) 荧光显微镜和流失细胞仪检测结果显示,0.05% nano-HAP 冻干保护剂可以有效地抑制细胞的凋亡,其中正常细胞比率为 67.11%,晚期凋亡细胞比率为 29.00%。

(3) 通过 RT-PCR 对细胞相关凋亡基因表达量的检测发现,所有冻干组的 Fas 和 Caspase-8 表达量比新鲜对照组显著增加,nano-HAP 对 Caspase-8 的表达无显著影响,高浓度的 nano-HAP 会使 Fas 过表达。Blc-2 的表达量随 nano-HAP 浓度的增加呈先增加后减小的趋势,当浓度为 0.05%时相对表达量达最大值,为新鲜对照组的 1.23 倍。

综上所述,适当添加 nano-HAP 能够减小细胞在冻干时的冷冻损伤和脱水损伤,刺激抑制凋亡基因(*Blc*-2)的表达,提高正常细胞的回收率;高浓度的 nano-HAP 对细胞有毒性损伤,促进细胞的凋亡,不利于细胞的冻干。

5.5 结论、主要创新点与展望

5.5.1 结论

本章是以人肝癌 HepG2 细胞为研究对象,在复方冻干保护剂(15% FBS + 10%丙三醇 + 40% PVP + 20%海藻糖)中添加不同浓度的 nano-HAP,来辅助冷冻干燥细胞。通过对纳米冻干保护剂热物性的检测,研究 nano-HAP 对冻干保护剂冰晶生成和冰晶升华的影响。通过检测冷冻干燥过程中各个阶段细胞的活性,分析冻干时 nano-HAP 起到的作用,并从细胞和分子水平评定冻干后细胞的增殖能力、凋亡情况和相关基因的表达量。得到结论如下:

(1) 通过 DSC 和低温显微镜等仪器对纳米冻干保护剂的结晶温度、熔融温度、结晶焓等参数进行测定,并且对冰晶的升华速率和样品的塌陷温度进行了研究。结果表明:① 在降温阶段,nano-HAP 能够辅助成核,提高溶液的成核温度,nano-HAP 浓度越大,成核温度越高;② 冻干速率与冰晶的形态和大小具有很大关联,nano-HAP 能够降低溶液的过冷度,促进冰晶的生长,粗大的冰晶能够形成大的孔洞而提高冻干速率,当 nano-HAP 浓度高于 0.05% 时,不利于冻干的进程;③ nano-HAP 能够提高冻干时样品的塌陷温度(T_c),但应以微塌陷温度(T_{mc})作为一次干燥时的临界温度,冻干时设定的温度越高,能够大幅度减小冻干所需时间。

(2) 适当浓度的 nano-HAP 对细胞的冻干具有积极作用,可以显著提高细胞的存活率。当 nano-HAP 浓度为 0.05% 时保护效果最好,复水后细胞的回收率为 37.39%,存活率为 62.02%,与各组之间具有显著差异。当保护剂中 nano-HAP 浓度高于 0.05% 时,nano-HAP 对细胞具有很强的毒性,使得回收率和存活率显著下降。适当浓度的 nano-HAP 对 HepG2 细胞的冷冻干燥的确起到了一定的作用,其机理为在冷冻阶段能够降低过冷,辅助成核,减小冰晶对细胞的损伤;在干燥阶段有助于维持细胞结构,避免脱水而导致细胞膜的破坏,而对于复水过程不起作用。

(3) 在冻干保护剂中添加适当浓度的 nano-HAP 有助于提高冻干后 HepG2 细胞的回收率和增殖倍数,抑制细胞的凋亡。nano-HAP 浓度为 0.05% 时,细胞的回收率和 24 h 增殖倍数最大,0 h 和 24 h 的回收率分别为 41.56% 和 55.59%,24 h 后的增殖细胞为 0h 的 1.35 倍。荧光显微镜和流失细胞仪检测结果显示,0.05% nano-HAP 冻干保护剂可以有效地抑制细胞的凋亡,其中正常细胞比率为 67.11%,晚期凋亡细胞比率为 29.00%。通过 RT-PCR 对细胞相关凋亡基因表达量的检测发现,所有冻干组的 *Fas* 和 *Caspase*-8 表达量比新鲜对照组显著增加,nano-HAP 对 *Caspase*-8 的表达无显著影响,高浓度的 nano-HAP 会使 *Fas* 过表达。*Blc*-2 的表达量随 nano-HAP 浓度的增加呈先增加后减小的趋势,当浓度为 0.05% 时相对表达量达最大值,为新鲜对照组的 1.23 倍。综上所述,适当添加 nano-HAP 能够减小细胞在冻干时的冷冻损伤和脱水损伤,刺激抑制凋亡基因(*Blc*-2)的表达,提高正常细胞的回收率;高浓度的 nano-HAP 对细胞有毒性损伤,促进细胞的凋亡,不利于细胞的冻干。

5.5.2 主要创新点

(1) 将 nano-HAP 添加到低温保护剂中以提高细胞保存效果的研究已取得一定效果,但将 nano-HAP 应用于细胞冷冻干燥的研究鲜有报道。本课题是将 nano-HAP 添加到冻干保护剂中,辅助冻干细胞。

(2) 通过 DSC、低温显微镜等研究 nano-HAP 对溶液热物性和冰晶升华的影响,并分析其机理。从分子层面对细胞凋亡进行检测,研究了纳米微粒对细胞遗传信息的影响。

5.5.3 展望

本章利用 nano-HAP 冻干保护剂辅助冷冻干燥 HepG2 细胞,并对 nano-HAP 的作用机理进行了初步的探索。大部分实验只是停留在细胞水平,还只是集中在表象意义上的细胞损伤和生物功能上,对其微观机理还需进一步的研究。

另外,本章是以人肝癌 HepG2 细胞作为研究对象,并为其他种类的细胞冻干提供借鉴。但是,每种细胞个体之间的差异较大,所以还需大量的实验来证明 nano-HAP 的有效性。细胞冻干的目的在于长期保存,且必须保证冻干后细胞的活性,并且在接下来的培养中能够生长繁殖,从而达到细胞再次利用的目的。对于今后用于临床上的细胞,在保持细胞存活率的同时还需注意细胞 DNA 和 RNA 上的变化,确保细胞保留原有的生物信息。本章只停留在实验阶段,面临的问题和挑战很多,后续需要更系统完善的研究方案和检测。

从冻干后肝癌细胞的回收率和存活率来看,nano-HAP 对于细胞的冻干的确起到了一定的作用。纳米微粒的种类很多,且每种纳米微粒的性质各有不同,纳米冻干保护剂在细胞冻干保存和低温保存方面具有巨大的潜力。所以,纳米技术与冻干技术的结合将在细胞保存方面扩展一个新的方向,对于低温生物医学领域具有重要的研究价值。

参 考 文 献

[1] 华泽钊,任禾盛.低温生物医学技术[M].北京:科学出版社,1994.

[2] Meryman H T. The mechanisms of freezing in biological systems. Recent Research in Freezing and Drying[M]. Westport:Ann N Y Acad Sci,1960,85:729-734.

[3] MacKenzie A P, Rapatz G L. Freeze-drying preservation of human erythrocytes[J]. Cryobiology, 1971,8(4):384-384.

[4] Larson E V, Graham E F. Freeze-drying of spermatozoa[J]. Developments in Biological Standardization,1976,36:343.

[5] Goodrich R P, Sowemimo-Coker S O, Zerez C R, et al. Preservation of metabolic activity in lyophilized human erythrocytes[J]. Proceedings of the National Academy of Sciences of the United States of America,1992,89(3):967-971.

[6] Arnold P, Djerassi I, Farber S, et al. The preparation and clinical administration of lyophilized platelet material to children with acute leukemia and aplastic anemia[J]. Journal of Pediatrics, 1956,49(5):517-522.

[7] Leidl W. Experiments in freeze-drying of bull semen[C]. Pap 3d Int Congr Anim Reprod Sect 3, 1956,3:39-41.

[8] Saacke R G, Almquist J O. Freeze-drying of Bovine Spermatozoa[J]. Journal of Dairy Science, 1961,192(4806):995-996.

[9] Leslie S B, Israeli E, Lighthart B, et al. Trehalose and sucrose protect both membranes and proteins in intact bacteria during drying.[J]. Applied & Environmental Microbiology,1995,61(10):3592.

[10] 何晖,刘宝林,华泽钊,等.胞内海藻糖对红细胞冷冻干燥保存效果的影响[J].制冷学报,2006,27(3):41-44.

[11] 肖洪海,李军,华泽钊,等.人脐带血有核细胞冷冻干燥保存实验初步研究[J].中国细胞生物学学报, 2003,25(6):389-393.

[12] Xiao H H, Hua T C, Li J, et al. Freeze-drying of mononuclear cells and whole blood of human cord

blood[J]. Cryo Letters,2004,25(2):111-120.

[13] Li J,Hua T C,Gu X L,et al. Morphology study of freeze-drying mononuclear cells of human cord blood[J]. Cryo Letters,2005,26(3):193.

[14] 宋萍,李维杰,周新丽,等. 人肝癌细胞 HepG2 的冷冻干燥保存初探[J]. 制冷学报,2017,38(6):111-118.

[15] 杨鹏飞,程启康,王欣,等. 人体骨髓基质干细胞冷冻干燥的探索性实验[J]. 制冷学报,2005,26(1):19-23.

[16] 胡瑶,吴斌,杨晓宁. 超临界 CO_2 中金属纳米粒子表面自组装结构的分子模拟研究[C]. 中国化学会学术年会,2010.

[17] Pan Y,Neuss S,Leifert A,et al. Size-dependent cytotoxicity of gold nanoparticles.[J]. Small,2010,3(11):1941-1949.

[18] Lyon D Y,Alvarez P J. Fullerene water suspension (nC60) exerts antibacterial effects via ROS-independent protein oxidation.[J]. Environmental Science & Technology,2008,42(21):8127-8132.

[19] Jiang W,Kim B Y S,Rutka J T,et al. Nanoparticle-mediated cellular response is size-dependent[J]. Nature Nanotechnology,2008,3(3):145-150.

[20] Sonvico F,Mornet S,Vasseur S,et al. Folate-conjugated iron oxide nanoparticles for solid tumor targeting as potential specific magnetic hyperthermia mediators:synthesis, physicochemical characterization,and in vitro experiments[J]. Bioconjug Chem,2005,16(5):1181-1188.

[21] Lee S W,Park S D,Kang S,et al. Investigation of viscosity and thermal conductivity of SiC nanofluids for heat transfer applications[J]. International Journal of Heat & Mass Transfer,2011,54(1):433-438.

[22] Qiao R,Roberts A P,Mount A S,et al. Translocation of C60 and its derivatives across a lipid bilayer [J]. Nano Letters,2007,7(3):614-619.

[23] Gullingsrud J,Schulten K. Lipid bilayer pressure profiles and mechanosensitive channel gating[J]. Biophysical Journal,2004,86(6):3496.

[24] Brown K R,And A P F,Natan M J. Morphology-dependent electrochemistry of cytochrome cat Au colloid-modified SnO_2 electrodes[J]. Journal of the American Chemical Society,2008,118(5):1154-1157.

[25] 张胜寒,韩晓雪. 纳米颗粒表面修饰对纳米流体黏度的影响[J]. 科学技术与工程,2018(21):168-174.

[26] 李维杰,周新丽,刘宝林,等. 纳米颗粒在低温保护剂中分散性研究[J]. 低温与超导,2013,41(6):13-16.

[27] Jang S P,Choi S U S. Role of Brownian motion in the enhanced thermal conductivity of nanofluids [J]. Applied Physics Letters,2004,84(21):4316-4318.

[28] 李庆领,林红,陈言武,等. ZrO_2 纳米流体的对流换热系数测定及机理浅析[J]. 低温物理学报,2007,29(4):321-324.

[29] 王补宣,盛文彦. 纳米流体导热系数的团簇宏观分析模型[J]. 自然科学进展,2007,17(7):984-988.

[30] 陈俊,史琳,田磊. 纳米流体导热系数增强机理的研究[C]. 中国工程热物理学会,2010.

[31] 张璐迪,吴玉庭,任楠,等. 纳米粒子的分散对提高 LMPS 盐比热容的影响[J]. 太阳能学报,2017,38(11):3018-3021.

[32] Diller K R. The influence of controlled ice nucleation on regulating the thermal history during

[33] Muldrew K,Mcgann L E. Mechanisms of intracellular ice formation[J]. Biophysical Journal,1990,57(3):525-532.

[34] 唐临利,许海峰,郝保同,等.纳米微粒对多元醇水溶液过冷度和水合性质的影响[J].低温与超导,2012,40(8):60-63.

[35] 徐海峰,高志新,刘宝林,等.纳米微粒对低温保护剂溶液结晶性质的影响[J].低温与超导,2010,38(11):53-57.

[36] 彭泉贵.氧化石墨烯纳米流体在声悬浮条件下的过冷度抑制及成核规律研究[D].重庆:重庆大学,2016.

[37] 郝保同,刘宝林,戎森杰,等.HA纳米微粒对PVP低温保护剂的影响[C].中国制冷学会2009年学术年会论文集,2009.

[38] 高志新,郝保同,刘宝林,等.纳米微粒对低温保护剂溶液玻璃化性质的影响[J].低温物理学报,2011,33(2):107-111.

[39] 吕福扣,刘宝林,李维杰.HA纳米微粒对PEG-600低温保护剂反玻璃化结晶的影响[J].低温物理学报,2012,34(4):315-320.

[40] 于红梅,胥义,柳珂,等.磁纳米粒子对Vs55溶液反玻璃化等温结晶行为的影响[J].化工学报,2017,68(3):1262-1268.

[41] 李维杰,周新丽,刘宝林,等.纳米微粒对猪GV期卵母细胞低温保存效果的影响[J].中国生物医学工程学报,2013,32(5):601-605.

[42] 刘静.纳米冷冻治疗学:纳米医学的新前沿[J].科技导报,2007,25(15):67-74.

[43] Etheridge M L,Xu Y,Rott L,et al. RF heating of magnetic nanoparticles improves the thawing of cryopreserved biomaterials[J]. Technology,2014,2(3):229-242.

[44] Yan J F,Liu J. Nanocryosurgery and its mechanisms for enhancing freezing efficiency of tumor tissues[J]. Nanomedicine Nanotechnology Biology & Medicine,2008,4(1):79.

[45] Leslie S B,Israeli E,Lighthart B,et al. Trehalose and sucrose protect both membranes and proteins in intact bacteria during drying.[J]. Applied & Environmental Microbiology,1995,61(10):3592.

[46] Hughes S,El Haj A J,Dobson J. Magnetic micro- and nanoparticle mediated activation of mechanosensitive ion channels[J]. Medical Engineering & Physics,2005,27(9):754.

[47] Gavin W A,Blash S M,Cammuso C A,et al. Cryopreservation of Sperm[P]. US20000224393p 20000810,2003.

[48] Trounson A,Kirby C. Problems in the cryopreservation of unfertilized eggs by slow cooling in dimethyl sulfoxide[J]. Fertility & Sterility,1989,52(5):778-786.

[49] Erdag G,Eroglu A,Morgan J,et al. Cryopreservation of fetal skin is improved byextracellular trehalose[J]. Cryobiology,2002,44(3):218-228.

[50] Ohno K,Nelson L R,Mitooka K,et al. Transplantation of cryopreserved human corneas in a xenograft model.[J]. Cryobiology,2002,44(2):142-149.

[51] 华泽钊.冷冻干燥新技术[M].北京:科学出版社,2006.

[52] Franks F. Effective freeze-drying:A combination of physics,chemistry,engineering and economics [J]. Proceedings of the Institute of Refrigeration,1994,91:32-39.

[53] Epple M,Ganesan K,Heumann R,et al. Application of calcium phosphate nanoparticles in biomedicine[J]. Journal of Materials Chemistry,2009,20(1):18-23.

[54] 李伽炜. 纳米流体增强导热系数机理的探究[D]. 北京: 华北电力大学, 2016.

[55] Mjalli F S, Al-Wahaibi T, Al-Hashmi A A. Effect of nano-particles on the rheological properties of reline[J]. Journal of Molecular Liquids, 2015, 206: 256-261.

[56] Han X, Ma H, Wilson C, et al. Effects of nanoparticles on the nucleation and devitrification temperatures of polyol cryoprotectant solutions[J]. Cryobiology, 2007, 55(3): 326-327.

[57] 徐海峰. 含纳米微粒的低温保护剂热物性的DSC研究[D]. 上海: 上海理工大学, 2011.

[58] 李方方. 生物材料纳米冷冻过程的理论与实验研究[D]. 北京: 中国科学院研究生院(中国科学院大学), 2010.

[59] Kristiansen E, Pedersen S. Phase distribution during isothermal crystallization of polyethylene probed by solid-state proton NMR free induction decay[J]. Journal of Physical Chemistry B, 1999, 103(18): 3552-3558.

[60] Ray P, Rielly C D, Stapley A G F. A freeze-drying microscopy study of the kinetics of sublimation in a model lactose system[J]. Chemical Engineering Science, 2017.

[61] Diller K R. The influence of controlled ice nucleation on regulating the thermal history during freezing[J]. Cryobiology, 1985, 22(3): 268-281.

[62] Pikal M J, Shah S. The collapse temperature in freeze drying: Dependence on measurement methodology and rate of water removal from the glassy phase[J]. International Journal of Pharmaceutics, 1990, 62(2): 165-186.

[63] Mjalli F S, Al-Wahaibi T, Al-Hashmi A A. Effect of nano-particles on the rheological properties of Reline[J]. Journal of Molecular Liquids, 2015, 206: 256-261.

[64] Li W J, Zhou X L, Liu B L, et al. Effect of nanoparticles on the survival and development of vitrified Porcine GV oocytes[J]. Cryo Letters, 2016, 37(6): 401.

[65] Levine H. Another view of trehalose for drying and stabilizing biological materials[J]. Bio Pharm, 1992, 5(4): 36-40.

[66] Crowe J. Trehalose as a "chemical chaperone": Fact and fantasy.[J]. Advances in Experimental Medicine & Biology, 2007, 594(594): 143-158.

[67] Verma K, Singh R. Interfacial layer effect on the thermal conductivity of nano-fluids[J]. Advanced Science, 2016, 7(1): 36-42.

[68] 韩爽, 李庆宁, 夏天, 等. 医用金属及金属氧化物纳米材料的毒性研究[J]. 生物物理学报, 2012, 28(10): 805-814.

[69] Park S H, Oh S G, Mun J Y, et al. Loading of gold nanoparticles inside the DPPC bilayers of liposome and their effects on membrane fluidities[J]. Colloids Surf B Biointerfaces, 2006, 48(2): 112-118.

[70] Clark N A, Swain J E. Oocyte cryopreservation: searching for novel improvement strategies[J]. Journal of Assisted Reproduction & Genetics, 2013, 30(7): 865-875.

[71] Ray P, Rielly C D, Stapley A G F. A freeze-drying microscopy study of the kinetics of sublimation in a model lactose system[J]. Chemical Engineering Science, 2017, 172: 731-743.

[72] Pegg D E. The relevance of ice crystal formation for the cryopreservation of tissues and organs[J]. Cryobiology, 2010, 60(3): 36-44.

[73] Lapotko D O, Lukianova-Hleb E Y, Oraevsky A A. Clusterization of nanoparticles during their interaction with living cells[J]. Nanomedicine, 2007, 2(2): 241-253.

[74] Crowe J H, Carpenter J F, Crowe L M. The role of vitrification in anhydrobiosis[J]. Annual Review of Physiology, 1998, 60(60): 73-103.

[75] Wowk B, Darwin M, Harris S B, et al. Effects of solute methoxylation on glass-forming ability and stability of vitrification solutions[J]. Cryobiology, 1999, 39(3): 215-227.

[76] Ju S P. A molecular dynamics simulation of the adsorption of water molecules surrounding an Au nanoparticle[J]. Journal of Chemical Physics, 2005, 122(9): 1849.

[77] Jiang W, Kim B Y, Rutka J T, et al. Nanoparticle-mediated cellular response is size-dependent[J]. Nature Nanotechnology, 2008, 3(3): 145-150.

[78] Sugawara A, Nishiyama M, Chow L C, et al. A new biocompatible material: calcium phosphate cement-biomedical applications[J]. Tokyo Shika Ishikai Zashi, 1990, 38: 348-354.

[79] Feng L Y, Li S P, Yan Y H, et al. The effect of $CaCO_3$ and TiO_2 nanometer particles on A549 and L929 cells[J]. Key Engineering Materials, 2001, 192-195: 325-328.

[80] Kerr J F R, Wyllie A H, Currie A R. Apoptosis: A basic biological phenomenon with wideranging implications in tissue kinetics[J]. Br J Cancer, 1972, 26(4): 239-257.

[81] 张勤丽, 牛侨. 细胞凋亡机制概述[J]. 环境与职业医学, 2007, 24(1): 102-107.

[82] Park S H, Oh S G, Mun J Y, et al. Loading of gold nanoparticles inside the DPPC bilayers of liposome and their effects on membrane fluidities[J]. Colloids Surf B Biointerfaces, 2006, 48(2): 112-118.

[83] 毛峥伟, 姜朋飞, 张文晶, 等. 调控细胞胞吞和细胞功能的聚合物纳米微粒研究[C]. 全国高分子学术论文报告会, 2015.

[84] 张士成, 李世普, 陈芳. 磷灰石超微粉对癌细胞作用的初步研究[J]. 武汉理工大学学报, 1996(1): 5-8.

[85] 唐胜利, 袁媛. 羟基磷灰石纳米粒子对人肝癌 BEL-7402 细胞毒性的评价[J]. 肝脏, 2003, 8(1): 21-24.

[86] 魏凤香, 罗佳滨, 孟祥才, 等. 羟基磷灰石纳米粒子对 Hela 细胞凋亡作用的研究[J]. 黑龙江医药科学, 2005, 28(3): 3-5.

[87] 林晨, 邓友平, 郑杰. 三氧化二砷诱导人肿瘤细胞凋亡和 G_2+M 期阻滞但引起人永生化宫颈上皮细胞 G_1 期阻滞[J]. 中国医学科学院学报, 2000, 22(2): 124-336.

[88] Yuan X X, Zhang B, Li L L, et al. Effects of soybean isoflavones on reproductive parameters in Chinese mini-pig boars[J]. Journal of Animal Science and Biotechnology, 2012, 3(4): 31.

[89] Ooi K L, Tengku Muhammad T S, Lim C H, et al. Apoptotic effects of Physalis minima L. chloroform extract in human breast carcinoma T-47D cells mediated by c-myc-, p53-, and caspase-3-dependent pathways[J]. Integrative Cancer Therapies, 2010, 9(1): 73-83.

[90] Fan T, Han L, Cong R, et al. Caspase family proteases and apoptosis[J]. Acta Biochimica Et Biophysica Sinica, 2010, 37(11): 719-727.

[91] Kimitoshi N, Ella B W, Kimberly B, et al. Changes in endoplasmic reticulum luminal environment affect cell sensitivity to apoptosis[J]. Journal of Cell Biology, 2000, 150(4): 731-740.

[92] Yonehara S, Ishii A, Yonehara M. A cell-killing monoclonal antibody (anti-Fas) to a cell surface antigen co-downregulated with the receptor of tumor necrosis factor[J]. Journal of Experimental Medicine, 1989, 169(5): 1747.

[93] Maria R D, Lenti L, Malisan F, et al. Requirement for GD3 Ganglioside in CD95- and Ceramide-

Induced Apoptosis[J]. Science, 1997, 277(5332): 1652-1655.

[94] Pellegrini M, Bath S, Marsden V S, et al. FADD and caspase-8 are required for cytokine-induced proliferation of hemopoietic progenitor cells[J]. Blood, 2005, 106(5): 1581-1589.

[95] Korsmeyer S J. Bcl-2 gene family and the regulation of programmed cell death[J]. Cancer Res, 1999, 59(7): 1693-1700.

[96] Hunot S, Flavell R A. Apoptosis. Death of a monopoly?[J]. Science, 2001, 292(5518): 865-866.

[97] 唐胜利,刘志苏,钱群,等.羟基磷灰石纳米粒子诱导人肝癌BEL-7402细胞凋亡的机制[J].中华实验外科杂志,2012,29(4):660-662.

彩　　图

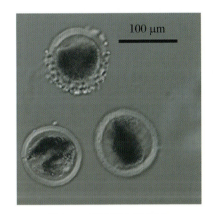

图 1-1　猪卵母细胞形态

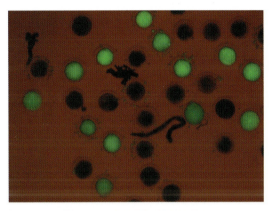

图 1-18　荧光可见光显微照片

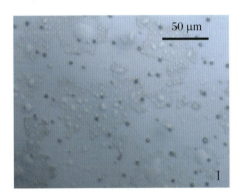

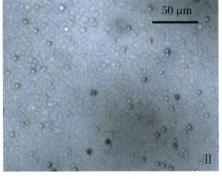

(a) 降温速度为5000 ℃/min时两种低温保护剂的冰晶形态，即升温初始形态

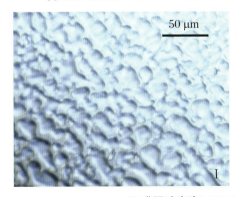

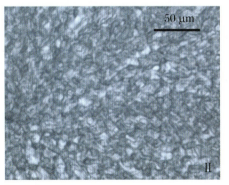

(b) 升温速率为1 ℃/min时，低温保护剂的冰晶形态

图 1-22　升温过程中重结晶形态

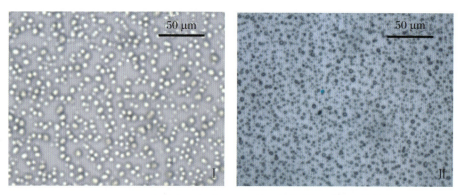

(c) 升温速率为10 ℃/min时，低温保护剂的冰晶形态

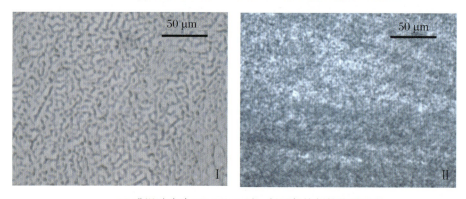

(d) 升温速率为100 ℃/min时，低温保护剂的冰晶形态

图 1-22 升温过程中重结晶形态（续）

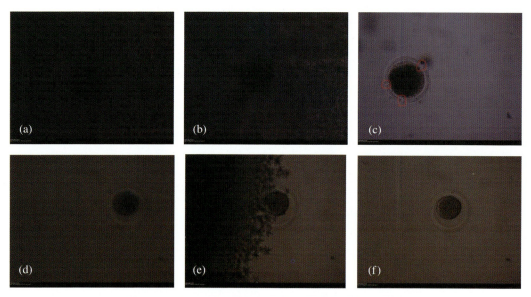

图 1-23 纳米低温保护剂溶液结晶、再结晶、融化的图像

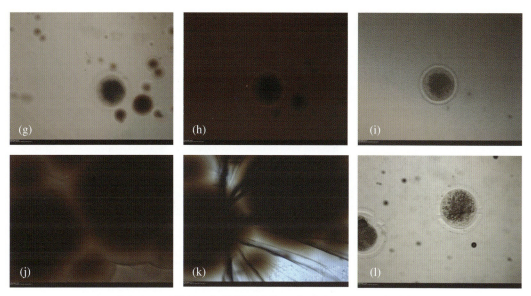

图 1-23 纳米低温保护剂溶液结晶、再结晶、融化的图像(续)

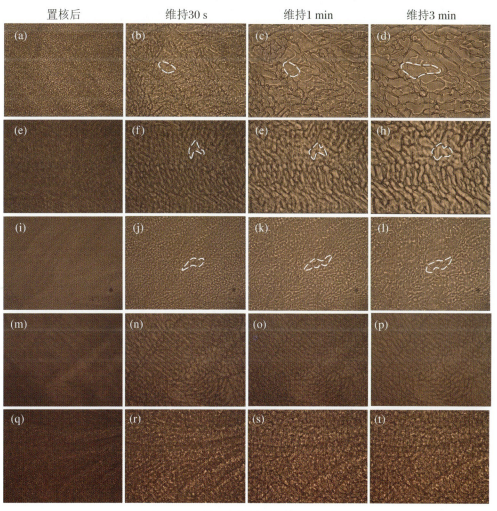

图 2-16 不同温度下诱导成核的冰晶形态

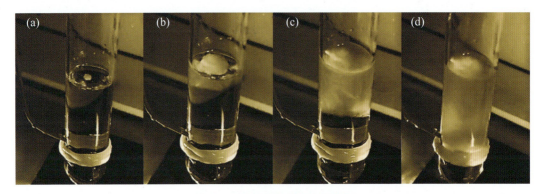

图 3-4 超声植冰成核效果展示

图 3-5 超声植冰对成核位置的影响(插入热电偶)

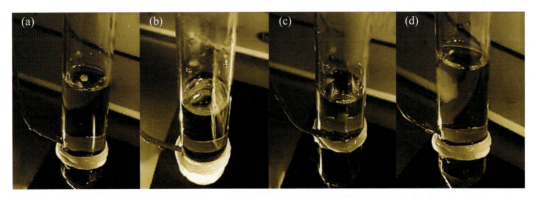

图 3-6 超声波植冰对成核位置的影响

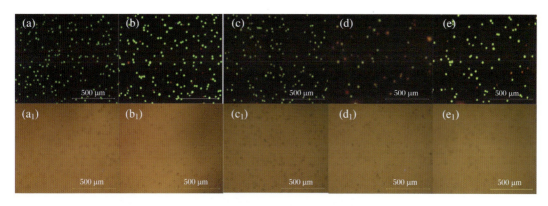

(A) 不同操作方式保存肝细胞的荧光图像

图 3-8　超声植冰对肝细胞存活率的影响（部分）

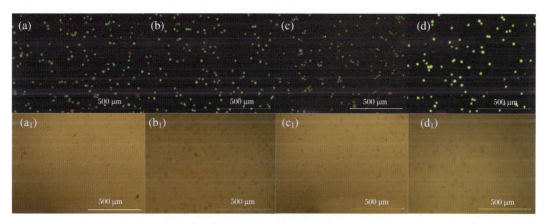

(A) 不同植冰方式保存肝细胞的荧光图像

图 3-9　传统植冰与超声波植冰对肝细胞存活率的影响（部分）

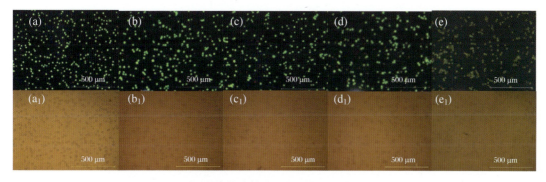

(A) 不同强度超声植冰肝细胞荧光图像

图 3-10　不同强度超声波植冰对肝细胞存活率的影响（部分）

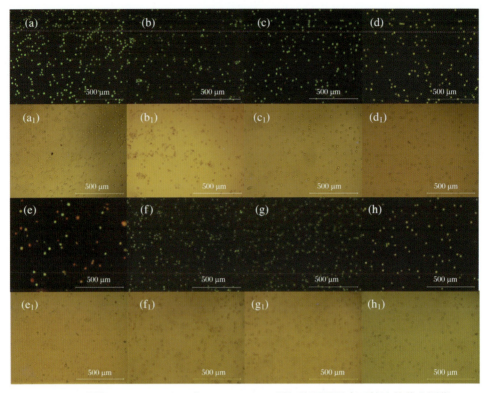

(A) 添加10% Me$_2$SO(v/v)和5% Me$_2$SO(v/v)肝细胞不同温度下植冰的荧光图像

图3-11 不同温度下超声植冰对肝细胞存活率的影响(部分)

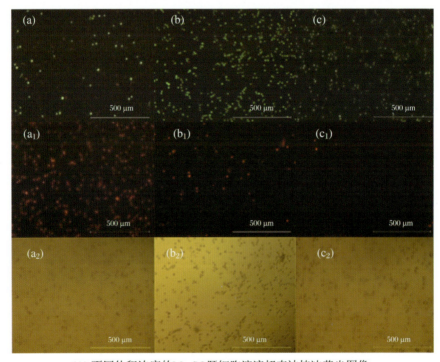

(A) 不同体积浓度的Me$_2$SO肝细胞溶液超声波植冰荧光图像

图3-12 接近熔融温度的预冷温度下超声植冰对细胞存活率的影响(部分)

图 3-13 不同冻存方法培养 7 天的肝细胞形态

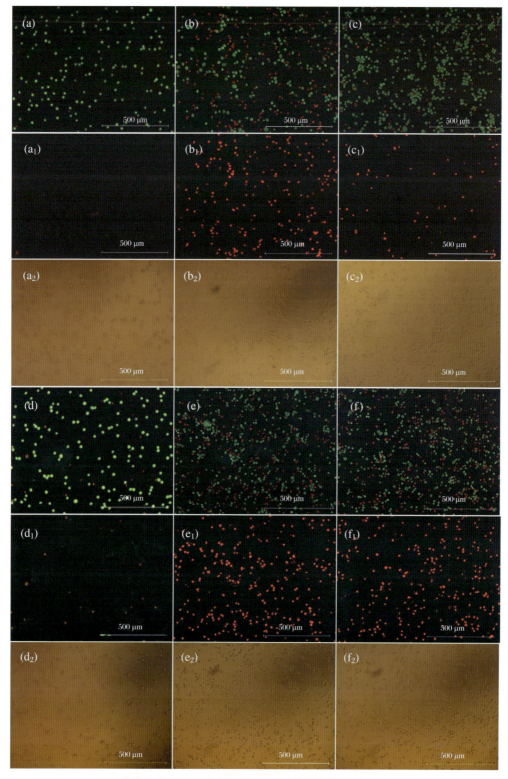

(A) 不同质量浓度海藻糖肝细胞溶液超声波植冰荧光图像

图 3-17 不同质量浓度海藻糖细胞溶液超声植冰对肝细胞存活率的影响(部分)

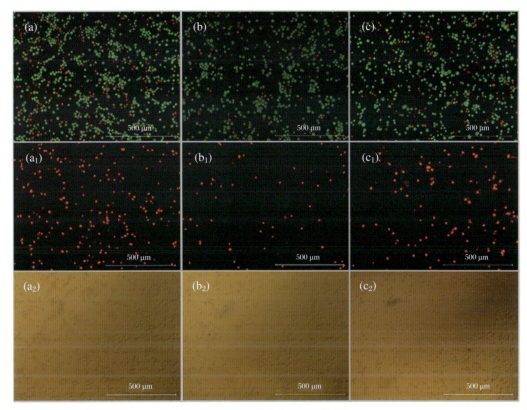

(A) 超声植冰和传统植冰肝细胞荧光图像

图 3-18　添加 0.3 mol/L 海藻糖细胞溶液超声植冰和传统植冰对肝细胞存活率的影响(部分)

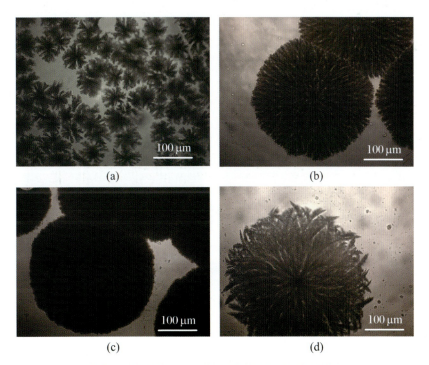

图 5-3　不同浓度 nano-HAP 冻干保护剂的结晶特征

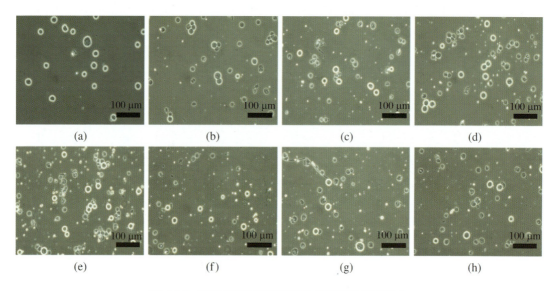

图 5-14　冻干细胞与新鲜细胞在光学显微镜下形态

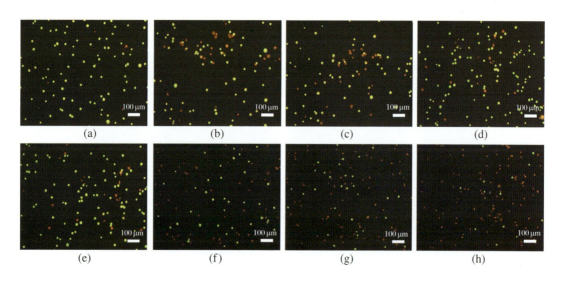

图 5-15　荧光显微镜检测冻干前后细胞凋亡结果